21世纪复旦大学研究生教学用书

粒子宇宙学导论

宇宙学标准模型及其未解之谜

Introduction to Particle Cosmology: The Standard Model of Cosmology and its Open Problems

[意] 卡西莫·斑比　[俄] 艾·迪·多戈夫　著

蔡一夫　林春山　皮　石　译

复旦大学出版社

作者简介

卡西莫·斑比(Cosimo Bambi),男,意大利籍,1980年生.现任教于中国复旦大学物理系,是“谢希德特聘青年教授”.曾于2012年入选“海外高层次人才引进计划”(“青年千人计划”),并主持过多项国家自然科学基金项目.他的研究领域涉及引力、高能天体物理和宇宙学等.他已在国际期刊上发表论文超过100篇,总被引用约2 500次,*h*因子为31.

艾·迪·多戈夫(Alexandre D. Dolgov),男,俄罗斯籍,1941年生.现任俄罗斯新西伯利亚州立大学教授和粒子物理与天体物理中心主任,也是理论与实验物理研究所(莫斯科)的主科学顾问.他发表有关宇宙学和粒子物理的论文已超过250篇,总被引用超过8 000次,*h*因子为43.

译者简介

蔡一夫,男,中国籍,1986年生.2010年7月于中国科学院高能物理研究所获得理学博士学位,之后分别在美国亚利桑那州立大学和加拿大麦吉尔大学开展博士后研究.2015年通过“青年千人计划”引进回国,现任中国科学技术大学物理学院天文系教授.研究领域是粒子宇宙学,已在国际期刊上发表论文80余篇,总被引用约3 000余次,*h*因子为36.

林春山,男,中国籍,1984年生.2011年7月于中国科学技术大学近代物理系获得理学博士学位,之后于东京大学开展博士后研究.现任日本京都大学基础物理学研究所研究助理教授.研究领域是粒子宇宙学,已在国际期刊上发表论文近30篇,总被引用约1 100次,*h*因子为14.

皮石,男,中国籍,1983年生.2013年1月于北京大学物理学院获得理学博士学位,之后曾在韩国亚太理论物理中心进行博士后研究.现为中国科学院理论物理研究所博士后.研究领域是宇宙学,已在国际期刊上发表论文10余篇,总被引用约200余次.业余爱好为古典文学和藏书.

编辑出版说明

21世纪，随着科学技术的突飞猛进和知识经济的迅速发展，世界将发生深刻变化，国际间的竞争日趋激烈，高层次人才的教育正面临空前的发展机遇与巨大挑战.

研究生教育是教育结构中高层次的教育，肩负着为国家现代化建设培养高素质、高层次创造性人才的重任，是我国增强综合国力、增强国际竞争力的重要支撑. 为了提高研究生的培养质量和研究生教学的整体水平，必须加强研究生的教材建设，更新教学内容，把创新能力和创新精神的培养放到突出位置上，必须建立适应新的教学和科研要求的有复旦特色的研究生教学用书.

"21世纪复旦大学研究生教学用书"正是为适应这一新形势而编辑出版的. "21世纪复旦大学研究生教学用书"分文科、理科和医科三大类，主要出版硕士研究生学位基础课和学位专业课的教材，同时酌情出版一些使用面广、质量较高的选修课及博士研究生学位基础课教材. 这些教材除可作为相关学科的研究生教学用书外，还可以供有关学者和人员参考.

收入"21世纪复旦大学研究生教学用书"的教材，大都是作者在编写成讲义后，经过多年教学实践、反复修改后才定稿的. 这些作者大都治学严谨，教学实践经验丰富，教学效果也比较显著. 由于我们对编辑工作尚缺乏经验，不足之处，敬请读者指正，以便我们在将来再版时加以更正和提高.

复旦大学研究生院

前言

过去的20年里，宇宙学已经渐渐成为一个成熟的研究领域，我们可以从中得到精确的测量结果并验证基本物理. 它和其他物理学的研究领域的联系也显著增强. 其证据就是过去10年的诺贝尔奖获得者中，有两位是因为在宇宙学相关领域中的研究而获奖(2006年和2011年). 在那之前的100余年里，总共也只有半个诺贝尔奖(1978年)是授予宇宙学的.

宇宙学领域的研究者数量也在增加，选修宇宙学导论课程的学生不但包括那些希望今后在这个领域工作的佼佼者，也不乏那些想要得到一些宇宙学基本知识的、来自其他领域的青年才俊.

这本书的目的就是要给物理系高年级本科生和研究生提供现代宇宙学的入门导论，并不需要学生在高能理论物理方面有很深的背景. 天文/天体物理、高能实验物理或者其他领域的学生可能对学习一些宇宙的结构和演化方面的知识也有兴趣. 一般地，这些学生对广义相对论和量子场论并不熟悉，因此他们或许会发现自己对市面上现存的各类宇宙学书籍难以消化.

这本书描述了所谓的标准宇宙学模型. 这些模型理论上基于广义相对论和粒子物理的标准模型以及暴胀范式. 这个图景非常成功地解释了大量的观测数据，特别是宇宙膨胀的描述、轻元素原初丰度，以及宇宙微波背景辐射的起源和性质. 然而，也有不少观测现象并不符合粒子物理和宇宙学的最小标准模型的框架，这清晰地显示出我们需要新的物理. 简单的例子包括最小模型不能解释宇宙学正反物质不对称，不能解释观测到的当前宇宙的加速膨胀，也没有任何合适的暗物质候选粒子. 宇宙学暴胀还只是停留在假说的水平上. 它的实现有赖于某种或某几种新场，目前还没有被发现.

这些论题在本书里是以一种方便教学的方法给出的. 它包含了一些必需的实验数据的描述、一些尽量简化的数学工具. 第6章和第7章分别处理了暴胀和重子合成，它们相对来说比较高深，需要一些量子场论的知识. 但对这些概念不熟悉的学生也可以跳过这两章，这并不妨碍他们对本书其余部分的理解. 本书的内容部分基于一位作者在复旦大学所讲授的宇宙学课程，部分基于另一位作者在其他一些大学所做的一些讲座.

C. B. 的工作受到国家自然科学基金(No. 11305038)、上海市教育委员会基金(No. 14ZZ001)、青年千人计划，以及复旦大学的资助. A. D. D. 的工作受到俄罗斯联邦政府基金(11. G34. 31. 0047)的资助.

Cosimo Bambi

Alexander D. Dolgov

上海　新西伯利亚

2015年5月

目录

第1章

引论

宇宙学(Cosmology)来自希腊语“世界”(kosmos)和“学习”(logos),是一门研究宇宙大尺度及其演化的科学. 与物理学的其他分支相比,宇宙学有一些独特的性质. 第一,研究对象只有一个系统,也就是宇宙. 而在其他领域(如粒子物理或者原子核物理),可以重复一个实验许多次和探索不同的样本,在天文学领域甚至可以观测到许多同类型的不同天体. 第二,只能在宇宙演化的一个特殊时刻(即现在)来观测宇宙. 第三,因为光速有限,还可以通过研究观测距离我们很远的区域来研究早期宇宙. 最后,在宇宙学中进行观测的观测者自身是处于整个体系之中的.

广义相对论于 1915 年提出之后,现代宇宙学就诞生了. 不过,直到 20 世纪快结束的时候,人们还无法进行精确的测量. 人们所能做的只是利用那些现在仅在小尺度上可用的已知的物理规律,来研究大尺度处在不同时间的宇宙. 在 20 世纪的最后几年,宇宙学发展成为一门成熟的学科,并随着一批高质量实验数据的获得进入了一个黄金时期. 宇宙学在整个物理领域的重要性大大增强. 我们可以通过最近的诺贝尔物理学奖来证明这一点: 在最近的 10 年里,在宇宙学领域获得诺贝尔物理学奖的得主就有两位(参见表 1.1).

表 1.1　宇宙学领域的诺贝尔物理学奖获得者

年份	获奖者	成　就
1978	Penzias, Wilson*	微波背景辐射的观测
2006	Mather, Smoot	微波背景辐射各向异性的观测
2011	Perlmutter, Schmidt, Riess	宇宙加速膨胀的发现

* Penzias 和 Wilson 与 Kapitsa 分享了 1978 年的诺贝尔物理学奖;Kapitsa 由于在低温物理的贡献而得奖.

利用现代先进的仪器设备,我们可能以很高的精度测出宇宙学参数. 因此宇宙学也可以被当作基本粒子物理学的一座大实验室. 今天,天文学上的证据明确地表明存在超出最小标准模型(Minimal Standard Model)甚至突破广义相对论的新物理. 表 1.2 列出了现代宇宙学的标志性事件. 我们将在这一章里对其进行回顾,并在这本书的其他章节进行更详尽的讨论.

1.1 牛顿宇宙学的疑难

在 1915 年广义相对论提出之前,我们对宇宙的认识是非常贫乏的. 在牛顿力学中,描述一个无限大的物质分布的体系是有困难的. 在 Hubble 定律发现之前,人们认为宇宙是静态的,并且在时间和空间上都是无限的. 然而,这立即会和我们观测到的黑夜相矛盾. 德国物理学家和天文学家 Heinrich Wilhelm Olbers 在 1823 年提出这个悖论. 然而似乎在他以前很久,这个悖论就已经广为人知. 这个悖论是从 3 个假设开始的:

(1) 宇宙在空间上无限大;

(2) 宇宙是静态的,而且在时间上有无穷久远的过去;

表 1.2　现代宇宙学的里程碑事件

年份	事　件
1915	Einstein 提出广义相对论
1922	Friedmann 推导并解出宇宙学的 Einstein 方程(Friedmann 方程)
1927	Lemaitre 推导出 Friedmann 方程及后来的 Hubble 定律
1929	Hubble 测量出 Hubble 常数
1933	Zwicky 发现暗物质存在的证据
1946	Gamow 预言宇宙微波背景辐射(CMB)
1948	Alpher 和 Gamow 发表关于大爆炸核合成(BBN)的工作
1960s—1970s	粒子物理学标准模型建立
1964	Penzias 和 Wilson 观测到微波背景辐射
1967	Sakharov 提出重子合成的 Sakharov 条件
1967	Zeldovich 指出宇宙学常数问题
1974	两个小组(Einasto, Kaasik 和 Saar; Ostriker, Peebles 和 Yahil)宣布发现平的星系旋转曲线
1980	Kazanas, Starobinsky 和 Guth 提出暴胀范式
1992	COBE 卫星观测到微波背景辐射的各向异性
1998	超新星宇宙学项目(Supernova Cosmology Project)和高红移超新星搜索团队(High-Z Supernova Search Team)发现宇宙的加速膨胀
2003	Willkinson 微波各向异性探测器(WMAP)测量到高精度的微波背景辐射各向异性数据
2003	关于子弹星系团(Bullet Cluster)的引力透镜的研究给出暗物质存在的强烈证据
2013	Planck 卫星探测到高精度的微波背景辐射各向异性数据

(3) 恒星在空间中是均匀分布的,而且其亮度相同.

第三个假设显然只是一个近似,但如果我们在相当大的体积内作平均,则它听上去是合理的. 在一个半径为 r、厚度为 $\mathrm{d}r$ 的球壳内的恒星的数目为

$$N = 4\pi r^2 n \mathrm{d}r, \tag{1.1}$$

其中 n 是宇宙中的平均恒星数密度. 根据第三条假设,n 是一个常数. 如果 L 是单个恒星的光度(单位时间内发出的能量),则在距离 r 处的恒星的辐射强度为

$$I = \frac{L}{4\pi r^2}. \tag{1.2}$$

最终,我们观测到的整个宇宙所有恒星的总的辐射强度为

$$I_{\mathrm{tot}} = \int_0^{+\infty} \frac{L}{4\pi r^2} 4\pi r^2 n \mathrm{d}r. \tag{1.3}$$

这是个发散的量. 换句话说,夜晚的天空应该比现在观测到的要亮得多. 这件事实告诉我们之前提出的假设至少有一个是错的. 虽然我们现在也并不知道宇宙在空间上是不是无限的,但我

们清楚第二个假设显然是错的：宇宙完全不是静态的.

1.2 宇宙学的标准模型

宇宙学的标准模型(亦称标准宇宙学模型)是目前最好的描述宇宙的理论. 它基于两个根本出发点：用来描述物质部分的粒子物理的标准模型，以及描述引力相互作用部分的广义相对论. 它也要求有暴胀范式. 暴胀是能解决一系列疑难的一个精巧的机制. 宇宙学的标准模型非常成功地解释了巨量的观测数据，包括 Hubble 定律、轻元素的原初丰度以及宇宙微波背景辐射等一系列引人注目的发现.

然而，还有些谜团强烈暗示我们寻找新物理. 有一个令人震惊的事实是宇宙只有 5%是由通常的物质组成的(主要是质子和中子). 大约 25%的宇宙很可能是由某种不属于最小标准模型的带微弱相互作用的粒子组成的，目前人们暂且将其称为暗物质. 剩下的 70%的宇宙完全是个谜：它看上去像是个均匀分布的带有物态方程 $P \approx -\rho$ 的实体，P 是压强，ρ 是能量密度. ①这种实体主导了宇宙的加速膨胀，我们通常称之为暗能量. 但其起源完全不清楚，而且广义相对论在大尺度失效也是一种可能的解释. 暴胀的机制问题在范式的层面上仍然存在，它并不能在粒子物理标准模型的框架下解释. 最后，我们仍然不理解所处的宇宙的物质-反物质不对称性. 我们周围的宇宙明显是由物质主导的，但是这种不对称性明显不能从粒子物理的最小标准模型推导出来.

Albert Einstein 在 1916 年发表了他的关于广义相对论理论的论文. 在 1922 年，一位俄罗斯物理学家兼数学家 Alexander Friedmann 利用广义相对论的场方程推导出描述宇宙演化的基本方程，即 Friedmann 方程. 一位比利时神父 Georges Lemaitre 在 1927 年曾经独立地得到这些方程，并预言了宇宙的膨胀. 虽然这些方程是从广义相对论严格推导出来的，我们也可以利用牛顿力学简要地探索它们. 假设物质平均分布在整个宇宙中，因此是均匀和各向同性的. 相对于一点 P，一个远处的粒子的运动是由牛顿的万有引力方程决定的.

$$m\ddot{a} = -\frac{G_N M m}{a^2}, \tag{1.4}$$

其中 a 是点 P 到这个粒子的距离，变量上一点表示对时间坐标的一次导数，m 是这个粒子的质量，M 是以 P 为圆心、半径为 a 的球体中的物质的总质量. 如果在方程(1.4)的两边都乘以 $\dot{a}$ 因子，并对时间求积分，可以得到

$$\dot{a}^2 = \frac{2G_N M}{a} - k, \tag{1.5}$$

其中 k 是一个积分常数. 现在，对方程两边都除以 a^2，并利用物质密度 ρ 给出质量 M 的表达式 $(4/3)\pi a^3\rho$，再定义 Hubble 参数 $H = \dot{a}/a$，于是得到

$$H^2 = \frac{8\pi G_N}{3}\rho - \frac{k}{a^2}, \tag{1.6}$$

这就是第一 Friedmann 方程. a 称为宇宙学标度因子，它决定了宇宙中的距离根据时间的变化

① 在本书中，除非另行说明，我们采用 $c = \hbar = k_B = 1$ 的自然单位制. 更多细节请看附录 A.

函数. 例如,如果在时间 t_1 时两个物体的距离为 d_1,那么在时间 t_2 时,由于宇宙的膨胀/收缩,两个物体的距离变成

$$d_2 = d_1 \frac{a(t_2)}{a(t_1)}. \tag{1.7}$$

Hubble 参数是时间 t 时宇宙膨胀速率的量度. 它在今天的值被称为 Hubble 常数,通常用 H_0 来表示. 在很长的一段历史时期里,Hubble 常数的值都是很不确定的. 所以,通常用以下参数化来表示 Hubble 参数:①

$$H_0 = 100h_0 \frac{\text{km}}{\text{s} \cdot \text{Mpc}} \tag{1.8}$$

并在所有的结果中保留参数 h_0. 今天我们知道 $h_0 \approx 0.070$,误差大约是百分之几.

根据 Friedmann 方程就可以得到所谓的大爆炸模型. 在这个图像里,宇宙是从一个无限稠密的等离子态开始膨胀的. 时间 $t=0$ 通常用来标记大爆炸的开始. 但必须小心的是,Friedmann 方程预言了一个 $t=0$ 处的物质能量密度为无限大的时空奇点. 这个奇点通常被认为是经典广义相对论的失效所导致,并且人们相信某种目前未知的量子引力效应可以修正这个问题. 在宇宙膨胀的过程中,原初等离子体的温度和粒子数密度都在下降. 其结果是粒子相互作用的几率也随着时间而减小. 从某个时刻开始,某一种粒子可能会停止和其他等离子体相互作用,这被认为是宇宙演化的历史中非常普遍的现象,这种现象通常会产生一些残留粒子. 这些残留的粒子如果足够稳定的话,是可以在今天被观测到的. 表 1.3 总结了宇宙演化历史中从大爆炸奇点到今天的一些主要事件. 大于 200 GeV 的物理尚不清楚,所以其预言是推断出来的,并依赖于所选择的模型. 此外,到目前为止还没有看到任何早于大爆炸核合成的观测证据. ②虽然电弱和量子色动力学(QCD)相变可以从已知的物理中推导出来,但我们没有宇宙曾经处于那么高的温度的证据.

表 1.3　宇宙历史

年龄	温度	事　　件
0	$+\infty$	大爆炸(经典广义相对论所预言的)
10^{-43} s	10^{19} GeV	Planck 时期(?)
10^{-35} s	10^{16} GeV	大统一(GUT)时期(?)
?	?	暴胀(?)
?	?	重子合成
10^{-11} s	200 GeV	电弱相变*
10^{-5} s	200 MeV	QCD 相变*
1 s～15 min	0.05～1 MeV	大爆炸核合成
60 kyr	1 eV	物质-辐射等密度
370 kyr	0.3 eV	复合和光子脱耦
0.2～1 Gyr	15～50 K	重电离
1～10 Gyr	3～15 K	结构形成

① 秒差距是一个常用的天文学距离单位,缩写为 pc; 1 pc $\approx 3\times10^{16}$ m, 1 kpc $=10^3$ pc, 1 Mpc $=10^6$ pc 等.

② 一个重要的例外是原初密度扰动的功率谱. 它是在大爆炸核合成之前产生的,一般被认为产生于暴胀时期.

(续表)

年龄	温度	事　件
6 Gyr	4 K	从减速膨胀向加速膨胀转变
9 Gyr	3 K	太阳系形成
13.8 Gyr	2.7 K	现在

* 没有观测证据而是基于已知物理的预言.

1.2.1 Hubble 定律

Lemaitre 在 1927 年的一篇论文中基于 Friedmann 方程预言了 Hubble 定律. 1929 年, Edwin Hubble 利用天文学观测证实了该定律的同时,也测量了今日的宇宙膨胀速率(现在称之为 Hubble 常数,记作 H_0). Hubble 定律写作

$$v = H_0 d, \tag{1.9}$$

其中 v 是距离在 d 处的辐射源的退行速度.

Hubble 一直在研究造父变星. 造父变星非常明亮,而且其绝对光度和光变周期有很强的关联. 根据这种关联,造父变星可以用来当作距离指示器. 根据造父变星的亮度,可以推断出其主星系的距离 d. 根据主星系的光度谱,可以测量出其红移 $z = \Delta\lambda/\lambda$, λ 是发射时的波长,而 $\Delta\lambda$ 是观测到的波长和发射时波长的差. Hubble 找到了 z 和 d 之间的一个正比关系. 如果 z 被解释成多普勒红移,则根据 $v \ll 1$ 可以得到 $z \approx v$, 因此可以推导出方程(1.9). 然而,该现象的正确起源是广义相对论中的宇宙的膨胀率,而不是狭义相对论中的退行速度. 这个定律从距离为几个 Mpc 到几百个 Mpc 的辐射源都适用($z<1$). 更近的源的本动的多普勒效应会变得显著,更远的源的红移-距离关系则会明显偏离线性的 Hubble 定律.

最初 Hubble 定律的测量给出

$$H_0 \sim 500\ \frac{\text{km}}{\text{s} \cdot \text{Mpc}}. \tag{1.10}$$

利用参数化方程(1.8)对应于 $h_0 \approx 5$, 这比现在的观测结果 $h_0 \approx 0.70$ 要大得多, 原因大概是 Hubble 在测量星系距离时的系统误差.

1.2.2 大爆炸核合成

关于轻元素的原初丰度的预言是宇宙学标准模型的又一个重要成功. 实际上,宇宙中大部分的氦-4 都是在大爆炸之后几分钟内产生出来的,不能用恒星内部的核反应产生来解释. 这个事实可以很容易地通过如下估算来证实: 目前银河系的光度为

$$L = 4 \times 10^{36}\ \text{J/s}. \tag{1.11}$$

如果考虑到产生 1 kg 的氦-4 会提供大约 6×10^{14} J 的电磁辐射能量,而且星系的年龄大约是 10^{10}年,就可以估算出产生的氦-4 的总量为

$$M_{^4\text{He}} \approx \frac{4 \times 10^{36}\ \text{J/s} \cdot 3 \times 10^{17}\ \text{s}}{6 \times 10^{14}\ \text{J/kg}} \approx 2 \times 10^{39}\ \text{kg}. \tag{1.12}$$

这大概是银河系质量的 1%, $M_{\text{Galaxy}} \approx 3\times10^{41}$ kg. 然而,我们观测到的氦-4 丰度大约是 25%.

早期宇宙的轻元素产生的理论首先是由 Alpher 和 Gamow 在 1948 年提出的. 在宇宙膨胀的过程中,原初等离子体的温度不断下降,到某一个阶段就有可能形成核子的束缚态. 大爆炸核合成大约是在宇宙年龄为 1 s 及等离子体温度为 1 MeV 时发生的. 然而,轻元素合成发生的时间要晚得多. 首先合成的轻元素是氘,其束缚能大约是 2 MeV. 大量的氘仅仅在宇宙温度低于大约 80 keV 时才会产生. 这是因为光子的数密度要比质子和中子多得多,虽然温度稍低时高能光子的数密度被玻尔兹曼因子压低,它的量仍足以摧毁产生的氘核. 在氘核产生之后,核合成继续产生氦-3、氦-4、锂-7. 作为一个初级近似,假设所有在氘合成开始时幸存下来的中子最终都形成了氦-4,因为这个核子束缚得非常强. 更重的元素在大爆炸核合成中并没有显著地产生,这是因为时间不太够,而且氦-4 以上核子数为 5 和 6 的核子都不稳定. 因此,更重的元素主要是在之后的恒星内部核合成中产生的.

轻元素原初丰度的预言需要数值计算. 第一个代码是在 20 世纪 60 年代末写成的. 这些计算需要粒子物理标准模型的知识(特别是轻粒子的种数和它们的相互作用性质),以及一些可以在实验室里测量出来的原子核反应率. 在标准模型里,物质部分是知道的. 这个模型只有一个自由参数,就是重子数密度(质子和中子的数密度之和)和光子数密度之比,通常记作 η. 这样可以计算氘、氦-3、氦-4、锂-7 的原初丰度,并用单参数 η 的函数表示出来. 根据理论预言和观测测量的比较,就可以确定参数 η 的值. 根据天文观测确定这些元素的原初丰度并不简单,因为后来的反应会改变其初值. 然而,到了 70 年代,人们已经清楚地知道

$$\eta \sim 10^{-10} - 10^{-9}. \tag{1.13}$$

现在这个值已经被观测到百分之几的精度. η 值最终可以被转换成普通物质相对于宇宙间的总物质/能量的分布. 人们据此发现质子和中子只代表了宇宙中 5%的物质.

1.2.3 宇宙微波背景辐射

当宇宙的温度降到大约 0.3 eV 以下时,电子和质子开始结合形成中性氢原子(同时电子和氦核也开始形成氦原子). 类似于大爆炸核合成的开始,这个现象发生在远低于氢原子电离能 $E_{\text{ion}} = 13.6$ eV 的温度,因为光子数远大于电子数和质子数,虽然有玻尔兹曼的指数压低因子,温度较低时仍然有相当数量的高能光子阻止中性氢的产生. 这一事件被称为复合(recombination),发生在大约 $z_{\text{rec}} \approx 1100$,或者说宇宙年龄为 370 000 年的时候. 在复合之前,光子和物质是通过弹性 Thomson 散射由自由光子耦合起来而形成热平衡的. 复合之后,自由电子的匮乏使得光子从物质中脱耦(decouple). 从这一时刻开始,光子开始在宇宙中自由传播. 复合和光子脱耦这两个事件很明显是有关联的,而且发生的时间差不多相同,亦即 $z_{\text{rec}} \approx z_{\text{dec}}$. 这些光子被现在的我们观测到,就是宇宙微波背景辐射(CMB). 背景辐射光子可以认为是从所谓的最后散射面发射出来的. 最后散射面是以我们为中心的一个球面,球面上光子最后一次和物质相互作用. 微波背景辐射的谱非常接近于一个温度为 2.7 K 的黑体辐射谱. 这个辐射谱在 10^{-5} 的量级上有非常小的各向异性. 今天的微波背景辐射光子数密度大约是 400 cm^{-3},它们只贡献整个宇宙能量密度的~0.005%.

Gamow 在 1946 年首先预言了微波背景辐射. 其后,其他作者试图估算今天的背景光子温度. 由于缺乏对宇宙学参数的精确测量值,他们得到的结果差别很大. 因为一次偶然的机会,微波背景辐射被 Arno Penzias 和 Robert Wilson 观测到. 他们当时在研究一项通讯卫星的实验,

因为这项发现而获得1978年的诺贝尔物理学奖.①微波背景辐射研究的突破是1989年COBE卫星的发射.这个实验探测到十万分之一水平上温度的各向异性.这些小的扰动依赖于宇宙学参数的取值,而它们被COBE观测到标志着宇宙学正式成为一门精确科学.George Smoot和John Mather作为COBE上两个设备的主要研发人而获得2006年的诺贝尔物理学奖.20世纪刚刚结束的时候,一些气球实验测量了微波背景辐射在小角度上的扰动,提供了对宇宙学参数更好的估算.WMAP卫星是2001年发射升空的,其数据从2003年开始发布,直到2012年.它对于微波背景辐射各向异性的测量,使得我们可以把宇宙学参数估算到百分之几的精度.特别是它们确认了各组分所占宇宙能量的比例:约5%的普通物质,约25%的暗物质,以及70%的暗能量.WMAP之后,一个更先进的卫星Planck于2009年发射升空,以继续研究微波背景辐射各向异性,其全天温度分布图于2013年首次发布.

1.3 新物理的证据

正如之前所谈到的那样,宇宙学标准模型是依赖于目前对自然界基本相互作用和基本物质组分的理解的.换句话说,这一模型基于粒子物理的标准模型和广义相对论.

以这两种理论为基础的标准宇宙学模型遇到一些困难,有些可以通过暴胀范式来解决.暴胀假设在热大爆炸之前有一段加速膨胀的时间.暴胀在物理上没办法用粒子物理的标准模型和广义相对论来论述.虽然暴胀的图景通常被认为是解决这些困难的最佳备选,但并不是唯一的一个.它仍然停留在假说的阶段,因为没有观测证据来支持它和反对其他候选理论.

但是故事到此还没有结束.粒子物理的标准模型和广义相对论并不能解释一系列的观测结果,这强烈暗示我们寻找新物理.局域宇宙显然是物质主导的:我们周围没有很多反物质.这种正-反物质不对称性是什么时候又是如何发生的?在多年的探索之后,可以推断出粒子物理的最小标准模型并不能解释这个问题,但一个合理的延展理论可能解释它.

另一个基本的开放问题是暗物质的起源和本质.根据大爆炸核合成,可以知道只有整个宇宙能量的5%是由普通物质所组成的,主要是质子和中子(后者被束缚在原子核内).根据一系列观测结果,比如附近的星系旋转曲线的研究,可以推断出能产生引力的物质的总量应该远远大于此,达到整个宇宙能量密度的约30%.那么其他25%的产生引力的物质是什么呢?在粒子物理的最小标准模型里,无法找到任何候选粒子.因此新物理是必须的,而且超出最小标准模型的新物理中确实可以找到不错的暗物质粒子候选者.

最后,从宇宙膨胀速率的研究中可以得知目前的宇宙处在加速膨胀的状态.如果我们相信Friedmann方程,占宇宙总能量70%的能量必须是奇异的,它被称为暗能量.但我们并不知道新物理到底是从物质部分(即超出标准模型的新物理)来的,还是从引力部分(Einstein的广义相对论理论在大尺度下失效)来的.这些来自于天文观测的证据是目前寻求标准理论框架之外新物理的主要动因.

1.3.1 暴胀

如果标准宇宙学模型只是基于粒子物理的最小标准模型,会遇到一些相当严重的问题.

首先,可以看到微波背景辐射的角各向异性是非常小的.这暗示着天空中不同的区域在最

① Ter-Shamonov做了一个相似但结果不那么精确的实验.他当时在校准俄罗斯射电望远镜RATAN-600的天线原型.

后散射时是因果连通的. 但是,我们根据辐射主导或者物质主导的 Friedmann 方程推导不出这一点,这被称为视界疑难.

第二,观测指出宇宙相当接近于几何平坦. 也就是说,方程(1.6)中正比于常数 k 的项可以忽略. 另一方面,正如我们可以从物质主导的 Friedmann 方程中看到的那样,对平坦的偏离会随着时间演化而逐渐增大. 因此,宇宙演化的初始条件必须是微调(fine-tune)到极平坦的. 这种微调看上去很不自然,称为平坦性疑难.

第三,我们需要一个能在宇宙学大尺度上产生演化成未来星系的原初不均匀性的机制.

第四,在超出粒子物理最小标准模型的框架下,可能会产生危险的残留,如重粒子或者拓扑缺陷. 它们会让宇宙迅速坍缩.

解决这些疑难的一种办法是假设一个指数膨胀的阶段,即所谓的暴胀(inflation). 1979 年 Dmitrius Kazanas 和 Aleksey Starobinsky 提出了类似的思想. 1980 年 Alan Guth 提出了更完备的暴胀理论,但 Guth 所提出的具体的暴胀机制并不现实. Andrei Linde, Andreas Albrecht 和 Paul Steinhardt 在 1982 年的理论独立地解决了这个困难,他们提出一种所谓的新暴胀模型,并引入一个动力学的暴胀场来产生宇宙的指数膨胀. 在暴胀阶段产生密度扰动的机制由 Viatcheslav Mukhanov 和 Gennadi Chibisov(二人姓氏以俄语首字母为序)提出. 目前,人们已经提出了很多种不同的暴胀图景,而且人们相信一个足够长的暴胀时期可以全部解决以上 4 个困难.

目前,暴胀范式仍然停留在假说阶段. 不过暴胀对原初密度扰动的谱的预言和数据符合得很好,这对暴胀理论是强烈的支持. 在最小标准模型中没有暴胀子(inflaton)的候选者,虽然一直有人努力想把 Higgs 玻色子当作暴胀子. 从原则上讲,也存在其他机制可以解决标准宇宙学模型的这些疑难,所有的这些机制都要求有新物理产生.

1.3.2 重子合成

我们的局域宇宙显然是物质主导的,反物质的量极少. 这些极少量的反粒子可以解释成是由空间中的高能碰撞产生的. 我们附近大块区域反物质的存在,会因为正-反物质湮灭而产生高能电磁辐射,这种辐射目前还没有观测到. 另一方面,物质和反物质似乎有着相似的性质,因此一个物质-反物质对称的宇宙是很自然的. 如果我们相信暴胀范式,一个小的正-反物质不对称的初始条件对问题毫无帮助,因为暴胀期间宇宙的指数膨胀会将任何不对称的初始条件都清除掉,正如暴胀可以将任何极早期产生的危险的重残留粒子或拓扑缺陷清除掉一样. 一个令人满意的宇宙模型应该能解释这种正-反物质不对称的起源.

"重子合成"这个术语就是用来揭示重子(主要是质子和中子)和反重子(反质子和反中子)不对称的产生. 1967 年,Andrei Sakharov 指出要从一个对称的宇宙产生正-反物质不对称三要素,今天人们称之为 Sakhanov 原理. 实际上,这 3 个要素没有一个是严格必要的,但其反例需要一些技巧或者奇异的机制. 粒子物理的最小标准模型可以拥有所有满足 Sakhanov 原理的要素. 然而,事实证明不可能从这个框架下产生目前观测到的正-反物质不对称: 其参数和观测到的并不符合. 这明显在提示我们存在超出最小标准模型的新物理. 不幸的是,它并不能确凿无疑地告诉我们新物理的能标. 目前已经有一些可以解释正-反物质不对称的理论方案,但它们一般涉及在目前实验条件下无法利用粒子加速器验证的超高能标的物理.

1.3.3 暗物质

1933 年 Fritz Zwicky 发现后发座星系团(Coma Cluster)的大部分质量似乎都是由不发光

的物质所贡献的. 根据星系团边缘的星系的运动,他估算了后发座星系团总质量,这个总质量明显大于根据星系光度所推断出来的总质量. 稍后,一些观测证实星系的相当一部分质量也是由不发光物质所组成的,特别是星系旋转曲线给出的强烈证据. 在 20 世纪 70 年代,这个问题随着人们得到原初轻元素丰度的精确数值结果而引起更多关注. 从理论预言和观测数据的对比中,大爆炸核合成理论要求普通物质(质子和中子)占总能量密度的 5%,而且宇宙是空间平坦的,即方程(1.6)中 $k=0$. 同时,对星系和星系团的质量的估计给出的值是 30%.

从大爆炸核合成(可以只考虑普通物质,如质子和中子)推断出的物质的总量与从引力推断出的物质的总量存在矛盾. 对该矛盾的研究是一个非常活跃的领域. 有一种被认真考虑了很久的可能性是牛顿引力理论在几个 kpc 以上的尺度失效,因此根据维里(Virial)定理所估计的星系质量也是不正确的. 2003 年,子弹星系团(Bullet Cluster)的引力透镜的研究给出非重子暗物质存在的强烈证据. 子弹星系团是由一个星系团和另一个小星系团在 1.5 亿年前碰撞所组成的系统,系统的不同组分对这次碰撞的反应不尽相同. 从光学波段观测到的恒星没有明显受到碰撞的影响,而通过 X 射线观测到的并代表星系团中大部分重子物质的热气体强烈地被碰撞所影响. 引力透镜的研究显示,这个系统的总质量的质心与通过光学和 X 射线观测推断出来的重子物质的质心之间,有一段明显的距离. 这可以解释为星系团的质量是被某种暗物质所主导的,而且暗物质的相互作用很弱,所以并没有受到碰撞的影响. 这两个质心之间的距离与基于修改引力的解释不符,它支持的是暗物质理论.

暗物质必须是由微弱相互作用的物体或粒子所组成的. 它必须稳定或者寿命很长,否则它就会衰变成别的物质. 显然它必须是电中性的. 在粒子物理的最小标准模型里没有适合的暗物质候选粒子. 标准模型的中微子本可以有正确的相互作用性质,但是现在已经知道中微子的质量太小,不足以构成暗物质的主要成分. 适合的暗物质候选粒子在超出标准模型的理论中是存在的. 直到最近,最强的候选粒子是最小标准模型的超对称扩展中最轻的超对称伴子,但目前在日内瓦的大型强子对撞机(LHC)中还没有看到任何可能的超对称信号. 没有观测到超对称粒子,让人们开始切实地怀疑低能超对称理论是否有效.

最后,我们注意到暗物质并非一定是基本粒子. 也有些模型里暗物质候选者是新的基本粒子的束缚态,甚至是宏观的实体,如孤立子(soliton)或者致密似星体(compact stellar-like objects).

1.3.4 宇宙学常数问题

除了方程(1.6)所给出的第一 Friedmann 方程之外,宇宙的演化还遵循如下的第二 Friedmann 方程:

$$\frac{\ddot{a}}{a}=-\frac{4\pi G_{\mathrm{N}}}{3}(\rho+3P), \tag{1.14}$$

其中 P 是物质压强. Friedmann 方程不可避免地预言了宇宙的膨胀或者收缩. 没有一种自然的方法可以实现静态宇宙. 普通物质满足 $\rho+3P\geqslant 0$,因此 $\ddot{a}<0$, 也就是说宇宙膨胀只能是减速膨胀.

在 Hubble 发现宇宙膨胀之前,人们通常相信宇宙是静态和永恒的(参见引出 Olbers 佯谬的假设). 为了解决这个假设与广义相对论预言的非静态宇宙之间的矛盾,Einstein 引入所谓的宇宙学常数 Λ. 引入这个新参数的 Friedmann 方程是

$$\frac{\dot{a}^2}{a^2}=\frac{8\pi G_N}{3}\rho+\frac{\Lambda}{3}-\frac{k}{a^2}, \tag{1.15}$$

$$\frac{\ddot{a}}{a}=-\frac{4\pi G_N}{3}(\rho+3P)+\frac{\Lambda}{3}. \tag{1.16}$$

在这种情况下,静态宇宙是可能的(然而是不稳定的). 在 Hubble 的发现之后,人们移除了这个常数,因为它在当时已经没有任何意义. 根据一些说法,Einstein 后来认为引入宇宙学常数是他这一生"最大的错误". 与此相反,1967 年 Yakov Zel'dovich 指出宇宙学常数的有效值应该会有来自粒子物理的贡献. 目前对这个难题还没有令人满意的解释,人们通常称之为"旧宇宙学常数问题".

20 世纪末期,超新星宇宙学项目(Supernova Cosmology Project)和高红移超新星搜索团队(High-Z Supernova Search Team)通过探索高红移的 Ia型超新星来研究宇宙膨胀. 令人惊讶的是他们发现宇宙是加速膨胀的,而不是像满足 $\rho+3P\geqslant 0$ 的物态方程的普通物质所主导的 Friedmann 方程预言的那样减速膨胀. 因为这个发现,两个团队的领导人(Saul Perlmutter, Brian Schmidt 和 Adam Riess)获得了 2011 年的诺贝尔物理学奖.

这种加速膨胀现象的起源是未知的. 它可以由一个很小的正的宇宙学常数来解释,因此该问题也往往被称为"新宇宙学常数问题". 这种加速膨胀率可能是由某种均匀分布于整个宇宙的实体造成的,一般即称之为暗能量. 暗能量可以用满足物态方程 $\rho\approx -P$ 的流体来描述. 还有一种可能的解释是广义相对论在大尺度下失效,因此不是描述大尺度宇宙的一个好的理论.

为何在目前这种奇异的实体的能量密度和宇宙的普通引力物质的能量密度处在一个量级? 这个问题被称为"巧合问题". 目前暗物质和"普通"物质分别贡献宇宙 70%和 30%的能量密度,但它们在宇宙膨胀时的演化规律完全不同: 暗能量的能量密度在宇宙膨胀时保持不变,而"普通"物质(包括暗物质)的能量密度随着宇宙演化按照 $1/a^n$ 减小,其中 $n=3$ (非相对论性物质)或 4(相对论性物质).

1.4 宇宙的年龄和大小

当说起宇宙的年龄时,指的是从宇宙开始膨胀到现在所经过的时间. 对极早期宇宙并没有详尽的物理知识,也没有几个 MeV 以上的观测证据(原初密度扰动谱除外). 根据 Friedmann 方程可以看到,从广义相对论所预言的大爆炸奇点到大爆炸核合成(这是有严格观测证据的第一个物理事件)之间只有大约 1 s 的时间. 这 1 s 与从大爆炸核合成到现在这一长段时间相比,完全可以忽略不计. 简单估计宇宙年龄可以假设宇宙的膨胀率是个常数. 在这种情况下,宇宙年龄就是 Hubble 常数的倒数,也就是 $1/H_0\approx 140$ 亿年. 更精确的估算需要知道宇宙的能量组分,因为根据 Friedmann 方程(1.6),Hubble 参数是依赖于能量密度 ρ 和常数 k 的. 目前被普遍接受的宇宙年龄是 138 亿年,这个估算结果和球状星团中最古老的恒星的年龄相符合,这些恒星大约是在大爆炸之后 10~20 亿年后产生.

现在粗略讨论一下宇宙中各种结构的尺度. 可以从银河系开始,它可以作为星系的一个典型. 银河系有一个半径为 15 kpc 的恒星盘,其平均厚度大约是 0.3 kpc. 银河系中有大约 10^{11} 个恒星,太阳系在离银心约 8 kpc 处. 恒星盘被一个球形的古老恒星的晕所包裹,晕的半径和盘差不多. 还有球形暗物质晕,半径要大一些. 银河系的总质量大约是 $10^{12}M_{\odot}$①,银河系属于本星系群. 本星系群由大约 50 个星系组成,其中最大的星系就是银河系和仙女座大星系,其他成员大多是些矮星系. 本星系群的总质量大约是 $10^{13}M_{\odot}$,半径是 1.5 Mpc. 本星系群属于室女座超星系团,它包含约 100 个星系群和星系团,总质量约为 $10^{15}M_{\odot}$,半径是 15 Mpc. 室女座超星系团之上就是我们能看到的可观测宇宙: 它包含 10^8 个超星系团,共有 10^{11} 个星系,总质量为 $10^{23}M_{\odot}$,半径是 15 Gpc.

在目前,我们并不知道整个宇宙的实际尺度. 对最简单的均匀各向同性的宇宙来说,基于方程(1.6)中 k 的符号不同,有 3 种不同的几何: $k=0$ 对应于平坦宇宙,$k>0$ 对应于闭合宇宙,$k<0$ 对应于开放宇宙. 通常假设宇宙的拓扑是平庸的,虽然这个假设本身可能有问题. 在平庸拓扑下,平坦和开放宇宙在空间上是无限的,所以它们可以含有无限多个星系. 闭合宇宙类似于一个三维球面,其体积是有限的. 目前的观测显示我们的宇宙很接近平坦,这意味着真实的宇宙的几何有可能是上面 3 种情况的任何一种,在空间上可能是有限的或者无限的. 人们也研究了更复杂的图景及宇宙有非平庸拓扑的可能性.[1,2]在这种情况下,即使是 $k\leqslant 0$ 的平坦或开放宇宙也可能是紧致的,并且体积有限. 如果宇宙在空间上是有限的,而且宇宙中的所有实体都在可见宇宙范围之内,我们可以在两个不同的方向上观测到从同一个遥远物体发出的电磁波. 对微波背景辐射上这种可能的关联性的研究,只能给出宇宙尺度的一个下限: 如果宇宙是有限的,那么它无论如何要比可见宇宙要大一些.[3]

1.5 超出广义相对论的宇宙学模型

经典广义相对论预言了一个原初的时空奇点. 在奇点处标度因子 a 等于零,而且物质能量密度变成无限大. 这更可能只是说明经典理论不再适用,而需要用某种未知的量子引力理论来移除这个奇点. 量子引力大约在 Planck 能标 $M_{\rm Pl}=10^{19}$ GeV 处变得重要. 在经典广义相对论中,时间和空间的概念和我们在日常生活中体验到的牛顿力学时间和空间大不相同. 很有可能在量子引力的尺度下,相对论性的时空概念也无法描述真实的时空,用广义相对论的时空概念来谈论宇宙的创生很可能会误导我们,或者至少在处理时空概念时要更加小心. 目前,并没有任何牢不可破的预言性的量子引力理论能够解释 Planck 尺度的物理和宇宙起源,人们只是基于一些受到量子引力启发的模型提出了一些可能的尝试.

在许多广义相对论的扩展中,引力在极高的能量密度下会变成排斥性的. 在这种情况下,沿着时间回溯,我们仍然发现宇宙会变得越来越小、越来越稠密、越来越热,但是达到一个临界密度之后,宇宙会反弹. 反弹宇宙学图景可以从很多不同的理论中推导出来.[4]其关键是经典广义相对论中标度因子 a 等于零和能量密度发散的奇点会被一个发生在某一临界密度的反弹所取代. 根据量纲分析,如果反弹是因为量子引力效应而发生的,很自然地可以估算反弹发生的临界能量密度就是 Planck 能量密度,$\rho_{\rm Pl}=M_{\rm Pl}^4$. 反弹宇宙学的图景虽然可以移除大爆炸奇点问题,但它也只是部分地解决了这个问题. 因为它并没有告诉我们任何时空的新概念,宇宙的创生也仅仅是被移到反弹之前更早的时间. 该图像的一个拓展是说我们的宇宙是从另一个宇宙的一片区域的引力坍缩中所产生的. 更一般的是,可能有很多宇宙以这种方式产生. 换句话说,如果某处有一块过于致密的区域坍缩了,外部观测者可能会看到一个黑洞的形成,而内

① $M_{\odot}\approx 2\cdot 10^{33}$ g 是太阳质量. 这个质量在天文学中经常被用作质量单位.

部坍缩着的物质可能最终会反弹、膨胀，并最终形成一个新的宇宙. 目前，所有的这些图景都只是假说的水平，我们并不清楚是否有朝一日能检验它们.

参 考 文 献

[1] A. D. Linde, *JCAP* **0410**, 004(2004). arXiv: hep-th/0408164

[2] J. P. Luminet, B. F. Roukema, arXiv: astro-ph/9901364

[3] N. J. Cornish, D. N. Spergel, G. D. Starkman, E. Komatsu, *Phys. Rev. Lett.* **92**, 201302(2004). arXiv: astro-ph/0310233

[4] M. Novello, S. E. P. Bergliaffa, *Phys. Rept.* **463**, 127(2008). arXiv: 0802.1634 [astro-ph]

第2章

广义相对论

广义相对论是目前我们描述引力的理论，它是宇宙学标准模型的第一个要素. 广义相对论成功地经受了一系列实验的检验，主要是在地球的引力场、太阳系以及研究双脉冲星系统的轨道运动.[1] 目前观测到的宇宙的加速膨胀率也许是在质疑广义相对论在超大尺度上的有效性，但目前这种现象也可以用一个很小的正的宇宙学常数来解释.

广义相对论的基本思想是引力可以解释成时空几何的形变，即时空不再是平坦的. 运动学(kinematics)也就是粒子如何在时空中运动，是由测地方程所决定的，相对来说是个简单的问题. 动力学也就是能量如何使时空弯曲，是由 Einstein 方程决定的. 这是一个度规分量的二阶非线性偏微分方程，通常极难求解. 因此解析解一般只能对时空具有很高对称性的特殊情况得到.

这一章给出广义相对论的简短的综述，重点主要放在那些宇宙学引论课程所必需的概念上. 更多的细节请参阅标准的广义相对论教科书，如参考文献[2, 3, 4].

2.1 标量 矢量 张量

让我们从考虑通常的 3 维欧几里得空间开始. 坐标系可以用 $\boldsymbol{x}$ 或者 $\{x^i\}$ 来表示，其中 $i = 1, 2, 3$. 在笛卡尔坐标系里，有 $\{x^i\} = \{x, y, z\}$. 如果有一条从点 A 到点 B 的曲线 γ，其长度由

$$I = \int_\gamma \mathrm{d}s \tag{2.1}$$

给出，其中 $\mathrm{d}s$ 是线元. 曲线 γ 可以用一组选定的坐标系进行参数化：$\gamma(\lambda) = \{x(\lambda), y(\lambda), z(\lambda)\}$，其中 λ 是一个沿着曲线跑动的仿射参数. 方程(2.1)变成

$$I = \int_{\lambda_1}^{\lambda_2} \left[\left(\frac{\mathrm{d}x}{\mathrm{d}\lambda}\right)^2 + \left(\frac{\mathrm{d}y}{\mathrm{d}\lambda}\right)^2 + \left(\frac{\mathrm{d}z}{\mathrm{d}\lambda}\right)^2 \right]^{1/2} \mathrm{d}\lambda, \tag{2.2}$$

其中 $\gamma(\lambda_1)$ 和 $\gamma(\lambda_2)$ 分别对应于点 A 和点 B. 方程(2.2)可以通过引入度规张量 g_{ij} 来写成一种更为紧凑的形式：

$$I = \int_{\lambda_1}^{\lambda_2} \left[g_{ij} \frac{\mathrm{d}x^i}{\mathrm{d}\lambda} \frac{\mathrm{d}x^j}{\mathrm{d}\lambda} \right]^{1/2} \mathrm{d}\lambda. \tag{2.3}$$

这里用到了 Einstein 求和规则：除非另加说明，对重复的指标进行求和，即

$$g_{ij}\frac{\mathrm{d}x^i}{\mathrm{d}\lambda}\frac{\mathrm{d}x^j}{\mathrm{d}\lambda}\equiv\sum_{i=1}^{3}\sum_{j=1}^{3}g_{ij}\frac{\mathrm{d}x^i}{\mathrm{d}\lambda}\frac{\mathrm{d}x^j}{\mathrm{d}\lambda}, \tag{2.4}$$

对 $i=j$，有 $g_{ij}=1$；对 $i\neq j$，有 $g_{ij}=0$. 在球坐标$\{r,\theta,\phi\}$里，线元可以写成

$$\mathrm{d}s^2=\mathrm{d}r^2+r^2\mathrm{d}\theta^2+r^2\sin^2\theta\mathrm{d}\phi^2, \tag{2.5}$$

因此，$g_{11}=1$，$g_{22}=r^2$，$g_{33}=r^2\sin^2\theta$，其他所有非对角元均为零.

如果从坐标系$\{x^i\}$变换到另一组坐标系$\{x'^i\}$，其无限小位移元是

$$\mathrm{d}x^i\to\mathrm{d}x'^i=\frac{\partial x'^i}{\partial x^a}\mathrm{d}x^a. \tag{2.6}$$

因为曲线和线元的长度必须与坐标系的选择无关，度规张量必须按照如下规律变换：

$$g_{ij}\to g'_{ij}=\frac{\partial x^a}{\partial x'^i}\frac{\partial x^b}{\partial x'^j}g_{ab}. \tag{2.7}$$

可以很容易地验证该式确实对笛卡尔坐标系和球坐标系成立.

一般将物理量 V 称为矢量，其分量 V^i 在坐标系$\{x^i\}$变换到$\{x'^i\}$时按照如下的规则变换：

$$V^i\to V'^i=\frac{\partial x'^i}{\partial x^a}V^a. \tag{2.8}$$

V 的对偶矢量的分量是

$$V_i=g_{ij}V^j, \tag{2.9}$$

而且在坐标变换下，其分量的变换规则与矢量相反，即

$$V_i\to V'_i=\frac{\partial x^a}{\partial x'^i}V_a. \tag{2.10}$$

上标通常用来描述按照(2.8)式变换的分量，而下标表示按照(2.10)式变换的分量.

标量是在坐标变换下保持不变的物理量. 例如，

$$S=V_iV^i \tag{2.11}$$

是一个标量. 利用 V_i 和 V^i 的变换规则，可以看到 $S\to S'=S$.

倒数运算符$\partial_i\equiv\partial/\partial x^i$ 是一个对偶矢量，因为

$$\partial_i\to\partial'_i=\frac{\partial x^a}{\partial x'^i}\partial_a. \tag{2.12}$$

一般来说，上标可以用 g_{ij} 来下降，如(2.9)式所示，下标则可以通过 g^{ij} 来上升. g^{ij} 是 g_{ij} 的逆矩阵，所以有

$$V^i=g^{ij}V_j. \tag{2.13}$$

实际上，$V^i=g^{ij}V_j=g^{ij}g_{jk}V^k=\delta^i_kV^k=V^i$，其中 δ^i_k 是 Kronecker－δ 记号. 根据逆矩阵的定义，$g^{ij}g_{jk}=\delta^i_k$. 据此发现带有一个上标和一个下标的度规张量就是 Kronecker－δ 记号，即 $g^i_k=\delta^i_k$.

张量是矢量和对偶矢量的多上下标的扩展. 度规张量 g_{ij} 就是一个有特殊性质的张量的例

子. 一般来说，一个张量的分量有一些上标，也有一些下标，如 T_{ij}，T^{ij}，$T^{i}{}_{jk}$，$T_{i\,jl}^{\;k}$等. 在坐标变换时，上标按照(2.8)式的规则变换，而下标按照(2.10)式的规则变换. 例如，对一个分量为 $T_{i\,jl}^{\;k}$的张量，有

$$T_{i\,jl}^{\;k} \rightarrow T'^{k}_{ijl} = \frac{\partial x^a}{\partial x'^i}\frac{\partial x^b}{\partial x'^j}\frac{\partial x'^k}{\partial x^c}\frac{\partial x^d}{\partial x'^l}T_{a\,bd}^{\;c}. \tag{2.14}$$

上标可以用 g_{ij} 来下降，下标则可以通过 g^{ij} 来上升. 例如，

$$T_{ijkl} = g_{ka}T_{i\,jl}^{\;a},\ T_{i\,jl}^{\;k} = g^{la}T_{i\,ja}^{\;k},\ \cdots\cdots \tag{2.15}$$

2.2 测地方程

测地方程决定了运动学，也就是测试粒子如何在空间中运动. 引入度规张量之后，牛顿力学和相对论力学方程都可以写成相同的形式.

2.2.1 牛顿力学

在牛顿力学里，最小作用量原理非常重要. 对于一个作用量已知的体系，它可以用来以一种精妙的方式得到运动方程. 在自由点粒子的情况下，拉格朗日量简单地由动能来给出：

$$L = \frac{1}{2}m\boldsymbol{v}^2 = \frac{1}{2}mg_{ij}\frac{\mathrm{d}x^i}{\mathrm{d}t}\frac{\mathrm{d}x^j}{\mathrm{d}t}, \tag{2.16}$$

m 是粒子的质量，$\boldsymbol{v} = (v^1, v^2, v^3)$ 是其速度，g_{ij} 是度规张量，$\{x^i\}$是粒子的坐标，t 是时间，作用量是

$$S = \int L\mathrm{d}t. \tag{2.17}$$

根据最小作用量原理，可以得到欧拉-拉格朗日方程.

$$\frac{\mathrm{d}}{\mathrm{d}t}\frac{\partial L}{\partial \dot{x}^i} - \frac{\partial L}{\partial x^i} = 0, \tag{2.18}$$

“$\dot{x}$”上的“·”是表示对时间 t 求导数.

如果把方程(2.16)中的拉格朗日量代入欧拉-拉格朗日方程(2.18)中，就可以得到测地线方程：

$$\ddot{x}^i + \Gamma^i_{jk}\dot{x}^j\dot{x}^k = 0, \tag{2.19}$$

其中 Γ^i_{jk}是 Christoffel 记号，

$$\Gamma^i_{jk} = \frac{1}{2}g^{il}\left(\frac{\partial g_{lk}}{\partial x^j} + \frac{\partial g_{jl}}{\partial x^k} - \frac{\partial g_{jk}}{\partial x^l}\right). \tag{2.20}$$

注意 Christoffel 记号不是任何张量的分量. 实际上，如果考虑坐标变换$\{x^i\}\rightarrow\{x'^i\}$，Christoffel 记号按照如下规则变换：

$$\Gamma^i_{jk} \to \Gamma'^i_{jk} = \frac{\partial x'^i}{\partial x^a} \frac{\partial x^b}{\partial x'^j} \frac{\partial x^c}{\partial x'^k} \Gamma^a_{bc} + \frac{\partial x'^i}{\partial x^a} \frac{\partial^2 x^a}{\partial x'^j \partial x'^k}. \tag{2.21}$$

Γ^i_{jk} 只在线性变换的情况下表现得像一个张量. 在笛卡尔坐标系下，所有的 Christofell 记号都等于零，因此测地线方程就简单地是 $\ddot{x} = \ddot{y} = \ddot{z} = 0$（牛顿第一定律）. 在球坐标系下，有

$$\ddot{r} - r\dot{\theta}^2 - r\sin^2\theta\,\dot{\phi}^2 = 0, \tag{2.22}$$

$$\ddot{\theta} + \frac{2}{r}\dot{r}\dot{\theta} - \cos\theta\sin\theta\,\dot{\phi}^2 = 0, \tag{2.23}$$

$$\ddot{\phi} + \frac{2}{r}\dot{r}\dot{\phi} + 2\cot\theta\,\dot{\theta}\dot{\phi} = 0. \tag{2.24}$$

2.2.2 相对论力学

在狭义和广义相对论里，时间和空间不再是独立的变量. 牛顿的 3 维空间的概念应该用 4 维时空来取代. 坐标通常是用 $\{x^\mu\}$ 来表示的，其中 $\mu = 0, 1, 2, 3$. 0 分量代表时间，1, 2, 3 分量代表空间. 希腊字母 μ, ν, ρ, …通常被用作从 0 取到 3 的时空指标，而拉丁字母 i, j, k, …通常被用作从 1 取到 3 的空间指标.

在狭义相对论里，取笛卡尔坐标系 $\{t, x, y, z\}$ 或者 $\{t, \boldsymbol{x}\}$, $\boldsymbol{x} = \{x, y, z\}$，则度规张量可以用 $\eta_{\mu\nu}$ 来表示. 时空线元 ds 是①

$$ds^2 = \eta_{\mu\nu} dx^\mu dx^\nu = dt^2 - dx^2 - dy^2 - dz^2 = dt^2 - d\boldsymbol{x}^2. \tag{2.25}$$

度规分量因此是 $\eta_{00} = 1$, $\eta_{11} = \eta_{22} = \eta_{33} = -1$，并且非对角分量全部为零. 最小作用量原理可以自然地推广到相对论力学. 自由点粒子的作用量现在可写为

$$S = -m\int_\gamma ds, \tag{2.26}$$

其中 m 是粒子质量，γ 是粒子轨道，ds 是时空线元. 从作用量(2.26)和线元(2.25)，可以得到拉格朗日量

$$S = \int L dt \Rightarrow L = -m\sqrt{1 - \boldsymbol{v}^2}, \tag{2.27}$$

这里 $\boldsymbol{v} = d\boldsymbol{x}/dt$ 是粒子速度. 非相对论极限下，$\boldsymbol{v}^2 \ll 1$，可以恢复到牛顿力学的结果（多一个常数），

$$L \approx -m + \frac{1}{2}m\boldsymbol{v}^2, \tag{2.28}$$

据此也可以得到牛顿力学的运动方程.

对一般情况，度规张量 $g_{\mu\nu}$ 没有类似于 $\eta_{\mu\nu}$ 的简单形式. 线元是一个不变量，也就是说，它和坐标系的取法无关. 用上一节的术语来说，ds^2 是一个标量. 因此可以定义坐标不依赖的运动轨道分类如下：

---

① 在本书中，把时空特征符号（signature）取作（+−−−），这在粒子物理里是很普遍的取法. 广义相对论研究者通常取（−+++）.

$$\begin{aligned} ds^2 &> 0,\text{类时轨道;} \\ ds^2 &= 0,\text{类光轨道;} \\ ds^2 &< 0,\text{类空轨道.} \end{aligned} \tag{2.29}$$

特别是光子之类的无质量粒子将沿着类光轨道 $ds^2=0$ 运动，也就是说，无质量粒子的运动速度是光速. 其运动方程仍然可以从作用量(2.26)中推导出来，不过这时 m 不再代表质量，而是质量量纲的一个常数.

对于有质量粒子的情况，方便的做法是定义一个“固有时”τ 作为其仿射参数 λ. 固有时是在粒子自身的静参考系中所测量到的时间，因此有 $d\tau^2=ds^2$. 这是因为 ds^2 是一个不变量，而当我们取粒子静坐标系时，空间方向没有运动. 利用这种新定义的仿射参数，有 $g_{\mu\nu}\dot{x}^\mu\dot{x}^\nu=1$，其中字母上一点“·”表示对固有时 τ 取导数.

在牛顿力学中，测试粒子在引力场中的运动可以通过对自由粒子的拉格朗日量加上一个正确的引力势项得到. 广义相对论的一个关键思想是引力场被吸收到度规张量 $g_{\mu\nu}$ 里面去了. 换句话说粒子是自由的，但是它在弯曲时空中遵循时空的测地线方程而运动. 如果时空度规 $g_{\mu\nu}$ 已知，可以根据作用量(2.26)，只需要把 $\eta_{\mu\nu}$ 换成 $g_{\mu\nu}$，就可以得到测地方程，相当于写出了拉格朗日量

$$L=g_{\mu\nu}\dot{x}^\mu\dot{x}^\nu \tag{2.30}$$

的欧拉-拉格朗日方程. 测地方程的形式与牛顿理论中的相同，只要将拉丁字母换成希腊字母，

$$\ddot{x}^\mu+\Gamma^\mu_{\nu\rho}\dot{x}^\nu\dot{x}^\rho=0,\ \Gamma^\mu_{\nu\rho}=\frac{1}{2}g^{\mu\sigma}\left(\frac{\partial g_{\sigma\rho}}{\partial x^\nu}+\frac{\partial g_{\nu\sigma}}{\partial x^\rho}-\frac{\partial g_{\nu\rho}}{\partial x^\sigma}\right). \tag{2.31}$$

运动只由背景时空的几何性质决定，而与粒子自己的性质无关，这就是所谓的等效原理. 等效原理告诉我们，一个测试粒子的轨道不依赖于粒子内部的结构和组分.

研究如何回到牛顿极限是很有启发性的. 我们利用笛卡尔坐标系，并要求：①引力场很弱；②引力场是静态的；③粒子的运动是非相对论性的. 这 3 个条件分别由如下方程给定：

$$g_{\mu\nu}=\eta_{\mu\nu}+h_{\mu\nu},\ |h_{\mu\nu}|\ll 1, \tag{2.32}$$

$$\frac{\partial g_{\mu\nu}}{\partial t}=0, \tag{2.33}$$

$$\frac{dt}{d\lambda}\gg\frac{dx^i}{d\lambda}. \tag{2.34}$$

根据这些近似，测地方程约化为

$$\frac{d^2x^\mu}{d\lambda^2}+\Gamma^\mu_{00}\left(\frac{dt}{d\lambda}\right)^2\approx 0,\ \Gamma^\mu_{00}\approx\frac{1}{2}\eta^{\mu\nu}\frac{\partial h_{00}}{\partial x^\nu}. \tag{2.35}$$

简单积分一次后，可以得到

$$\frac{d^2x^i}{dt^2}\approx-\frac{1}{2}\frac{\partial h_{00}}{\partial x^i}. \tag{2.36}$$

如果比较方程(2.36)和引力场中的牛顿第二定律 $m\ddot{\boldsymbol{x}}=-m\nabla\Phi$，其中 Φ 是牛顿引力势，并要求时空在无穷远处是平坦的，则

$$g_{00} = 1 + 2\Phi. \tag{2.37}$$

2.3 平直时空的能量和动量

根据拉格朗日量(2.27),可以得到粒子的 3 -动量

$$\boldsymbol{p} = \frac{\partial L}{\partial \boldsymbol{v}} = \frac{m\boldsymbol{v}}{\sqrt{1-\nu^2}} \tag{2.38}$$

和哈密顿量

$$\mathscr{H} = \boldsymbol{p}\boldsymbol{v} - L = \frac{m}{\sqrt{1-\boldsymbol{v}^2}}. \tag{2.39}$$

$\mathscr{H}$对应于粒子的能量,即有 $E = \mathscr{H}$. 对 $\boldsymbol{v}^2 = 0$,得到粒子的静能量 $E = m$. 注意到如果这个粒子是由一些基本粒子所组成的,其静能量就不仅仅是各个基本粒子的质量之和,而是包括了各个组分的动能和相互作用能. 在非相对论极限 $\boldsymbol{v}^2 \ll 1$ 下,粒子的能量为

$$E \approx m + \frac{1}{2} m\boldsymbol{v}^2. \tag{2.40}$$

从总能量 E 中减去静能量 m,就得到了正确的牛顿动能. 有质量粒子不可能达到光速极限 $\boldsymbol{v}^2 = 1$, 因为这需要无穷大的能量.

有质量粒子的 4 -动量可以由下式引入:

$$p^\mu = m\dot{x}^\mu = (E, \boldsymbol{p}). \tag{2.41}$$

从 4 -动量构造出的标量 $p_\mu p^\mu = m^2$, 就对应于著名的相对论性质能公式:

$$E^2 = m^2 + \boldsymbol{p}^2. \tag{2.42}$$

上式给出了相对论粒子的能量、质量和 3 -动量之间的关系.

2.4 平直时空中的能动张量

我们考虑一个作用量为

$$S = \int L \mathrm{d}t, \ L = \int \mathscr{L} \mathrm{d}^3 V \tag{2.43}$$

的系统. 其中 $\mathscr{L} = \mathscr{L}(\phi, \partial_\mu \phi)$ 是拉格朗日密度,它依赖于场 $\phi(t, \boldsymbol{x})$ 及其一次导数. $\mathrm{d}^3 V = \mathrm{d}x\mathrm{d}y\mathrm{d}z$ 是笛卡尔坐标系的体积元. 因为$\mathscr{L}$不显含坐标 x^μ,这是个封闭系统,其能量和动量是守恒的. 如果利用最小作用量原理,也就是考虑对 ϕ 和 $\partial_\mu \phi$ 的变分,并要求 $\delta S = 0$, 可以得到运动方程

$$\frac{\partial}{\partial x^\mu} \frac{\partial \mathscr{L}}{\partial(\partial_\mu \phi)} - \frac{\partial \mathscr{L}}{\partial \phi} = 0. \tag{2.44}$$

利用运动方程以及导数的可交换性质 $\partial_\mu \partial_\nu \phi = \partial_\nu \partial_\mu \phi$, 又可以得到

$$\frac{\partial \mathscr{L}}{\partial \chi^{\mu}} = \frac{\partial \mathscr{L}}{\partial \phi}(\partial_{\mu}\phi) + \frac{\partial \mathscr{L}}{\partial(\partial_{\nu}\phi)}\partial_{\mu}(\partial_{\nu}\phi) = \left[\frac{\partial}{\partial x^{\nu}}\frac{\partial \mathscr{L}}{\partial(\partial_{\nu}\phi)}\right](\partial_{\mu}\phi) + \frac{\partial \mathscr{L}}{\partial(\partial_{\nu}\phi)}\partial_{\nu}(\partial_{\mu}\phi)$$
$$= \frac{\partial}{\partial x^{\nu}}\left[\frac{\partial \mathscr{L}}{\partial(\partial_{\nu}\phi)}(\partial_{\mu}\phi)\right]. \tag{2.45}$$

我们把如下的物理量定义为系统的能量-动量张量：

$$T_{\mu}^{\nu} = \frac{\partial \mathscr{L}}{\partial(\partial_{\nu}\phi)}(\partial_{\mu}\phi) - \eta_{\mu}^{\nu}\mathscr{L}, \tag{2.46}$$

这样方程(2.45)就可以简写为

$$\partial_{\nu}T_{\mu}^{\nu} = 0. \tag{2.47}$$

让我们对此作些评论. 首先，方程(2.46)看上去像是拉格朗日量的一个勒让德变换，所以 T^{00} 应该是系统的能量密度，而 T^{0i} 应该是系统的动量密度. 其次，方程(2.47)是一个守恒方程. 实际上，如果对方程(2.47)在整个体积 V 上作积分，并利用高斯定理，即可得到

$$\frac{\mathrm{d}}{\mathrm{d}t}\int_{V} T^{00}\,\mathrm{d}^{3}V = -\int_{\Sigma} T^{0i}\,\mathrm{d}^{2}\sigma_{i}, \tag{2.48}$$

$$\frac{\mathrm{d}}{\mathrm{d}t}\int_{V} T^{0i}\,\mathrm{d}^{3}V = -\int_{\Sigma} T^{ij}\,\mathrm{d}^{2}\sigma_{j}, \tag{2.49}$$

其中 $\mathrm{d}^{2}\sigma_{j}$ 表示边界表面 Σ 上的面积元，其方向垂直于 Σ 向外. 第三，这种能动张量的定义还有些不确定性：如果 $T^{\mu\nu}$ 是能动张量，由此构造出的另一个张量

$$T^{\mu\nu} + \partial_{\rho}A^{\mu\nu\rho},\ A^{\mu\nu\rho} = -A^{\mu\rho\nu} \tag{2.50}$$

也满足方程(2.47). 事实证明这种不确定性可以通过要求 $T^{\mu\nu}$ 是一个对称张量来消除，也就是说 $T^{\mu\nu} = T^{\nu\mu}$. 如果一开始能动张量不是对称的，总可以通过选择一个合适的 $A^{\mu\nu\rho}$ 来把它化成对称的. 这个要求可以通过旋转系统的角动量在狭义相对论下守恒推断出来. 利用 $T^{\mu\nu}$，角动量可以被构造为

$$M^{\mu\nu} = \int_{V}(x^{\mu}T^{\nu 0} - x^{\nu}T^{\mu 0})\,\mathrm{d}^{3}V. \tag{2.51}$$

容易看出

$$\partial_{\mu}M^{\mu\nu} = 0 \Rightarrow T^{\mu\nu} = T^{\nu\mu}. \tag{2.52}$$

2.5 弯曲时空

在弯曲时空或者是平直时空的弯曲坐标中，标量的一次导数是矢量，但是矢量的一次导数并不是张量. 在弯曲时空中，普通导数 ∂_{μ} 的推广是协变导数 ∇_{μ}. 对一个任意矢量 V^{μ}，协变导数的操作给出

$$\nabla_{\mu}V^{\nu} = \partial_{\mu}V^{\nu} + \Gamma_{\mu\rho}^{\nu}V^{\rho}. \tag{2.53}$$

对一个对偶矢量 V_{μ}，可以验证其协变导数是

$$\nabla_\mu V_\nu = \partial_\mu V_\nu - \Gamma^\rho_{\mu\nu} V_\rho. \tag{2.54}$$

可以看到$\nabla_\mu V^\nu$ 和$\nabla_\mu V_\nu$ 都是张量，所以∇_μ是∂_μ 在弯曲时空的自然推广. 对带有上标和下标的任意张量，协变导数的规则是

$$\begin{aligned}\nabla_\rho T^{\mu_1\cdots\mu_m}{}_{\nu_1\cdots\nu_n} = \partial_\rho T^{\mu_1\cdots\mu_m}{}_{\nu_1\cdots\nu_n} + \Gamma^{\mu_1}_{\rho\sigma} T^{\sigma\cdots\mu_m}{}_{\nu_1\cdots\nu_n} + \cdots + \Gamma^{\mu_m}_{\rho\sigma} T^{\mu_1\cdots\sigma}{}_{\nu_1\cdots\nu_n} - \\ \Gamma^\sigma_{\rho\nu_1} T^{\mu_1\cdots\mu_m}{}_{\sigma\cdots\nu_n} - \cdots - \Gamma^\sigma_{\rho\nu_n} T^{\mu_1\cdots\mu_m}{}_{\nu_1\cdots\sigma}.\end{aligned} \tag{2.55}$$

根据协变导数可以构造出黎曼张量(Riemann tensor). 对任意矢量 V^μ 来说，它就是协变导数的对易子：

$$\nabla_\mu \nabla_\nu V_\rho - \nabla_\nu \nabla_\mu V_\rho = R^\sigma{}_{\rho\mu\nu} V_\sigma, \tag{2.56}$$

可证明黎曼张量可以写成

$$R^\mu{}_{\nu\rho\sigma} = \frac{\partial T^\mu_{\nu\rho}}{\partial x^\rho} - \frac{\partial \Gamma^\mu_{\nu\rho}}{\partial x^\sigma} + \Gamma^\mu_{\lambda\rho}\Gamma^\lambda_{\nu\sigma} - \Gamma^\mu_{\lambda\sigma}\Gamma^\lambda_{\nu\rho}. \tag{2.57}$$

因为它是个张量，所以在坐标变换$\{x^\mu\}\to\{x'^\mu\}$之下，它按照如下规律变换：

$$R^\mu{}_{\nu\rho\sigma} \to R'^\mu{}_{\nu\rho\sigma} = \frac{\partial x'^\mu}{\partial x^\alpha}\frac{\partial x^\beta}{\partial x'^\nu}\frac{\partial x^\gamma}{\partial x'^\rho}\frac{\partial x^\delta}{\partial x'^\sigma} R^\alpha{}_{\beta\gamma\delta}. \tag{2.58}$$

从黎曼张量出发，可以构造出里奇张量(Ricci tensor)$R_{\mu\nu}$和标量曲率(scalar curvature)R：

$$R_{\mu\nu} = R^\rho{}_{\mu\rho\nu},\ R = g^{\mu\nu} R_{\mu\nu}. \tag{2.59}$$

R 是一个标量，也就是说它在坐标变换下保持不变. $R^\sigma{}_{\mu\rho\nu}$ 和 $R_{\mu\nu}$ 是张量. 如果它们的分量在一个坐标系下为零，则它们在任意坐标系下也为零，正如我们在方程(2.58)中看到的那样.

一个重要的问题是，当我们从狭义相对论推广到广义相对论时，物理学定律要如何变化. 在平直时空中，从笛卡尔坐标系向其他坐标系变换时，容易看出只需要把 $\eta_{\mu\nu}$ 替换成 $g_{\mu\nu}$，并用协变导数代替普通导数，

$$\eta_{\mu\nu} \to g_{\mu\nu},\ \partial_\mu \to \nabla_\mu. \tag{2.60}$$

在有积分出现的时候，$\mathrm{d}^4x = \mathrm{d}t\mathrm{d}^3V$ 要用$\sqrt{-g}\,\mathrm{d}^4x$ 来替换. g 是度规张量的行列式，

$$\mathrm{d}^4x \to \sqrt{-g}\,\mathrm{d}^4x. \tag{2.61}$$

这些规则都是直接从坐标变换推出来的. 例如，在从笛卡尔坐标系到球坐标系或柱坐标系时很容易验证. 在弯曲时空的情况下，这个问题会更加微妙. 原则上讲，可能会有一些跟黎曼张量、里奇张量或者是标量曲率相耦合的项，这些被称为非最小耦合(non-minimal coupling)(我们在 2.6 节给出了一个实例). 事实证明，到目前为止，实验和观测结果都符合方程(2.60)和(2.61)所给出的简单规则. 这个规律并不是任何基本物理学原理所必需的，可能也并非是唯一的，但目前看来它似乎可用. 最后，我们注意到能动张量的守恒定律(2.47)变成了

$$\nabla_\mu T^{\mu\nu} = 0. \tag{2.62}$$

然而在弯曲时空中，因为用协变导数取代了普通导数，这个方程给不出任何 $T^{\mu\nu}$ 的守恒定律，其原因是物质部分可以和引力场交换能量和动量.

2.6 平直和弯曲时空中的场方程

平直时空中采用笛卡尔坐标系时，一个场的作用量可以方便地写成

$$S=\int \mathscr{L}\mathrm{d}^4 x, \tag{2.63}$$

其中 $\mathscr{L}$ 是在 2.4 节引入的拉格朗日密度. 例如，电磁场的拉格朗日密度是

$$\mathscr{L}=-\frac{1}{4}F^{\mu\nu}F_{\mu\nu}, \tag{2.64}$$

其中 $F_{\mu\nu}=\partial_\mu A_\nu-\partial_\nu A_\mu$ 是场强张量，$A^\mu=(\phi,\ \boldsymbol{A})$ 是 4 -势，ϕ 是标势，$\boldsymbol{A}$ 是矢势. 电场 $\boldsymbol{E}$ 和磁场 $\boldsymbol{B}$ 通过下式和 4 -势 A^μ 联系：

$$\boldsymbol{E}=-\partial_t\boldsymbol{A}-\nabla\phi,\ \boldsymbol{B}=\nabla\wedge\boldsymbol{A}. \tag{2.65}$$

根据 $F_{\mu\nu}$ 的定义，可以得到

$$\partial_\mu F_{\nu\rho}+\partial_\nu F_{\rho\mu}+\partial_\rho F_{\mu\nu}=0. \tag{2.66}$$

如果把方程(2.66)写成电场 $\boldsymbol{E}$ 和磁场 $\boldsymbol{B}$ 的形式，可以得到通常的第二和第三麦克斯韦方程：

$$\nabla\cdot\boldsymbol{B}=0,\ \nabla\wedge\boldsymbol{E}=\partial_t\boldsymbol{B}. \tag{2.67}$$

利用最小作用量原理，考虑作用量中 A^μ 及其一次导数的变分，就可以得到协变形式的电磁场的场方程：

$$\partial_\mu F^{\mu\nu}=0. \tag{2.68}$$

这些方程用电场 $\boldsymbol{E}$ 和磁场 $\boldsymbol{B}$ 写出就约化成真空中的第一和第四麦克斯韦方程，即

$$\nabla\cdot\boldsymbol{E}=0,\ \nabla\wedge\boldsymbol{B}=\partial_t\boldsymbol{E}. \tag{2.69}$$

利用 2.5 节写出弯曲时空中电磁场的作用量和场方程是很直接的，利用协变导数替换普通导数即可. 不过，电磁场的场强张量在这种替换下保持不变：

$$F_{\mu\nu}=\nabla_\mu A_\nu-\nabla_\nu A_\mu=\partial_\mu A_\nu-\partial_\nu A_\mu, \tag{2.70}$$

因为麦克斯韦张量 $F_{\mu\nu}$ 在交换 μ 和 ν 的时候是反对称的，对称的 Christoffel 记号的两项一减就没有了. $F^{\mu\nu}$ 现在可以通过用 $g^{\mu\nu}$ 上升指标来得到，而不是用 $\eta^{\mu\nu}$. 拉格朗日密度仍然用方程(2.64)来给出，而其作用量为

$$S=\int\mathscr{L}\sqrt{-g}\,\mathrm{d}^4 x. \tag{2.71}$$

现在方程(2.66)和(2.68)分别变成

$$\begin{aligned}&\nabla_\mu F_{\nu\rho}+\nabla_\nu F_{\rho\mu}+\nabla_\rho F_{\mu\nu}=0,\\&\nabla_\mu F^{\mu\nu}=0.\end{aligned} \tag{2.72}$$

现在考虑一个标量场. 标量场最为简单，同时又在宇宙学中有广泛应用. 在平直时空的笛卡尔坐标系下，其作用量由方程(2.63)给出，其拉格朗日密度为

$$\mathcal{L}=\frac{1}{2}\eta^{\mu\nu}(\partial_\mu\phi)(\partial_\nu\phi)-\frac{1}{2}m^2\phi^2, \tag{2.73}$$

其中 ϕ 是标量场，m 是标量场所对应的粒子的质量. 利用场的变分，可以得到其运动方程（Klein-Gordon 方程）

$$(\partial_\mu\partial^\mu-m^2)\phi=0, \tag{2.74}$$

这里$\partial_\mu\partial^\mu=\partial_0^2-\partial_1^2-\partial_2^2-\partial_3^2$ 是 D'Alembert 算符. 弯曲时空中，作用量由方程(2.71)给出，拉格朗日密度变成了

$$\mathcal{L}=\frac{1}{2}g^{\mu\nu}(\partial_\mu\phi)(\partial_\nu\phi)-\frac{1}{2}m^2\phi^2. \tag{2.75}$$

弯曲时空的场方程是

$$(\nabla_\mu\partial^\mu-m^2)\phi=0. \tag{2.76}$$

正如在 2.5 节中所讨论的，我们没法保证有引力场存在时的拉格朗日密度就是由方程(2.75)给出，没有任何物质-引力相互作用项. 宇宙学中，引入某些非最小耦合项是很普遍的. 最简单的情况下，拉格朗日密度变成了

$$\mathcal{L}=\frac{1}{2}g^{\mu\nu}(\partial_\mu\phi)(\partial_\nu\phi)-\frac{1}{2}m^2\phi^2+\xi R\phi^2, \tag{2.77}$$

其中 ξ 是一个无量纲的耦合常数. 我们注意到在方程(2.77)中用的是$\partial_\mu\phi$ 而不是$\nabla_\mu\phi$，这是因为 ϕ 是标量，所以有$\partial_\mu=\nabla_\mu$.

2.7 Einstein 方程

前一节中我们看到测试粒子在时空中的运动遵循测地方程，而且非引力的物理学定律可以简单地利用(2.60)和(2.61)两式给出的规则翻译成弯曲时空的版本. 所有的情况下，只需要知道背景的度规 $g_{\mu\nu}$ 就可以了. 它依赖于坐标系的选取，同时也体现了引力场的影响，因此它是由物质的分布所决定的. Einstein 方程是广义相对论的主方程，它把时空几何和物质分布联系起来. 它可以通过加上一系列“合理”的要求推导出来，并且人们可以检测出它的预言符合实际的天文观测结果. 因此，我们要求如下：

(1) 它是张量方程，而且不依赖于坐标系；

(2) 类比于其他物理领域的场方程，要求它是引力场变量 $g_{\mu\nu}$ 的偏微分方程，最多到二阶偏微分；

(3) 它在牛顿极限下必须正确回到牛顿方程；

(4) $T^{\mu\nu}$ 是引力场方程的源项；

(5) 若 $T^{\mu\nu}=0$，则时空是平直的.

根据要求(1)和(4)，Einstein 方程必须是如下形式：

$$G^{\mu\nu}=\kappa T^{\mu\nu}, \tag{2.78}$$

其中 $G_{\mu\nu}$是 Einstein 张量，κ 是 Einstein 常数. 因为$\nabla_\mu T^{\mu\nu}=0$，也要求

$$\nabla_{\mu} G^{\mu\nu} = 0. \tag{2.79}$$

从要求(2)和(5),可以知道最简单的选择就是

$$G_{\mu\nu} = R_{\mu\nu} - \frac{1}{2} g_{\mu\nu} R, \tag{2.80}$$

其中 $R_{\mu\nu}$ 是 Ricci 张量,R 是曲率标量. 方程(2.80)中的张量满足条件(2.79)(也称为 Bianchi 恒等式). 为了找到其牛顿极限,利用假设(2.32)及(2.33),同时注意到在我们的坐标系下物质部分能动张量的所有分量,除了描述能量密度并在牛顿极限下回到质量密度的 00 分量之外,都可以忽略,则

$$T_{00} = \rho,\ T_{\mu\nu} = 0,\ \mu,\ \nu \neq 0. \tag{2.81}$$

经过计算,可以得到

$$R_{00} = \frac{1}{2} \Delta h_{00} = \kappa \rho, \tag{2.82}$$

其中 Δ 是拉普拉斯算符. 用 2Φ 去替换 h_{00},立即就回到了牛顿引力的泊松方程. 在 2.2.2 节已经得到 Φ 就是牛顿引力势. Einstein 常数是

$$\kappa = 8\pi G_{\mathrm{N}} = \frac{8\pi}{M_{\mathrm{Pl}}^2}, \tag{2.83}$$

其中 G_{N} 是牛顿引力常数,$M_{\mathrm{Pl}} = G_{\mathrm{N}}^{-1/2}$ 是 Planck 质量. ①在第 3 章主要用 Planck 质量而不是 G_{N},是因为在粒子宇宙学里它用得更多.

如果放松标准(5),可以得到 Einstein 方程的形式为

$$R^{\mu\nu} - \frac{1}{2} g^{\mu\nu} R + \Lambda g^{\mu\nu} = 8\pi G_{\mathrm{N}} T^{\mu\nu}, \tag{2.84}$$

这个 Λ 被称为宇宙学常数. 对一个非零的 Λ,在没有物质的情况下也无法回到平直时空. 然而,目前的实验并没有排除一个相当小的 Λ 存在的可能性.

最后,就像其他已知的物理学场方程一样,即使 Einstein 场方程也可以通过最小作用量原理推导出来,整个系统的全作用量的形式是 $S_{\mathrm{tot}} = S_{\mathrm{EH}} + S_{\mathrm{matter}}$,其中 S_{EH} 是描述引力场的 Einstein-Hilbert 作用量,

$$S_{\mathrm{EH}} = \frac{1}{16\pi G_{\mathrm{N}}} \int R \sqrt{-g}\, \mathrm{d}^4 x, \tag{2.85}$$

而 S_{matter} 是物质部分的作用量. 如果考虑度规张量及其一次导数的变分,可以得到 Einstein 方程,这种方法可以用来定义物质部分的能动张量:

$$T^{\mu\nu} = \frac{2}{\sqrt{-g}} \frac{\delta S_{\mathrm{matter}}}{\delta g_{\mu\nu}}, \tag{2.86}$$

它自动地就是个对称张量(参见 2.4 节结尾的讨论)而且在没有引力场的情况下约化到狭义相

---

① 需要提醒读者的是,我们现在用的是 $c = \hbar = 1$ 的自然单位制. 如果恢复 c 和 $\hbar$,则 $\kappa = \frac{8\pi G_{\mathrm{N}}}{c^4} = \frac{8\pi\hbar}{M_{\mathrm{Pl}}^2 c^3}$.

对论的结果. 如果考虑物质场部分的基本变量及其一次导数的变分,可以得到物质部分的场方程(如电磁场的麦克斯韦方程).

根据 Noether 定律,能动张量(2.86)的协变守恒(2.62)是从作用量在任意坐标变换下保持不变推导出来的. 根据 Bianchi 恒等式(2.79),这个性质和 $\Lambda = 0$ 的 Einstein 方程(2.84)是相容的. 根据曲率张量和 Christoffel 记号的定义,这个恒等式在广义相对论中自动满足. 如果 $\Lambda \neq 0$, Λ 必须是个常数,这也是为什么它被称为"宇宙学常数"的原因.

类比一下麦克斯韦方程和 Einstein 方程的左边自动守恒是很有趣的. 有电流存在的麦克斯韦方程写作

$$\partial_\mu F^{\mu\nu} = J^\nu, \tag{2.87}$$

因为 $F^{\mu\nu}$ 对指标 μ 和 ν 交换的反对称性质,左边的导数等于零,$\partial_\nu\partial_\mu F^{\mu\nu} = 0$,因此可以得到流守恒.

习 题

2.1 球对称物体的外部电磁场可以用 Schwarzschild 解来描述. 其线元是

$$ds^2 = \left(1 - \frac{2G_N M}{r}\right)dt^2 - \left(1 - \frac{2G_N M}{r}\right)^{-1} dr^2 - r^2 d\theta^2 - r^2 \sin^2\theta d\phi^2, \tag{2.88}$$

其中 M 是这个物体的引力质量.

(1) 写出测地方程. [提示: 写出拉格朗日量(2.30)对应的欧拉-拉格朗日方程,其中 $g_{\mu\nu}$ 取 Schwarzschild 解. 然后把这些方程化成(2.31)的形式.]

(2) 找到所有非零的 Christoffel 记号. [提示: 通过测地方程得到它们比通过定义计算要简单些.]

(3) 求解 $r \to +\infty$ 处的黎曼张量、里奇张量和标量曲率分别是多少?

2.2 Friedmann-Robertson-Walker 度规描述了一个均匀各向同性的宇宙的时空几何. 其线元是

$$ds^2 = dt^2 - a^2(t)\left(\frac{dr^2}{1 - kr^2} + r^2 d\theta^2 + r^2 \sin^2\theta d\phi^2\right), \tag{2.89}$$

其中 $a(t)$ 是标度因子,它仅是 t 的函数;k 是一个常数.

(1) 对度规(2.89),回答问题 2.1 的(1)和(2)小题.

(2) 测量一个粒子的能量是守恒的吗? 它的角动量守恒吗?

参 考 文 献

[1] C. M. Will, *Living Rev. Rel.* **9**,3(2006) [gr-qc/0510072]

[2] J. B. Hartle, *Gravity: an Introduction to Einstein's General Relativity*, 1st edn. (Addison-Wesley, San Francisco, 2003)

[3] L. D. Landau, E. M. Lifshitz, *The Classical Theory of Fields*, 4th edn. (Pergamon, Oxford, 1975)

[4] H. Stephani, *Relativity: an Introduction to Special and General Relativity*, 3rd edn. (Cambridge University Press, Cambridge, 2004)

第3章

粒子物理的标准模型

粒子物理的标准模型目前是描述所有已知基本粒子以及自然界除了引力之外的所有基本相互作用力(即电磁力、强核力、弱核力)的最好的理论框架. 物质是用自旋 1/2 的费米子来描述的. 费米子基于其相互作用性质被分为两类,即轻子和夸克. 轻子只参与电弱相互作用,而夸克同时参与电弱相互作用和强相互作用. 相互作用力是用规范理论描述的,它们通过自旋为 1 的规范玻色子传递. 粒子物理的标准模型也包括一种自旋为 0 的粒子: Higgs 玻色子. 它能给其他粒子提供质量. 粒子根据其量子数分为不同的类别,这又和粒子在某些对称变换下的不变性有关. 图 3.1 给出了粒子物理的标准模型中的基本粒子及其基本性质. [1]① 从几条基本假设出发,我们可以写出最一般的拉格朗日量,发现模型依赖于 19 个自由参数(9 个费米子质量、3 个夸克混合角、1 个夸克 CP 破坏相位、3 个规范耦合、1 个 Higgs 真空期待值、1 个弱混合角及 1 个强相互作用的 CP 破坏参数). 它们的数值必须由实验来确定.

物质粒子之间的相互作用是由所谓的规范玻色子的交换创造(传递)的. 电磁相互作用是由交换光子而传递的. 对应的理论被称为量子电动力学或 QED. 强相互作用是由 8 个胶子传递的,它们和夸克的强相互作用荷(称之为色)相互作用,因此这一理论被称为量子色动力学(QCD). 弱相互作用是由交换重的中间玻色子(带电的 $W^{\pm}$ 或者中性的 Z^0)传递的.

这一理论可以成功解释许多观测结果,而且其预言和粒子对撞机的实验结果符合得非常好. 在某些情况下,有可能进行非常精细的测量,而理论结果和测量值仍然完美符合. 例如,电子反常磁矩已经被测量到 10^{-8} 的精度水平. 然而,理论问题和观测数据都提示我们需要新物理. 从理论上看,在大的量子修正下保证 Higgs 质量稳定的难题,表明新物理距离电弱能标不远. 一种可能的解决方案就是最小标准模型的超对称扩展,其中每个标准模型粒子都有一个超对称伴子. 粒子物理标准模型认为中微子是没有质量的. 目前我们已经知道这并非事实,而且有很多种方法可以给中微子质量. 在宇宙学,需要新物理的理由是粒子物理的标准模型给不出任何合适的暗物质候选对象,它给不出正反物质不对称的机制,也没有任何办法实现早期的暴胀.

这一章我们给出粒子物理标准模型的一个简单综述. 更多细节可以在有关这个问题的许多教科书中找到,如参考文献[2].

---

① 我们必须把最小标准模型和它的一个最小延展模型分开. 后者包含超对称,也许还有大统一甚至更多的内容. 参见本书下面的论述.

基本粒子

费米子				玻色子	
代				规范玻色子	
I	II	III			

轻子	电中微子 ν_e $q=0$ $m<2\,\text{eV}$	μ中微子 ν_μ $q=0$ $m<2\,\text{eV}$	τ中微子 ν_τ $q=0$ $m<2\,\text{eV}$	光子 γ $q=0$ $m=0$	
	电子 e $q=-1$ $m=511\,\text{keV}$	μ子 μ $q=-1$ $m=106\,\text{MeV}$	τ子 τ $q=-1$ $m=1.8\,\text{GeV}$	胶子 g $q=0$ $m=0$	标量粒子 Higgs玻色子 H $q=0$ $m=126\,\text{GeV}$

夸克	上(up) u $q=2/3$ $m=2.3\,\text{MeV}$	粲(charm) c $q=2/3$ $m=1.3\,\text{GeV}$	顶(top) t $q=2/3$ $m=173\,\text{GeV}$	Z玻色子 Z $q=0$ $m=91\,\text{GeV}$
	下(down) d $q=-1/3$ $m=4.8\,\text{MeV}$	奇(strange) s $q=-1/3$ $m=95\,\text{MeV}$	底(bottom) b $q=-1/3$ $m=4.2\,\text{GeV}$	W玻色子 W $q=\pm1$ $m=80\,\text{GeV}$

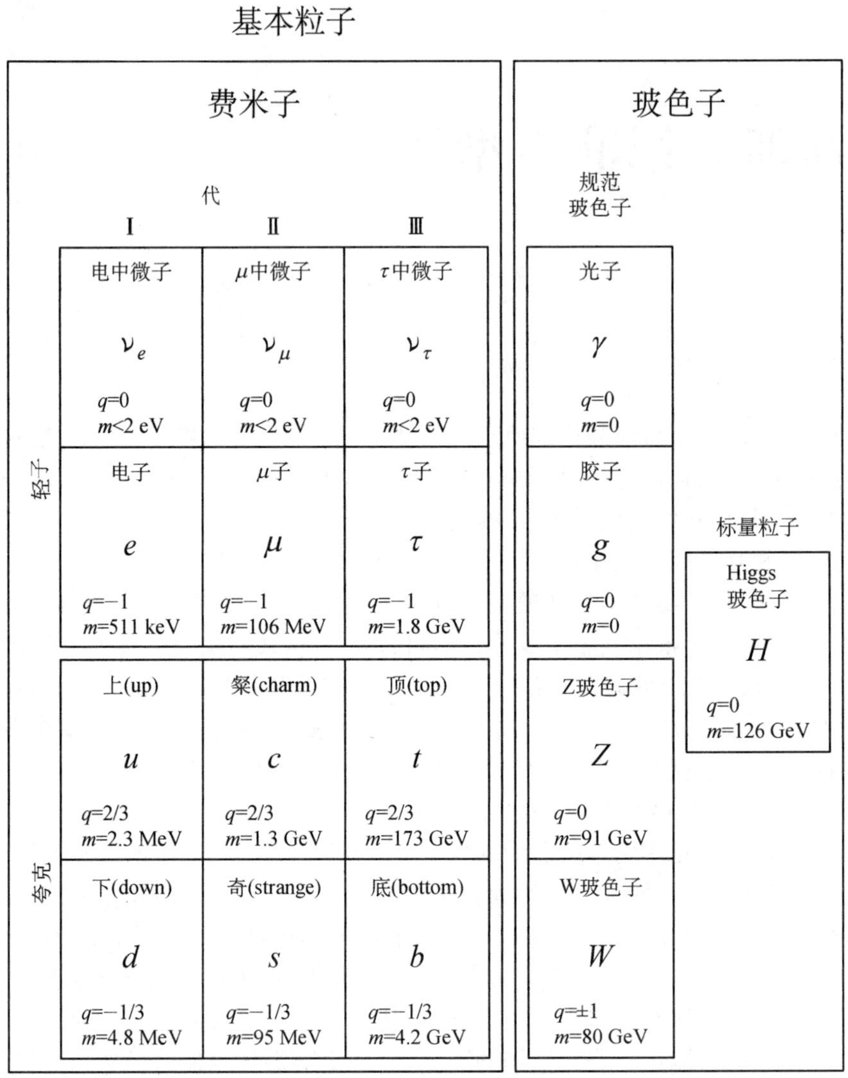

图 3.1 构成粒子物理的标准模型的基本粒子. 物质是由费米子来描述的, 力是通过玻色子来传递的. 对每个粒子, 我们都给出了名称、符号、电荷 q 和质量 m.

3.1 费米子

费米子的自旋为 $1/2$, 因此它们是遵守费米-狄拉克统计的粒子. 费米子被分为两类: 轻子和夸克. 轻子不参与强相互作用, 夸克参与自然界的所有基本相互作用. 轻子和夸克是组成物质大厦的基石. 在我们附近没有自由夸克, 因为强核力有色禁闭效应. 自由夸克在早期宇宙的原初等离子态中是有可能出现的, 那时的温度要比 QCD 相变的温度高, $T_{QCD} \sim 200\,\text{MeV}$. 目前观测到的都是束缚态: 由 3 个夸克组成的重子和由一对正反夸克组成的介子. 重子和介子被称为强子, 这个名词暗示粒子受强核力的作用, 与轻子不同. 质子和中子都是重子, 它们由最轻的两种夸克构成. 电子是最轻的轻子, 带非零的电荷.

轻子和夸克都有三代, 分别称为第一代、第二代和第三代. 每一代里都有两个性质类似但是电荷不同的粒子. 第一代的粒子比较轻, 第二代的稍重一点, 第三代的更重, 然而我们并不知道这对于中微子质量来说是不是也成立. 我们不知道为何是三代粒子而不是四代或者更多，不过研究表明可能没有更重的代了. 一项证据来自对轻元素原初丰度的研究(参见 8.7 节). 另一项证据来自对撞机实验里 Z 玻色子衰变的研究. Z 玻色子衰变成一个费米子和它的反粒子. 如果衰变产物是一个带电的轻子-反轻子对或者夸克-反夸克对，则它可以被探测器观测到. 如果产物是中微子-反中微子对，则是探测不到的. 然而，衰变成“不可见”粒子，即那些不能被探测器观测到的粒子的衰变率仍然是可以测量的. 事实证明观测到的衰变为不可见粒子的衰变率和标准模型所预言的 3 个轻中微子一致，而不是 4 个或更多. 如果有四代粒子的话，其对应的中微子应该是相当重的($2m_\nu > M_Z$，使得该衰变在运动学上被禁止).

3.1.1　轻子

轻子通过弱核力相互作用，而且如果它们带电荷的话，也参与电磁相互作用. 在任何一代里，都有一个带电荷的轻子和一个对应的电中性的中微子. 3 个带电荷的轻子分别是电子(e^-)、μ 子(μ^-)和 τ 子(τ^-). 每个粒子都有其反粒子，分别叫做正电子(e^+)、反 μ 子(μ^+)和反 τ 子(τ^+). 因为所有这些粒子的自旋都是 1/2，全部的自由度是 12. 在粒子物理的最小标准模型里，中微子是无质量的，并且只通过弱核力进行相互作用. 因为弱相互作用只作用在左手粒子和右手反粒子上，我们得到了 3 个无质量的左手中微子(电中微子 ν_e、μ 中微子 ν_μ 和 τ 中微子 ν_τ)，以及 3 个无质量的右手反中微子(电反中微子 $\bar{\nu}_e$、μ 反中微子 $\bar{\nu}_\mu$ 和 τ 反中微子 $\bar{\nu}_\tau$)[①]，合起来中微子一共有 6 个自由度. 标准模型的拉格朗日量在一个 $L \to e^{i\alpha}L$ 类型的全局变换下保持不变，其中 L 称为弱同位旋双重态(weak isospin doublet)，它把同一代的两个狄拉克旋量轻子归为一类，而 α 是一个常数. 这样一个对称性通常是和每一代的轻子数守恒联系在一起的，通常分别记作 L_e，L_μ，L_τ.

目前已经知道中微子会“振荡”，也就是说，它们可以转换为其他代的中微子. 这种现象明显破坏了每一代的轻子数守恒，但是并没有破坏总的轻子数 $L = L_e + L_\mu + L_\tau$. 中微子振荡之所以会发生，是因为中微子的质量本征态和味本征态(也称为相互作用本征态或者规范本征态)并不一致. 当一个中微子产生或者和其他粒子相互作用时，它落入了一个味本征态. 味本征态通常是质量本征态的一个线性组合. 在自由中微子自由传播的过程中，质量本征态的相对相位不停地变化，因此中微子不再是停留在一个味本征态的状态，而是变成了一个不同味的混合态. 当中微子再次和物质相互作用的时候，它可能会产生一个不同味的带荷轻子. 这只有在中微子有非零质量的时候才是可能的(至少两个中微子有非零质量)，因此中微子必须有质量，虽然其质量非常小.

3.1.2　夸克

夸克可以参与电磁、强相互作用和弱相互作用. 和轻子一样，它们也可以分为三代. 第一代是最轻的夸克，第三代最重. 每一代都有一个带电荷 $+2/3$ 的 U 型夸克(上(up)夸克 u、粲(charm)夸克 c、顶(top)夸克 t)和一个带电荷 $-1/3$ 的 D 型夸克(下(down)夸克 d、奇(strange)夸克 s、底(bottom)夸克 b). 每一个夸克都有其反粒子，称为反夸克(反上夸克 $\bar{u}$、反下夸克 $\bar{d}$、反粲夸克 $\bar{c}$，等等). 夸克之间的强相互作用是通过所谓的色荷产生的：每个夸克

---

① 粒子的自旋方向与它们的动量方向相同(相反)时，称为右手的(左手的). 对无质量粒子来说，左右手的性质与参考系无关. 对很轻的粒子来说，这种分类也大致成立.

都可以带 3 种不同的电荷，通常以红、蓝、绿来标记. 总之，夸克所有的自由度是 $2\times2\times2\times3\times3=72$. 再加上 18 个轻子自由度，费米子部分的自由度一共是 90. 就像轻子一样，重的夸克也可以衰变成轻的夸克. 但是，与带荷轻子不同的是，味并不守恒，也就是说不同代的夸克可以随便转换，虽然这种过程的概率会被同代夸克之间的转换压低.

自由夸克从来都没有被观测到过. 只有 3 个夸克或者 3 个反夸克(重子或者反重子)或者一对夸克和反夸克(介子)组成的束缚态会出现，这是因为强相互作用有色禁闭的性质. 在 QCD 相变之后，只有不带色荷的态是可以在低温时像自由粒子那样传播的，QCD 相变大约发生在 $T\sim200$ MeV 时. 质子是最轻的重子，它是一个 uud 的束缚态. 中子是第二轻的重子，它是一个 udd 的束缚态. uuu 类型的束缚态并不是最轻的重子. 因为夸克都是自旋 1/2 的费米子，所以最多只能把两个其他量子数相同、但带相反自旋(+1/2 和 −1/2)的费米子放在一起. 反重子是 3 个反夸克组成的束缚态(如反质子、反中子等)，而介子(如 π 子、K 介子等)是由一对正反夸克组成的无色的束缚态. 理论也预言了更复杂的无色束缚态，例如，由 4 个夸克和一个反夸克组成的五夸克态(penta-quarks)，不过虽然过去有一些发现声明，但是五夸克态并没有明确的观测证据. ①

3.2 玻色子

玻色子的自旋为整数，因此它们遵循玻色-爱因斯坦统计. 在粒子物理的最小标准模型里，基本的玻色子是携带相互作用的规范玻色子和给其他粒子提供质量的 Higgs 玻色子. 在图 3.2中总结了标准模型的基本粒子之间的相互作用.

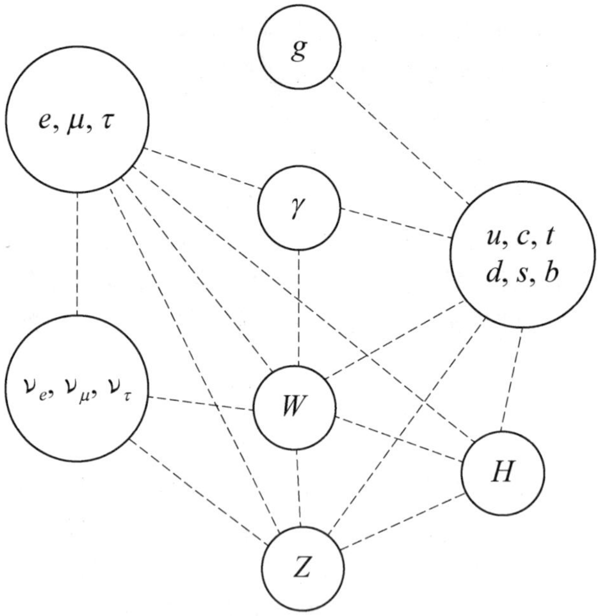

图 3.2 标准模型基本粒子之间的相互作用.

---

① 2015 年 7 月 13 日，欧洲核子中心(CERN)的 LHCb 小组宣布在底 Λ 重子(Λ_b^0)的衰变中观测到五夸克态. 结果发表在 *Phys. Rev. Lett.* 115,072001. ——译者注

3.2.1　规范玻色子

粒子物理的标准模型里，相互作用是通过要求规范不变性原理来引入的. 我们从一个在全局变换(global transformation)$\psi \to G\psi$下不变的拉格朗日量出发. 其中，ψ是一个费米场，G是一个属于某个群的不依赖于时空的变换(全局变换). 全局不变性可以被推广到要求对称变换依赖于时空坐标$G = G(x)$. 在这种情况下，对称性被称为局域(local)或者规范(gauge)对称性. 拉格朗日量中物质场的动能项在这种坐标依赖的变换下不再是不变的. 为了补偿这种非不变性，需要引入一个新的矢量场A^μ，其对应的新粒子称为规范玻色子. 它们必须是无质量的，否则就会破坏规范对称性. 规范不变原理是一个引入相互作用的非常精巧的方法，因为从一条简单的假设出发，就可以得到一个定义得很好的拉格朗日量，一般都可以给出一个可重整的理论. 关于规范理论更多的细节可以参见附录B.

粒子物理的标准模型是用$U_Y(1) \times SU_L(2) \times SU(3)$的规范理论描述的.①在电弱对称标度～200 GeV以下，电弱对称性$U_Y(1) \times SU_L(2)$破缺了，残留下一个$U_{em}(1)$的对称性，对应于电磁场的规范. $U_{em}(1)$的部分称为量子电动力学(QED). 光子(γ)就对应于这个残留对称性的无质量粒子. 因为对称性破缺，传递弱相互作用的W和Z玻色子被得到质量的其他玻色子所取代. $SU(3)$描述了强相互作用力，被称为量子色动力学(QCD). 因为$SU_L(2)$和$SU(3)$是非阿贝尔规范理论，其规范玻色子带一个不为零的荷并互相耦合. 规范玻色子是自旋为1的粒子，因此玻色子部分总的自由度数为$2(\gamma) + 3$ (Z，因为它有质量，故有3个自旋态$+1$, 0, -1)$+ 2\times3$(W^+和W^-也是有质量的)$+ 2\times8$(胶子g)$=27$.

正如已经提到的那样，QCD是用$SU(3)$来描述的. 它有两个特征，即色禁闭和渐近自由. 色禁闭意味着两个夸克之间的相互作用力随着距离的增加而增加. 最终是不可能得到一个孤立的夸克的，因为当分离两个夸克的能量很高的时候，正反夸克对就会在两个夸克之间产生. 渐近自由是指相互作用随着能量的增加而减小. 在高能时，QCD变成一个扰动理论，因为耦合常数变得很小，而扰动论计算，正如QED一样，变得可用. 在低能时，QCD耦合常数不是一个小参数，因此理论计算需要非扰动技术.

3.2.2　Higgs粒子

Higgs玻色子是粒子物理标准模型中唯一的自旋为0的粒子. 它的存在直到2013年才被对撞机实验证实. 它在标准模型中扮演了一个特殊的角色，因为它通过所谓的Higgs机制给其他粒子提供质量，并且为电弱破缺负责.

自发对称性破缺现象在其他物理领域中也是存在的. 例如，在铁磁材料中，当温度在居里温度$T_{\rm Curie}$以上时，其组成粒子的磁矩指向四面八方，因此磁畴不存在，整块材料的磁化强度为零. 在$T_{\rm Curie}$以下时，磁畴自发产生并随机地选择一个特定方向，是因为从能量角度上讲各个粒子的磁矩都沿着同一方向的状态能量更低.

对Higgs场也发生了相似的情况. 这里的临界温度是电弱能标$T_{\rm ew}$～200 GeV. 在电弱能标以下，Higgs场得到一个非零的真空期望值，破坏了$U_Y(1) \times SU_L(2)$的规范对称性. $U_Y(1) \times$

① 注意到$U_Y(1)$中的Y代表的是超荷. 这是为了把电弱破缺前的$U(1)$对称性和电弱破缺后的$U(1)$对称性区分开来. 后者用$U_{em}(1)$来表示，描述的是通常的麦克斯韦电动力学. $SU_L(2)$中的"L"是用来表示这个$SU(2)$对称性只作用在左旋粒子和右旋反粒子上的. 在标准模型的某些扩展中，也存在$SU_R(2)$的对称性，它作用在右旋粒子和左旋反粒子上.

$SU_L(2)$ 的规范玻色子混合在一起,其结果是给出了以有质量玻色子 W 和 Z 传递的弱相互作用,以及以无质量光子传递的电磁相互作用. 后者还保留了残留的对称性 $U_{em}(1)$.

当 Higgs 场得到非零的真空期待值时,拉格朗日量中 $H\bar{\psi}\psi$ 形式的汤川项(H 是 Higgs 场,ψ 是费米场)就会变成费米场的质量项. 在未破缺的对称相里,$U_Y(1)\times SU_L(2)$对称性禁止任何质量项,因此质量项只有在电弱对称性破缺之后才有可能出现.

3.3 Feynman 图

粒子物理实验通常探测的是散射过程,其中有些粒子和靶粒子或者其他粒子碰撞,而我们想要研究碰撞过程的产物. 初态和末态可以用自由粒子来近似,可以用标准模型来估算其概率振幅. 在大多数情况下,可以通过按照耦合常数作扰动展开来得到最后结果. 在电弱部分 $U_Y(1)\times SU_L(2)$,规范耦合常数很小,扰动方法非常有效. 而对低能 QCD 来说并不是这样,所以必须采用其他技术,但高能过程还是可以用扰动方法的.

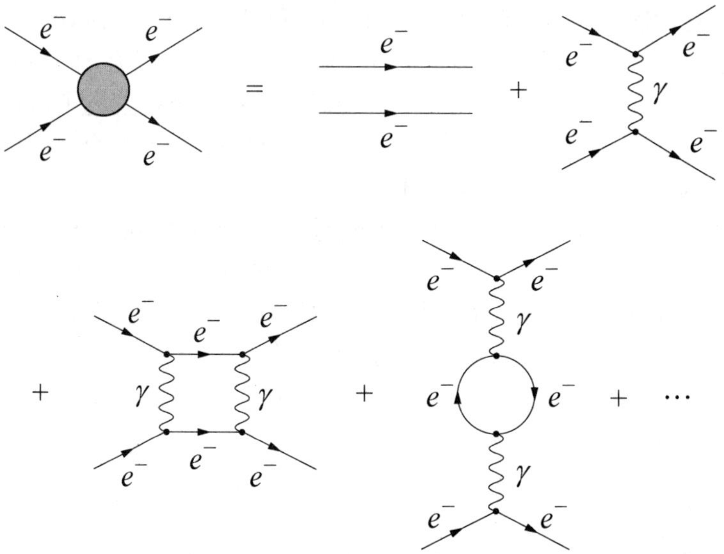

图 3.3 电子-电子散射的 Feynman 图. 扰动论方法可以成立的原因是展开的参数 $\sqrt{\alpha_{em}}\ll 1$. 每个顶角都被 $\sqrt{\alpha_{em}}$ 所压低.

这个扰动过程的图像化表示就是 Feynman 图. 图 3.3 表现了两个电子的弹性散射过程. 初态和末态是两个自由电子. 灰色部分表示的是相互作用区域. 因为并不能得到描述这个过程的场方程的严格解,我们采用了扰动论方法. 在零阶是没有相互作用的. 一阶时,两个电子交换一个光子. 图中的每个顶角都被 $\sqrt{\alpha_{em}}$ 的因子所压低,$\sqrt{\alpha_{em}}=e^2/4\pi\approx 1/137\ll 1$ 是精细结构常数,它被用来作为扰动展开的参数. 在二阶时有好几个不同的图. 图 3.3 画出了交换两个中间光子和交换一个带着电子-反电子对所产生的中间光子的图.

Feynman 图是这个扰动论方法的方便的图像化表示,它们可以从相互作用顶角轻易得到. 粒子物理的标准模型的基本顶角都在图 3.4 中画出(除了那些关于 Higgs 玻色子的顶角之外). 这些构成扰动论计算的基石. 每个顶角必须保持入射和出射粒子的 4 -动量之和、电荷之和以及其他理论所保持的量子数之和守恒. 例如,重子和/或轻子数如果在基本的拉格朗日量中破缺,则它们可能不守恒. 中间粒子(虚粒子)的 4 -动量不是由能动量守恒关系决定的. 这些粒子通常离开质量壳(off-mass-shell),也就是说,它们的动量不遵守通常的自由粒子公式 $p^2 = m^2$. 这允许两个轻粒子(如电子)通过交换一个重的玻色子(如 Z^0)进行相互作用. 例如,一个 e^+e^- 对可以变成一个虚的 Z 玻色子,之后可以衰变成如 $\bar{\nu}\nu$ 对.

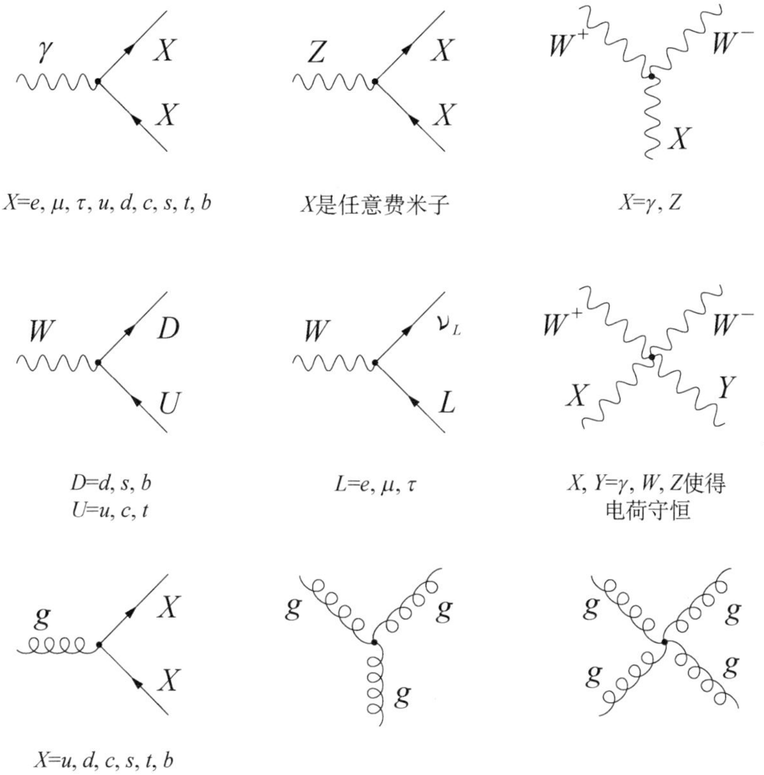

图 3.4　交换规范玻色子的标准模型相互作用.

3.4 超出粒子物理的最小标准模型

虽然粒子物理的最小标准模型的理论预言和实验测量结果取得惊人的一致,但还有些开放的问题,表示存在着超出它的新物理. 从纯理论来看,主要的问题是 Higgs 玻色子的质量稳定性问题. 实际上,可以预料从 Higgs 玻色子和有质量费米子的相互作用中,Higgs 质量的平方会得到很大的修正,

$$\Delta^2_{m_{\mathrm{H}}} = -\frac{|\lambda_f|^2}{8\pi^2}(\Lambda^2_{\mathrm{UV}} + \cdots), \tag{3.1}$$

其中 λ_f 是 Higgs 场和费米子 f 之间的汤川耦合. Λ_{UV} 是紫外截断. 与其他有质量粒子不同的是①, Higgs 的质量在高能时并没有被任何对称性保护,因此可以预料,当我们把紫外截断

① 轻子、夸克和有质量规范玻色子受到电弱对称性保护. 电弱对称性在高能时恢复,并禁止任何质量项出现.

Λ_{UV}取到 Planck 能标 $M_{Pl}\sim10^{19}$ GeV 量级(量子场论在这一能标下不再适用)时，Higgs 质量修正会很大. 因为顶夸克的汤川耦合最大，它理应提供对 Higgs 质量的最大的修正. 顶夸克对这个修正的贡献用图 3.5(a)的 Feynman 图来表示. 虽然可以通过重整化把 Higgs 的物理质量调到可接受的电弱能标量级的值，但这听上去像是个特殊的微调. 换句话说，这不是个自然的解决方法，这个问题通常被称为等级问题(hierarchy problem).

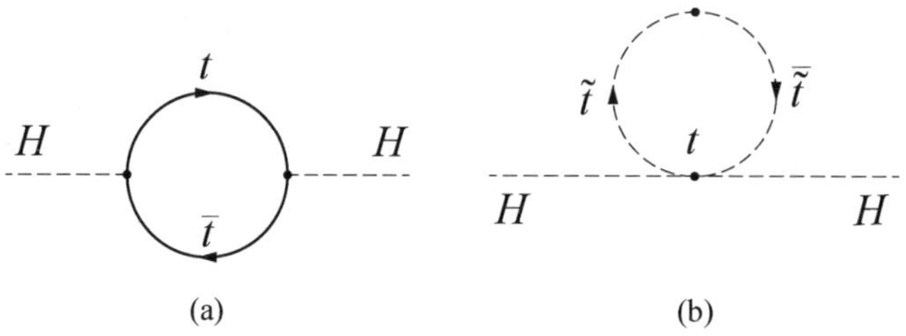

图 3.5 (a) Higgs 质量平方中来自于顶夸克的平方发散的贡献；(b) 在标准模型的超对称扩展中来自顶夸克的标量超对称伴子的贡献.

中微子振荡是另一个要求超出最小标准模型的新物理的明显证据. 在粒子物理的最小标准模型里，中微子是无质量的. 中微子震荡现象，即一个味的中微子可以转换成另一个味的中微子，只有在质量本征态和味本征态不同时才有可能；也就是说，至少两种中微子是有质量的. 虽然给中微子质量是件简单的事，但中微子有其特殊性. 与夸克和带荷轻子不同的是，只有中微子的左手分量参与相互作用，而右手分量是惰性的(sterile). 中微子也是电中性的，这允许我们只给左手中微子引入质量项(也被称为马约拉纳(Majorana)质量).

一般最小标准模型的拉格朗日量允许在 QCD 部分出现 CP 破坏项. 荷共轭变换 C 把一个粒子变成其对应的反粒子. 宇称变换 P 就是镜像反射. 在最小标准模型里，在相当一般的基础上可以预料 QCD 部分出现在 CP 变换下不是不变的项，称为 θ-项. 但 QCD 中还没有观测到 CP 破坏，因此 CP 破坏参数应该非常小，在理论上没有什么自然的解释，这称为强 CP 问题.

宇宙学也需要有超出最小标准模型的物理. 首先，标准模型之内没有合适的暗物质粒子. 暗物质粒子必须是有质量的、稳定的，但并不能有强相互作用和电磁相互作用. 标准模型里的中微子不能“担此大任”，因为它们的质量太小. 但是在遥远的过去，当它们的质量限制比现在弱得多时，它们可以被考虑为可能的候选对象.

第二，在粒子物理的最小标准模型之内，不可能产生能够被观测到的正反物质不对称. 一段时间以前，电弱重子合成图景非常受欢迎. 在这个框架下，宇宙学正反物质不对称可以在最小标准模型的电弱破缺时产生. 稍后人们发现因为种种原因这种机制并不能工作.

第三，没有暴胀的存身之处. 一种以 Higgs 场作为暴胀场的标准模型暴胀图景再次被提出，但最终人们发现这个机制也没办法工作.

我们可以再加上第四个问题，即解释目前观测到的宇宙加速膨胀率的问题. 在这种情况下，我们并不知道新物理是在物质部分还是在引力部分为必需的，换句话说，是应该修正粒子物理的最小标准模型还是修正 Einstein 的广义相对论.

3.4.1 超对称模型

超对称是一种把自旋为半整数的费米子和自旋为整数的玻色子联系起来的对称性. 这两

组粒子中的任何一个都必须有个在另一组中的“超对称伴子”. 在粒子物理标准模型的任何超对称扩展里,任何已知粒子都有个超对称伴子,但目前还没有任何一个被观测到. 超对称伴子除了自旋之外,其他性质都和它的伴随粒子相同. 当然周围的世界并不是超对称的,这是因为我们没有观测到超对称伴子. 例如,并没有和电子性质一样的标量粒子. 因此超对称如果存在的话,必须像电弱规范对称性一样在低能时破缺掉. 在这种情况下,超对称伴子会得到一个超对称破缺能标量级的质量. 因此,有可能是因为这个能标太高,导致超对称伴子到现在都还没有在粒子对撞机里被观测到.

超对称的第一个性质是它能够稳定 Higgs 质量. 实际上,对任意像图 3.5(a)的标准模型 Feynman 图来说,应该有一个对应的超对称伴子的图,就像图 3.5(b)那样. 事实证明,一个标量粒子对 Higgs 质量平方的贡献是

$$\Delta m_{\mathrm{H}}^2 = 2\,\frac{\lambda_S}{16\pi^2}(\Lambda_{\mathrm{UV}}^2 + \cdots). \tag{3.2}$$

如果标准模型中的每个费米子都有两个标量超对称伴子的话(费米子的自旋是 1/2,因此它们有两个自由度,而标量粒子自旋为 0,只有一个自由度),Higgs 质量的量子修正就会被抵销. 因为 Higgs 质量大约是 126 GeV,这个事实强烈地暗示我们期待超对称能标比电弱能标 ~1 TeV高不了多少. 超对称模型所给出的另一个有趣的可能性是它们往往可以提供合适的暗物质候选对象.

3.4.2　大统一理论

在粒子物理的标准模型里,电磁相互作用和弱相互作用并不是真正地统一起来了. 甚至在电弱对称破缺能标之上,还有两组不同的对称群和两个不同的耦合常数. 另一方面,对所有的相互作用进行统一的描述是很鼓舞人心的. 大统一理论(GUT)正是以此为目标提出来的. 最简单的可能性是基于对称群 $SU(5)$的大统一理论. 在 $SU(5)$中,有 24 个规范玻色子. 在这个图景里,$SU(5)$在低能时应该自发破缺成 $U_Y(1)\times SU_L(2)\times SU(3)$. 在 $SU(5)$破缺能标以下,12 个规范玻色子的质量应该是 $SU(5)$破缺能标的量级,而 $U_Y(1)\times SU_L(2)\times SU(3)$直到电弱能标之上仍然能保持残留的对称性:它含有 12 个无质量的规范玻色子.

量子场论中,理论的参数数值依赖于测量过程所涉及的能量标度,这是量子修正的直接结果. 耦合常数也不例外,它们可以“跑动”. 也就是说,其数值依赖于物理过程的能量标度. 耦合常数对能标的具体依赖形式是由几个因素决定的,包括粒子的种类. 20 世纪 90 年代,在日内瓦的欧洲核子中心(CERN)的大型正负电子对撞机(LEP)在电弱能标上测得了精确的实验结果. 我们可以发现最小标准模型的耦合常数在高能时并不能汇合到同一个值,正如图 3.6(a)所展示的那样. 当采用超对称伴子质量在 1~10 TeV 附近标准模型的超对称扩展时,可以证明大统一是可能的,参见图 3.6(b). 到目前为止,这是支持低能超对称以及高能标大统一(在 10^{14}~10^{16} GeV 附近)的唯一迹象. 大统一在宇宙学上会有非常重要的意义.

3.4.3　重中微子

在粒子物理的标准模型里,只有无质量的左手中微子和无质量的右手反中微子. 中微子是唯一的不带电荷的基本费米子. 它们只参与弱相互作用,而弱相互作用只作用在左手粒子和右手反粒子上.

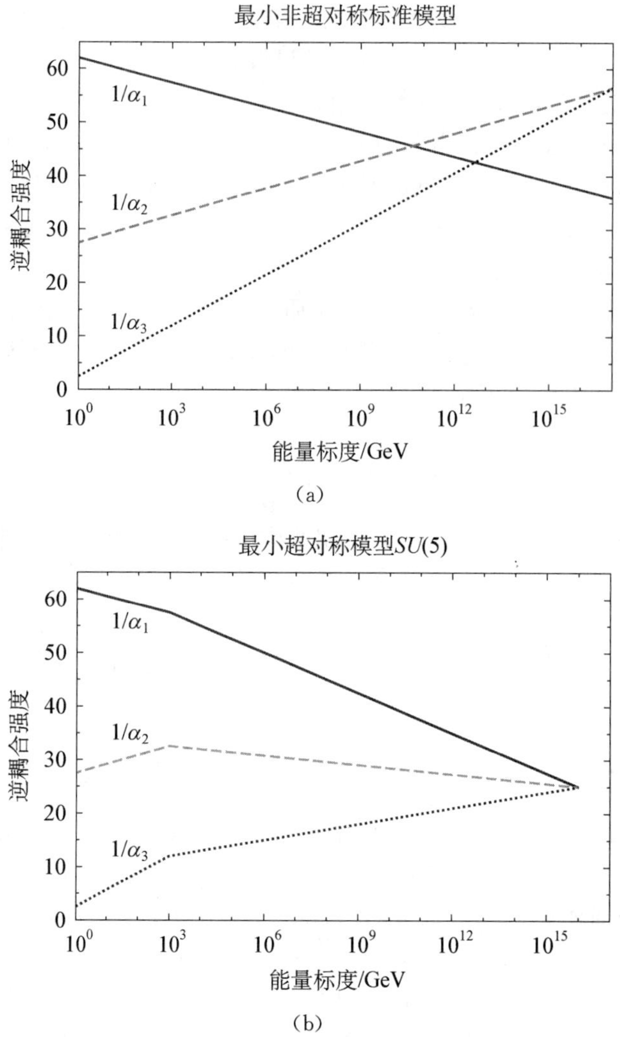

图 3.6 基于 CERN 的 LEP 的测量结果把标准模型的规范耦合常数的倒数外推到高能标. α_1，α_2 和 α_3 分别是 $U_Y(1)$，$SU_L(2)$和 $SU(3)$的规范耦合常数. 在物质部分只由最小标准模型粒子组成的情况下，我们在高能时看不到任何规范耦合的统一（见图(a)）. 如果假设每个最小标准模型粒子都有个新粒子，其相互作用性质相同，质量在 TeV 的量级，则规范耦合在 $M_{GUT} \sim 10^{16}$ GeV 处汇合（见图(b)）. 这个能标就被解释为$SU(5)$对称性破缺的大统一能标，其精确值依赖于新的超对称伴随粒子的质量.（本图可参见彩图 1.）

目前已经知道中微子并不是无质量的，只是其质量和其他标准模型粒子相比异常地小. 其他费米子是通过和 Higgs 场的相互作用得到质量的. 拉格朗日密度中有一项 $\lambda_f H \bar{\psi}\psi$，其中 λ_f 是 Higgs 场 H 和费米场 ψ 之间的汤川耦合. 当 Higgs 场得到一个非零的真空期望值 ν 时，拉格朗日密度中的汤川项就变成了费米子 ψ 的质量项，其质量为 $m = \lambda_f \nu$. 这个质量项混合了左手和右手的费米子，称为狄拉克质量. 这是给带电费米子引入质量项的唯一方法. 这质量项破坏了 $U_Y(1) \times SU_L(2)$的对称性，因此费米子只能在电弱对称性破缺之后获得质量. 因为$\nu \sim 250$ GeV，对一个“自然”的汤川耦合 λ_f 值来说，标准模型的费米子的质量应该是电弱能标的量级. 从这个观点来看，只有顶夸克的质量拥有一个让人感觉自然的数值. 对中微子来说，质量限

制在 $m_\nu<2$ eV 的范围，因此质量是一个如此小的数值，看上去是很不自然的.

有很多种给中微子质量的方法. 一种有趣的图景是所谓的跷跷板(see-saw)机制，它和超高能物理甚至大统一尺度的物理有关. 其出发点是一个如下的质量矩阵：

$$\begin{pmatrix} 0 & m \\ m & M \end{pmatrix}. \tag{3.3}$$

m 是来自电弱对称性破缺的中微子的狄拉克质量，其值估计为 100 GeV 量级，并要求有右手中微子和左手反中微子的存在. M 是右手中微子和左手反中微子的马约拉纳质量. 因为这两种中微子不带标准模型规范场的任何荷，与 M 有关的质量项可以通过高能物理产生，而且 M 可以非常大，甚至达到大统一能标的量级($10^{14}\sim10^{16}$ GeV). 质量矩阵(3.3)的质量本征值是

$$m_{\pm}=\frac{M\pm\sqrt{M^2+4m^2}}{2}. \tag{3.4}$$

如果 $M\gg m$，则

$$m_{+}\approx M,\ m_{-}\approx-\frac{m^2}{M}. \tag{3.5}$$

负的质量本征值并不带来任何物理上的问题，因为对费米子来说，质量的符号可以通过所谓的旋量的 γ_5 变换来改变. 而且，在所有的物理过程里出现的都是 m^2 而不是 m.

如果 M 增加了，m_+ 也会增加，m_- 则会减小. 这就是该模型被称为跷跷板机制的原因. 对 m(～100 GeV)和 M($10^{14}\sim10^{16}$ GeV)来说，我们得到 m_- 为 0.001～0.1 eV，这和目前的中微子质量限制是相符的.

3.4.4 Peccei-Quinn 模型

Peccei 和 Quinn 提出了一种强 CP 问题解决方案，即解释为何强相互作用的 CP 破坏参数不自然地接近于零. 这个模型引入了一个新的全局 $U(1)$ 对称性，其中某种复标量场有非零荷. 在低能时，该对称性自发破缺了，这个标量场的真空期待值恰好自动地变为一个值，在该值处与 QCD 的 θ 项相关的 CP 破坏消失了.

作为这个自发对称性破缺的结果，出现了一种非常轻的标量玻色子，称为轴子(axion). 这是 Goldstone 定理的自然结果：整体对称性的自发破缺一定产生一个无质量的标量场. 依赖于轴子的质量的具体取值，它们也可以成为合适的暗物质候选对象.

3.5 粒子间的相互作用反应概率

散射过程的反应率可以利用量子场论来计算. 在这门宇宙学导论课程中我们无暇进行严格推导. 在这一节，我们只是基于领头阶 Feynman 图对散射过程的截面进行大致的估算. 更多的细节可以在任何量子场论的教科书中找到，例如参考文献[3].

正如在 3.3 节中讨论的那样，根据理论的拉格朗日量所决定的守恒定律，在任一相互作用顶角，所有的量子数都应该守恒. 只含有费米子和规范玻色子的基本顶角在图 3.4 中画出. 每个顶角都被相应的规范荷(记作 g)所压低，或者等价地说，被规范耦合常数 $\alpha_g=g^2/4\pi$ 的平方

根所压低. 如果 $g\ll 1$,则扰动方法是合理的. 这个条件对电弱部分适用,但是对 QCD 只有在高能碰撞时才满足. 图 3.4 中将两个顶角连接起来的内线给散射振幅引入了一个额外的因子(传播子). 对一个质量为 M 的玻色子而言,这个因子是

$$\sim \frac{1}{|M^2-q^2|}, \tag{3.6}$$

其中 q 是转移到虚的中间玻色子上的 4 动量. 如果中间线描述了一个费米子,则这个因子是

$$\sim \frac{M+\gamma\cdot q}{|M^2-q^2|}, \tag{3.7}$$

其中,乘积 $\gamma\cdot q$ 是一个 4 动量 q 和某个自旋矩阵(狄拉克矩阵)的标量乘积. 如果仅仅估算量级的话,$q^2\sim E^2$,其中 E 是整个过程的特征能量.

某个过程的概率是由描述它的 Feynman 图的振幅平方给出的,可以通过给它乘上相空间来得到总截面. 相空间的大小是由该过程的能标的平方给出的. 散射截面可以利用量纲分析估算,只要记得在自然单位制下其量纲为能量的平方的倒数.

例 3.1 讨论能量为 $E\ll M_W$ 时的散射过程 $e^-\nu_e\to e^-\nu_e$. 图 3.7(a)是该过程的领头阶 Feynman 图(还有一个交换 Z 玻色子的图). 每个顶角引入了引子 $g\sim 0.1$,而传播子给出了引子 $1/M_W^2$,是因为 $E\ll M_W$. 这个图对应的振幅可估算为 g^2/M_W^2. 散射截面可以通过将这个振幅在整个相空间上积分来得到,而相空间依赖于散射能量. 正如之前所提到的那样,因为散射截面的维度是能量平方的倒数,可将其估算为

$$\sigma(e^-\nu_e\to e^-\nu_e)\sim\frac{g^4}{M_W^4}E^2. \tag{3.8}$$

在弱相互作用的费米理论中,$e^-\nu_e\to e^-\nu_e$ 的散射过程是用一个拉格朗日密度中的四费米子相互作用项 $G_F(\bar{\psi}\psi)(\bar{\psi}\psi)$ 来描述的(见图 3.7(b)). 这里 $G_F\approx 10^{-5}\ \mathrm{GeV}^{-2}$ 是费米常数. 从量纲分析,可以得到截面必须是如下形式:

$$\sigma(e^-\nu_e\to e^-\nu_e)\sim G_F^2E^2. \tag{3.9}$$

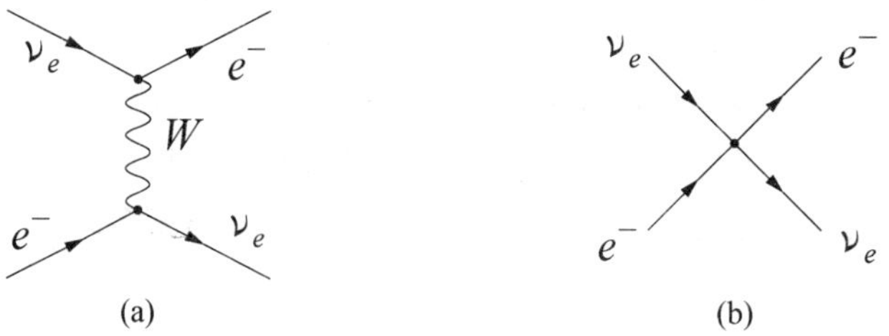

图 3.7 (a) 交换一个 W 玻色子的散射过程 $e^-\nu_e\to e^-\nu_e$ 的领头阶 Feynman 图. (b) 费米理论中的同样过程.

费米理论在低能下有效,即 $E\ll M_W$. 在这个范围内它和标准模型的预言相符,因为 $G_F\sim g^2/M_W^2$.

例 3.2 考虑能量为 $m_\mu\ll E\ll M_Z$ 的散射过程 $e^-e^+\to\mu^-\mu^+$. 其领头阶 Feynman 图是图 3.8(a) (交换一个 Z 玻色子的图这时被压低,因为 $E\ll M_Z$). 两个顶角分别给出一个因子 α,传播子给出一个因子 $1/E^2$. 所以振幅是 α/E^2 的量级,振幅平方大约是 α^2/E^4. 散射截面是

$$\sigma(e^- e^+ \to \mu^- \mu^+) \sim \frac{\alpha^2}{E^2}. \tag{3.10}$$

注意到假设 $m_\mu \ll E \ll M_Z$ 使得质心系的散射能量 E 成为这个问题唯一的能标.

例 3.3　估算低能($E \ll m_e$)弹性散射 $e^- \gamma \to e^- \gamma$ 的散射截面,这被称为 Thomson 散射. 领头阶 Feynman 图是图 3.8(b). 两个顶角分别给出 α 的因子. 传播子给出 $1/m_e$ 的因子,因为 $E \ll m_e$. 散射截面可以估算为

$$\sigma(e^- \gamma \to e^- \gamma) \sim \frac{\alpha^2}{m_e^2}. \tag{3.11}$$

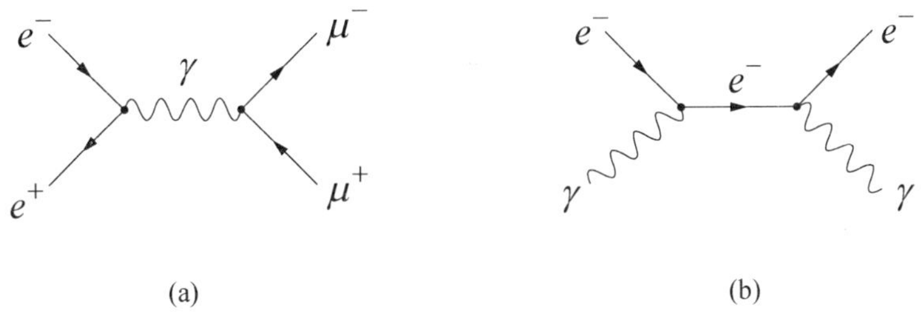

图 3.8　(a) 交换一个光子的散射过程 $e^- e^+ \to \mu^- \mu^+$ 的领头阶费曼图.
(b) 散射过程 $e^- \gamma \to e^- \gamma$ 的领头阶费曼图.

习　　题

3.1　分别估算能量为 $E \ll M_Z$ 和 $E \gg M_Z$ 时的散射过程 $\nu_e \nu_\mu \to \nu_e \nu_\mu$ 的散射截面.

3.2　画出 *mu* 子衰变的 Feynman 图.[提示:因为最轻的重子和介子都比 *mu* 子要重,它只能衰变到轻子.]

3.3　画出中子衰变 $n \to p e^- \bar{\nu}_e$ 的 Feynman 图.[提示:中子是一个 *udd* 的束缚态,质子是一个 *uud* 的束缚态. 中子中的一个 d 夸克衰变成一个 u 夸克,并发射出一个虚 W 玻色子.]

参 考 文 献

[1] D. Griffiths, *Introduction to elementary particles*, 2nd edn. (Wiley-VCH, Weinheim, 2008)
[2] F. Mandl, G. Shaw, *Quantum field theory*, 2nd edn. (Wiley, Chichester, 2010)
[3] K. A. Olive et al., Particle data group collaboration. *Chin. Phys.* C **38**, 090001 (2014)

第4章

宇宙学模型

Einstein方程把用$G^{\mu\nu}$表示的时空几何与用能动张量$T^{\mu\nu}$表示的物质组分联系起来.如果物质组分及其分布给定,就能确定时空几何.一般来说,求解Einstein方程是很不容易的,因为它们是一组关于度规张量10个分量的二阶非线性偏微分方程.仅仅在时空中出现某种"有帮助"的对称性的情况下,才能找到解析解.在宇宙学的标准模型里,假设所谓的宇宙学原理:

$$\text{宇宙是均匀的和各向同性的.} \tag{4.1}$$

这明显是个近似,因为我们观测到宇宙有很多结构,与均匀各向同性差得很远.不过,如果在大体积里作平均,如大于10 Mpc的尺度上,这个假设就显得非常合理了.更重要的是,它在本质上是告诉我们宇宙中不存在任何优先的点或者优先的方向:这是某种更广义的哥白尼原理.然而,高精度数据也有可能并不能按照如此简化的模型来处理.时至今日仍然有一些不同的声音质疑宇宙学原理的合法性.有人进而认为目前对宇宙学参数的观测值可能偏离其正确值,因为它们是在均匀各向同性的假设下推断出来的(参见例如参考文献[1]和[2]中的讨论).

如果宇宙学原理是正确的,宇宙的几何则可以用Friedmann-Robertson-Walker(FRW)度规来描述.它只依赖于一个常参数k和一个时间的函数$a(t)$.常数k可以是正的、负的,或者是0,分别对应于闭合、开放和平坦的宇宙.如果$k\neq 0$,则k通常被归一化到1,$k=\pm 1$.$a(t)$是标度因子,它决定了宇宙中远距离(未束缚)物体之间的距离的演化规律.如果把FRW度规代入Einstein方程中,就可以得到Friedmann方程组,方程组能决定对不同的宇宙学物质组分,$a(t)$如何依赖于时间演化.在旧的Friedmann宇宙学里,通常假设所有的物理模型都起源于一个原初奇点,这时标度因子是零.宇宙的膨胀被认为是从这个被称为大爆炸的原初奇点开始,或相当接近于它的时候开始.膨胀率和宇宙最终的命运依赖于其三维几何和物质组分.在最简单的质量占主导或辐射占主导的模型里;如果宇宙是闭合的($k>0$),它首先膨胀,然后重新坍缩;如果宇宙是开放的($k<0$)或平坦的($k=0$),它会永远膨胀下去.在有真空能存在的情况下,物理图像要复杂得多,而宇宙最终的命运取决于其组分的具体贡献.目前的观测支持所谓的Λ冷暗物质(ΛCDM)模型:宇宙几乎是平坦的,并且今天它是被真空(或类似于真空的)能量所主导.真空能占据了宇宙总能量密度的70%,其他的30%则是非相对论性物质组成的.其他组分的贡献微乎其微,对目前的膨胀时期并没有贡献.宇宙的年龄(亦即宇宙开始膨胀到现在的时间间隔)约140亿年.

4.1 Friedmann-Robertson-Walker 度规

如果假设宇宙学原理成立，则时空的背景几何是被严格限制的，这与广义相对论的 Einstein 方程无关. 宇宙学原理的确要求宇宙在三维空间中没有优先的点(均匀性，亦即空间平移不变性)，也没有优先的方向(各向异性，或旋转不变性). 然而，时空几何依赖于时间仍然是允许的. 事实证明唯一的满足这些条件的背景时空是 FRW 度规[3]，其线元为

$$ds^2 = dt^2 - a^2(t)\left(\frac{dr^2}{1-kr^2} + r^2 d\theta^2 + r^2 \sin^2\theta d\phi^2\right), \tag{4.2}$$

其中 $a(t)$是标度因子，它不依赖于空间坐标$\{r, \theta, \phi\}$. 而 k 是一个常数，它可以是正的、负的或者零. 不过它总可以通过一个合适的对坐标 r 的重新标度变成 $k = \pm 1$ 或 0. $k = 1$ 对应于闭合宇宙，$k = 0$ 对应于平坦宇宙，$k = -1$ 对应于开放宇宙. 如果考虑一个与广义相对论不同的引力理论，但保持 3+1 维时空中的宇宙学原理的假设不变，其背景时空几何还是会由 FRW 度规给出. 广义相对论只能根据宇宙中的物质组分来确定 $a(t)$和 k. 当 a 和时间 t 无关以及 $k = 0$ 时，就恢复到狭义相对论的平直时空. 我们注意到平直宇宙并不一定就是平直(即 Minkowski)时空.

计算一些 FRW 度规的不变量是有意义的. 这些可以通过一些专门的 Mathematica 包来解决，不过手动计算也是个很好的锻炼，可以让我们对黎曼几何的形式和精神理解得更加深刻. 标量曲率为

$$R = -6\,\frac{k + \dot{a}^2 + \ddot{a}\,a}{a^2}, \tag{4.3}$$

它在 $k = 0$ 及 a 不依赖于时间时(即狭义相对论的平直时空)为零. 同时注意到 R 在 $a \to 0$ 时发散. 如果我们在 $\Lambda = 0$ 的 Einstein 方程(2.78)的左边和右边同时乘以 $g_{\mu\nu}$，即可得到

$$R = -\frac{8\pi}{M_{Pl}^2} T, \tag{4.4}$$

其中 $T = T^\mu_\mu$ 是物质的能动张量的迹(trace). 因此 R 的发散也就意味着 T 的发散. 黎曼张量的平方由下式给出：

$$R_{\mu\nu\rho\sigma}R^{\mu\nu\rho\sigma} = 12\,\frac{k^2 + 2k\dot{a}^2 + \dot{a}^4 + \ddot{a}^2 a^2}{a^4}, \tag{4.5}$$

在 $a \to 0$ 时它也是发散的.

最后，我们注意到 Einstein 方程是局域方程. 它不能告诉我们关于时空全局的任何性质，如体积等. 同样的度规可以描述拓扑上不同的宇宙. 这一点 Friedmann 已经注意到了.[4] 如果假设宇宙的拓扑是平庸的，则宇宙的三维体积在 $k = 1$ 时是有限的，在 $k = 0$ 和 -1 时是无限的. 根据 FRW 度规，可以得到

$$V = \int_V \sqrt{-{}^3 g}\, d^3 x = a^3(t)\int_0^{2\pi} d\phi \int_0^{\pi} \sin\theta d\theta \int_0^{R_k} \frac{r^2 dr}{\sqrt{1-kr^2}}, \tag{4.6}$$

其中 ${}^3 g$ 是空间三维度规的行列式. 对 $k = 1$ 来说，有 $R_k = 1$；对 $k = 0$ 和 -1 来说，有 $R_k = +\infty$.

这个积分给出

$$V=\begin{cases}\pi^2a^3(t),\ k=1,\\ +\infty,\ k=0,\ -1.\end{cases} \tag{4.7}$$

封闭宇宙总是有限的，但在非平庸拓扑的情况下，即使是平坦或开放宇宙也可能是有限的. 正如我们将在第 10 章看到的那样，目前的微波背景辐射观测数据支持宇宙是相当接近平坦的，也不排除 $k=1$ 或 $k=-1$. 这意味着即使对平庸拓扑，我们也没法确定宇宙的体积是有限的还是无限的. 在非平庸拓扑的情况下，宇宙的尺度可以通过寻找天体源的"鬼像"(ghost images)来确定. 因为对多连通宇宙来说，一个源发出的辐射可以在不同的方向上被探测到. 到目前为止，还没有任何鬼像的证据，因此我们只能得到一个拓扑非平庸宇宙的可能尺度的下界.

4.2 Friedmann 方程组

宇宙学原理的假设要求时空几何是用 FRW 度规来描述的. 如果宇宙的物质组分已知，标度因子 $a(t)$和常数 k 可以通过 Einstein 方程来得到. 宇宙的物质组分可以用理想流体的能动张量来合理近似成

$$T^{\mu\nu}=(\rho+P)u^\mu u^\nu-Pg^{\mu\nu}, \tag{4.8}$$

其中 ρ 和 P 分别是流体的能量密度和压强. 因为在 FRW 度规的坐标系下，宇宙是明显均匀的和各向同性的，我们必须在流体的静止系来考虑，其中 $u^\mu=(1,\ 0,\ 0,\ 0)$. 如果将 FRW 度规和流体的能动张量代入 Einstein 方程，其 00 分量给出

$$H^2=\frac{8\pi}{3M_{\mathrm{Pl}}^2}\rho-\frac{k}{a^2}, \tag{4.9}$$

$H=\dot{a}/a$ 是 Hubble 参数. 方程(4.9)称为第一 Friedmann 方程. 一般地说，可以预料宇宙是由许多种不同组分组成的，如尘埃、辐射等. ρ 和 P 因此要被看作总的能量密度和总的压强.

$$\rho=\sum_i\rho_i,\ P=\sum_i P_i, \tag{4.10}$$

其中求和是对物质部分的所有成分. Einstein 方程的 11, 22 和 33 分量所给出的方程是相同的，即

$$\frac{\ddot{a}}{a}=-\frac{4\pi}{3M_{\mathrm{Pl}}^2}(\rho+3P), \tag{4.11}$$

这被称为第二 Friedmann 方程.

在 FRW 度规中，能动张量的协变守恒方程 $\nabla_\mu T^{\mu0}=0$ 给出

$$\dot{\rho}=-3H(\rho+P). \tag{4.12}$$

方程(4.12)不是一个独立方程，它可以从第一和第二 Friedmann 方程中推导出来(参见第 2 章最后的讨论). 目前，我们有 3 个时间 t 的未知函数，也就是 ρ, P 和标度因子 a. 但只有两个独立方程，即两个 Friedmann 方程，或者一个 Friedmann 方程和一个能动张量的协变守恒方程(4.12). 我们还需要第 3 个独立方程. 通常引入物态方程，也就是描述压强随能量密度

变化的方程 $P = P(\rho)$. 在最简单并且实践上最重要的情况下,能量密度和压强之间的关系是线性的:

$$P = w\rho, \tag{4.13}$$

w 是个常数. 例如,尘埃是用 $w = 0$ 描述的,辐射是用 $w = 1/3$ 描述的(这对于任何极端相对论性物质 (ultra-relativistic matter)都成立,不仅仅对于光子),真空能是用 $w = -1$ 描述的. 如果考虑其他类型的物质,w 可能不再是常数,而且更一般地说,能量密度和压强之间的线性关系可能也不成立了.

在 $k = 0$ 的情况下,第一 Friedmann 方程式

$$H^2 = \frac{8\pi}{3M_{\rm Pl}^2}\rho_c \Rightarrow \rho_c = \frac{3M_{\rm Pl}^2 H^2}{8\pi}, \tag{4.14}$$

它定义了临界密度 ρ_c. 于是临界密度值为

$$\rho_c^0 = \frac{3M_{\rm Pl}^2 H_0^2}{8\pi} = 1.878 \times 10^{-29} h_0^2 \text{ g/cm}^{-3} = 1.054 \times 10^{-5} h_0^2 \text{ GeV/cm}^{-3}. \tag{4.15}$$

4.3 宇宙学模型

如果已经知道宇宙的物质组分,就可以解出 Friedmann 方程组,并得到宇宙在任意时刻的时空几何. 不同的物质组分给出不同的宇宙学模型. 如果假设一个(4.13)形式的物态方程,其协变守恒定律(4.12)变成

$$\frac{\dot\rho}{\rho} = -3(1+w)\frac{\dot a}{a}, \tag{4.16}$$

因此

$$\rho \sim a^{-3(1+w)}. \tag{4.17}$$

所以,尘埃的能量密度按照 $1/a^3$ 变化,辐射的能量密度按照 $1/a^4$ 变化,而真空能的能量密度是个常数. 如果将这个结果代入第一 Friedmann 方程,并忽略掉 k/a^2 项,可以得到(若 $w \neq -1$)

$$a(t) \sim t^\alpha, \text{其中 } \alpha = \frac{2}{3(1+w)}. \tag{4.18}$$

在早期宇宙这是个很好的近似. 如果回溯到宇宙早期,$a \to 0$,因此 k/a^2 项相对于尘埃项和辐射相来说是不占主导的,后两者分别按照 $1/a^3$ 和 $1/a^4$ 演化.

4.3.1 Einstein 宇宙

如果像方程(2.84)一样写出一个带非零宇宙学常数项的 Einstein 方程,第一和第二 Friedmann 方程就会变成

$$H^2 = \frac{8\pi}{3M_{\rm Pl}^2}\rho + \frac{\Lambda}{3} - \frac{k}{a^2}, \tag{4.19}$$

$$\frac{\ddot{a}}{a}=-\frac{4\pi}{3M_{\mathrm{Pl}}^2}(\rho+3P)+\frac{\Lambda}{3}. \tag{4.20}$$

Einstein 宇宙是一个物质部分由尘埃描述的宇宙学模型，并引入一个正的宇宙学常数项来保证宇宙是静态的. 这符合 Hubble 定律发现之前人们对宇宙状态的广泛认识. 利用方程(4.19)和(4.20)中 $\dot{a}=\ddot{a}=0$ 的条件，可以得到

$$\rho=\frac{\Lambda M_{\mathrm{Pl}}^2}{4\pi},\ a=\frac{1}{\sqrt{\Lambda}},\ k=1. \tag{4.21}$$

我们发现 Einstein 宇宙不是稳定的. 这就是说，一个小的扰动就会迫使它坍缩或者膨胀，因此它并不能像 Einstein 以为的那样给出一个静态宇宙.

4.3.2 物质主导的宇宙

物态方程为 $P=0$，或者等效地说 $w=0$ 的非相对论性物质通常被称为尘埃. 从方程(4.12)中得到

$$\rho a^3=\text{constant}\equiv A. \tag{4.22}$$

第一 Friedmann 方程可化为

$$\dot{a}^2=\frac{8\pi A}{3M_{\mathrm{Pl}}^2}\frac{1}{a}-k. \tag{4.23}$$

引入一个新参数 η，它和 t 的关系是

$$\frac{\mathrm{d}\eta}{\mathrm{d}t}=\frac{1}{a(t)}. \tag{4.24}$$

这个新的时间参数 η 被称为共形时间. 用 η 可以把方程(4.23)写作

$$a'^2=\frac{8\pi A}{3M_{\mathrm{Pl}}^2}a-ka^2, \tag{4.25}$$

其中“′”表示对共形时间 η 取导数. 方程(4.25)可以用分离变量法积分出来. 如果选取一个 $t=0$ 时 $a=0$ 的初态，就可以对封闭($k=1$)、平坦($k=0$) 和开放($k=-1$) 宇宙得到 t 和 a 的参数解如下：

$$k=1,\ a=\frac{4\pi A}{3M_{\mathrm{Pl}}^2}(1-\cos\eta),\ t=\frac{4\pi A}{3M_{\mathrm{Pl}}^2}(\eta-\sin\eta); \tag{4.26}$$

$$k=0,\ a=\frac{2\pi A}{3M_{\mathrm{Pl}}^2}\eta^2,\ t=\frac{2\pi A}{9M_{\mathrm{Pl}}^2}\eta^3; \tag{4.27}$$

$$k=-1,\ a=\frac{4\pi A}{3M_{\mathrm{Pl}}^2}(\cosh\eta-1),\ t=\frac{4\pi A}{3M_{\mathrm{Pl}}^2}(\sinh\eta-\eta). \tag{4.28}$$

图 4.1 展示了作为宇宙学时间 t 的函数的标度因子 $a(t)$ 在 3 种不同物理图景下的变化. 封闭宇宙膨胀到一个临界值之后会重新坍缩；开放宇宙会永远膨胀；平坦宇宙介于两者之间：它会永远膨胀下去，但其膨胀率渐近趋于 0，也就是说，在 $t\to+\infty$ 时 $H\to 0$. 这些结论在宇宙学常数为零时有效.

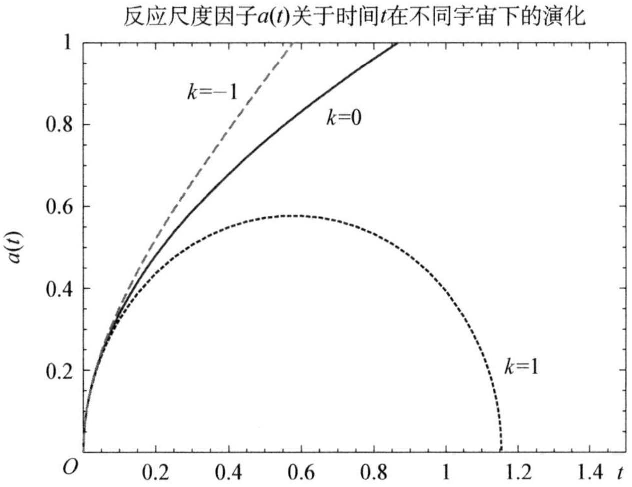

图 4.1　对 3 种不同的物质主导的宇宙：封闭宇宙($k=1$)、平坦宇宙($k=0$)和开放宇宙($k=-1$)，标度因子 a 随着宇宙学时间 t 的变化函数. 这里 t 和 a 是以 $8\pi A/M_{\rm Pl}^2=1$ 为单位的.（本图可参见彩图 2.）

4.3.3　辐射主导的宇宙

相对论性物质的物态方程是 $P=\rho/3$，即 $w=1/3$. 它描述了一种无质量、无相互作用的粒子组成的气体. 不过它对任意极端相对论性气体，即粒子的静能量相比于其总能量可以忽略的情况下也有效. 根据方程(4.12)，可以得到

$$\rho a^4 = \text{constant} \equiv B, \tag{4.29}$$

第一 Friedmann 方程可以写为

$$\dot{a}^2 = \frac{8\pi B}{3M_{\rm Pl}^2}\frac{1}{a^2} - k. \tag{4.30}$$

如果把初始条件选定为 $a(t=0)=0$，就可以得到标度因子 $a(t)$ 在封闭($k=1$)、平坦($k=0$)和开放($k=-1$) 宇宙中的解：

$$k=1,\ a=\left[2\sqrt{\frac{8\pi B}{3M_{\rm Pl}^2}}\,t-t^2\right]^{1/2}; \tag{4.31}$$

$$k=0,\ a=\left[2\sqrt{\frac{8\pi B}{3M_{\rm Pl}^2}}\,t\right]^{1/2}; \tag{4.32}$$

$$k=-1,\ a=\left[2\sqrt{\frac{8\pi B}{3M_{\rm Pl}^2}}\,t+t^2\right]^{1/2}. \tag{4.33}$$

与物质主导的宇宙中一样，$k=1$ 时宇宙先是膨胀，然后标度因子达到一个最大值，最终宇宙开始重新坍缩，直到 $a=0$. 开放宇宙($k=-1$) 会永远膨胀，而平坦宇宙代表了封闭宇宙和平坦宇宙之间的临界情况. 图 4.2 给出了这 3 种物理图像下标度因子 $a(t)$ 作为宇宙学时间 t 的函数的变化关系.

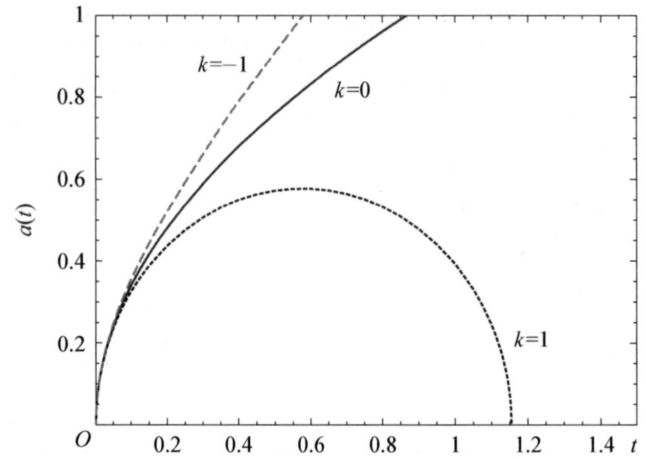

图 4.2 对 3 种不同的辐射主导的宇宙：封闭宇宙 ($k=1$)、平坦宇宙($k=0$) 和开放宇宙($k=-1$)，标度因子 a 随着宇宙学时间 t 的变化函数. 这里 t 和 a 是以 $8\pi A/M_{\mathrm{Pl}}^2=1$ 为单位的.（本图可参见彩图 3.）

4.3.4 真空能主导的宇宙

真空能主导的宇宙里没有物质，因此 $\rho=P=0$. 不过允许一个非零的宇宙学常数存在. 正如我们将在第 11 章里看到的那样，在量子场论中，真空并不是空的，并且在广义相对论里它可以作为一个有效的宇宙学常数. 或者更精确地说，除去一个常数因子，真空能等价于一个宇宙学常数.

在 $\Lambda>0$ 时，Friedmann 方程组给出了如下解：

$$k=1,\ a=\sqrt{\frac{3}{\Lambda}}\cosh\left(\sqrt{\frac{\Lambda}{3}}t\right); \tag{4.34}$$

$$k=0,\ a=a(0)\exp\left(\sqrt{\frac{\Lambda}{3}}t\right); \tag{4.35}$$

$$k=-1,\ a=\sqrt{\frac{3}{\Lambda}}\sinh\left(\sqrt{\frac{\Lambda}{3}}t\right). \tag{4.36}$$

如果 $\Lambda<0$，则其解为

$$k=-1,\ a=\sqrt{-\frac{3}{\Lambda}}\cos\left(\sqrt{-\frac{\Lambda}{3}}t\right), \tag{4.37}$$

而对 $k=0$ 和 1 没有解. 最后，当 $\Lambda=0$ 时，可以恢复到 $k=0$ 和 a 为常数的平坦时空.

4.4 FRW 度规的基本性质

正如我们在 2.2 节所讨论过的那样，弯曲时空中测试粒子的运动可以用拉格朗日量

$$L=g_{\mu\nu}x'^{\mu}x'^{\nu} \tag{4.38}$$

来研究. 这里我们用"$'$"来表示对仿射参数 λ 的导数,"$.$"还是代表对宇宙学时间 t 的导数. 因为 FRW 度规通过标度因子 $a(t)$ 依赖于 t,粒子的能量在运动中不是个常数. 考虑一个光子,坐标系选为光子沿着径向运动. 这时, $g_{\mu\nu}x'^{\mu}x'^{\nu}=0$ 的关系变成了

$$t'^2=\frac{a^2}{1-kr^2}r'^2. \tag{4.39}$$

如果写出 $x^{\mu}=t$ 的欧拉-拉格朗日方程, 并利用方程(4.39)即可得到

$$t''=-a\dot{a}\frac{r'^2}{1-kr^2}=-\frac{\dot{a}}{a}t'^2=-\frac{a'}{a}t'. \tag{4.40}$$

t' 正比于光子的能量E,因此$t''/t'=E'_{\gamma}/E_{\gamma}$. 因此,我们发现在 FRW 背景中传播的光子要按照标度因子的倒数红移,

$$E_{\gamma}\sim 1/a. \tag{4.41}$$

这个现象称为宇宙学红移. 这是为了将它和来自源的相对运动的多普勒红移和来自从引力势阱中爬出时的能量损失的引力红移区别开来. 它也可以用来解释辐射的能量密度按照 $1/a^4$ 演化的现象: 光子密度按照体积的倒数演化,即 $1/a^3$;同时单个光子的能量按照 $1/a$ 演化.

单个光子的宇宙学红移也可以用如下方法推出: 考虑在距离 $r=0$ 处的源发射出的单色电磁辐射. 在时间 $t=t_e$ 时发出的波前在传播一定距离之后,在 $t=t_o$ 时被处于 $r=r_o$ 的观测者观测到. 因为 $\mathrm{d}s^2=0$, 可以写出

$$\int_{t_e}^{t_o}\frac{\mathrm{d}\tilde{t}}{a}=\int_0^{r_o}\frac{\mathrm{d}\tilde{r}}{\sqrt{1-k\tilde{r}^2}}, \tag{4.42}$$

上式右边和时间t无关. 如果考虑一个稍晚时候的波前,它在$t=t_e+\delta_{t_e}$ 时由$r=0$处的源发射出来,并在传播一定距离之后在 $t=t_o+\delta t_o$ 时在$r=r_o$ 处被观测到, 可以得到

$$\int_{t_e+\delta t_e}^{t_o+\delta t_o}\frac{\mathrm{d}\tilde{t}}{a}=\int_0^{r_o}\frac{\mathrm{d}\tilde{r}}{\sqrt{1-k\tilde{r}^2}}=\int_{t_e}^{t_o}\frac{\mathrm{d}\tilde{t}}{a}, \tag{4.43}$$

因此就有

$$\int_{t_e}^{t_e+\delta t_e}\frac{\mathrm{d}\tilde{t}}{a}=\int_{t_o}^{t_o+\delta t_o}\frac{\mathrm{d}\tilde{t}}{a}\Rightarrow\frac{\delta t_e}{a(t_e)}=\frac{\delta t_o}{a(t_o)}, \tag{4.44}$$

δt_e 和δt_o 分别是在时间 t_e 和 t_o 时观测到的波长. 上式说明光子的波长按照 a 变化,因此其能量按照 $1/a$ 变化,正如我们在方程(4.41)中看到的那样.

一个重要的概念是粒子视界,它是从大爆炸时刻开始到某个时间 t,一个光子可以传播的最长距离. 它定义了时间 t 时刻的因果连通区域的半径. 也就是说,两个距离大于粒子视界的点从来没有交换过任何信息. 对平坦宇宙($k=0$) 来说,根据光子传播的方程 $\mathrm{d}s^2=0$, 可以得到

$$r=\int_0^r\mathrm{d}\tilde{r}=\int_0^t\frac{\mathrm{d}\tilde{t}}{a}=\frac{1}{a(t)}\frac{1}{(1-\alpha)}, \tag{4.45}$$

其中最后一步用到 $w\neq-1$ 时的标度因子的演化 $a\sim t^{\alpha}$, 参见方程(4.18), (4.27)和(4.32).

在时间 t 时，原点和径向坐标为 r 的点之间的物理距离为 $d(t)=a(t)r$，因此可以得到粒子视界是

$$d=\frac{t}{1-\alpha}. \tag{4.46}$$

对一个尘埃组成的宇宙，有 $d=3t$，而对辐射主导的宇宙有 $d=2t$. 我们注意到对于一个非奇异物质主导的宇宙，即 $w\geqslant 0$，有 $a\sim t^{\alpha}$，其中 $\alpha<1$. 在这种情况下粒子视界总是随着时间线性增加. 这说明随着时间的增长，宇宙中越来越多的点可以因果连通.

宇宙中充满了真空能的情况需要分别考虑. 这时，标度因子是通过方程(4.35)给出的，粒子视界是

$$d=\sqrt{\frac{3}{\Lambda}}\left[\exp\left(\sqrt{\frac{\Lambda}{3}}t\right)-1\right]. \tag{4.47}$$

因为标度因子也是指数增加的，所以如果两片区域之间的坐标距离大于 $\sqrt{3/\Lambda}$，它们就再也没有可能交换任何信息.

4.5 宇宙的年龄

从 Friedmann 方程中，可以知道宇宙是从一个时空奇点(标度因子 a 为零)开始膨胀的(a 增大)，在奇点处能量密度发散. 实际上，我们并不指望已知的物理在 Planck 能标 $M_{\text{Pl}}\sim 10^{19}$ GeV以上还有效. 这时，量子引力效应应该会变得重要. 然而，在缺乏一个稳固的可依赖的量子引力理论的情况下，我们只能用经典广义相对论描述宇宙. 在这个框架下，宇宙就是从能量密度发散的时刻产生的，宇宙的年龄就是从这个时刻到现在宇宙的时间坐标所经历的时间间隔.

我们注意到初始时刻的具体取值对于宇宙年龄的计算是完全不必要的. 从原初 Planck 时间估算的宇宙年龄与从大爆炸核合成时刻估算的宇宙年龄相差不过大约一秒左右，与宇宙年龄 100 亿年的量级相比完全可以忽略.

如果在第一 Friedmann 方程的左边乘以和除以临界密度 ρ_c，即可得到

$$H^2=\frac{8\pi}{3M_{\text{Pl}}^2}\rho_c\left(\sum_i\frac{\rho_i}{\rho_c}+\frac{\rho_k}{\rho_c}\right), \tag{4.48}$$

其中引入了对应于可能的非零空间曲率的有效能量密度 $\rho_k=-\frac{3M_{\text{Pl}}^2}{8\pi}\frac{k}{a^2}$. 目前宇宙主要充满了能量密度按照 $1/a^3$ 变化的非相对论性物质和能量密度为常数的真空能. 为了估算宇宙年龄，首先要做的近似就是忽略掉辐射主导时期，因为这段时间比起物质主导和真空能主导的时间要短得多.

为了计算方便，引入无量纲的密度比，它是不同组分的物质的能量密度和临界能量密度的比值，$\Omega_i=\rho_i/\rho_c$. 据此可以把方程(4.48)重写为

$$H^2=H_0^2[\Omega_m^0(1+z)^3+\Omega_\Lambda^0+\Omega_k^0(1+z)^2], \tag{4.49}$$

其中指标"0"表示其在目前的值. Ω_m^0 和 Ω_Λ^0 分别是来自非相对论性物质(尘埃)和非零宇宙学常数的贡献. 为了把这些能量密度随着宇宙膨胀的演化也考虑进来，我们引入红移因子

$$1+z\equiv\frac{a_0}{a}. \tag{4.50}$$

容易证明，因子$(1+z)^n$恰当地反映了宇宙的膨胀. 例如，$\Omega_m(z)=\Omega_m^0(1+z)^3$，因为尘埃的能量密度按照$1/a^3$演化. 根据 Hubble 参数的定义，可以看到

$$H=\frac{\mathrm{d}}{\mathrm{d}t}\ln\frac{a}{a_0}=\frac{\mathrm{d}}{\mathrm{d}t}\ln\frac{1}{1+z}=-\frac{1}{1+z}\frac{\mathrm{d}z}{\mathrm{d}t}, \tag{4.51}$$

将其代入方程(4.49)中即得

$$\frac{\mathrm{d}t}{\mathrm{d}z}=-\frac{1}{1+z}\frac{1}{H_0\sqrt{\Omega_m^0(1+z)^3+\Omega_\Lambda^0+\Omega_k^0(1+z)^2}}. \tag{4.52}$$

利用关系$\Omega_k^0=1-\Omega_m^0-\Omega_\Lambda^0$，即可得到从目前($z=0$)到宇宙的红移是$z$时的时间差，并用$H_0$，$\Omega_m^0$和$\Omega_\Lambda^0$表示为

$$\Delta t=\frac{1}{H_0}\int_0^z\frac{\mathrm{d}\tilde{z}}{1+\tilde{z}}\frac{1}{\sqrt{(1+\Omega_m^0\tilde{z})(1+\tilde{z})^2-\tilde{z}(2+\tilde{z})\Omega_\Lambda^0}}. \tag{4.53}$$

宇宙的总年龄可以用$z\to+\infty$的极限来得到. 更精确的研究需要考虑相对论性物质，不过正如已经提到的那样，由此带来的修正很小.

容易看到这个积分大概就是 1 的量级. 因此时间的尺度由$1/H_0\sim 14$ Gyr 给出. 在最简单的无真空能的平坦宇宙里，亦即$\Omega_m^0=1$和$\Omega_\Lambda^0=0$，宇宙的年龄是

$$\tau_{\mathrm{U}}=\frac{1}{H_0}\int_0^{+\infty}\frac{\mathrm{d}\tilde{z}}{(1+\tilde{z})^{5/2}}=\frac{2}{3}\frac{1}{H_0}\sim 10\ \mathrm{Gyr}. \tag{4.54}$$

在其他情况下，可以进行数值积分. 在图 4.3 中给出了平坦宇宙($\Omega_\Lambda^0=1-\Omega_m^0$)和无真空能宇宙($\Omega_\Lambda^0=0$)情况下的宇宙年龄，作为$\Omega_m^0$的函数结果.

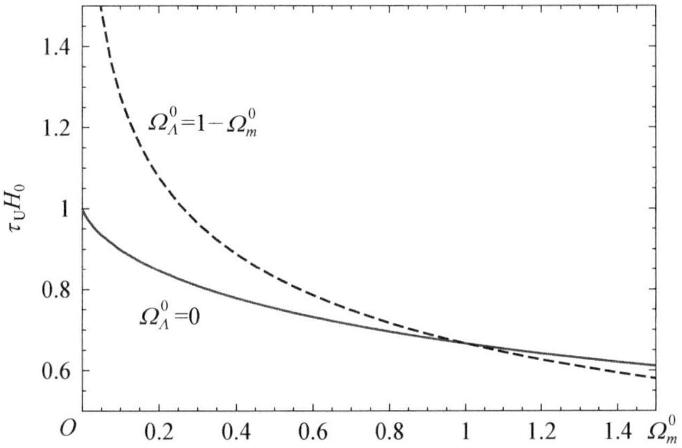

图 4.3　宇宙年龄τ_{U}作为Ω_m^0的函数. 分别对应于两种情况：(1)宇宙只由尘埃组成($\Omega_\Lambda^0=0$)；(2)宇宙是平坦的，由尘埃和真空能组成($\Omega_\Lambda^0=1-\Omega_m^0$).（本图可参见彩图 4.）

4.6　ΛCDM 模型

Ω_m^0和Ω_Λ^0可以通过测量标准烛光的表观亮度来估算. 如果宇宙没有膨胀，那么从一个相

同的源发出的辐射的能流密度在地球上被观测到的结果应该是 $\Phi = L/4\pi d^2$，其中 L 是辐射源的内禀光度(功率)，d 是它到我们的距离. 在一个膨胀的宇宙里，能流 Φ 会随着它被观测到的时刻的球壳面积变化而变化. 因此，d 应该被 $a_0 r$ 取代，其中 r 是 FRW 度规中的径向坐标，并假定观测者坐在 $r=0$ 的位置上. 此外，光子红移了一个 $1+z=a_0/a_e$ 的因子，其中 a_e 是发射时的时间. 而且，发射时的任意时间间隔在我们观测到的时候都会红移一个相同的因子$1+z$. 最终，源的流密度是

$$\Phi = \frac{L}{4\pi a_0^2 r^2 (1+z)^2} = \frac{L}{4\pi d_L^2}. \tag{4.55}$$

这里引入了光度距离 d_L，

$$d_L = a_0 r(1+z) = \sqrt{\frac{L}{4\pi\Phi}}. \tag{4.56}$$

对径向传播的光子轨道来说，$g_{00}\mathrm{d}t^2 + g_{11}\mathrm{d}r^2 = 0$，因此有

$$(1+z)\mathrm{d}t = a_0\frac{\mathrm{d}t}{a} = a_0\frac{\mathrm{d}r}{\sqrt{1-kr^2}}. \tag{4.57}$$

利用方程(4.52)，(4.57)式可以重写成如下形式：

$$a_0\int_0^r \frac{\mathrm{d}\tilde{r}}{\sqrt{1-k\tilde{r}^2}} = \int_0^z \frac{\mathrm{d}\tilde{z}}{H_0\sqrt{(1+\tilde{z})^2(1+\tilde{z}\Omega_m^0) - \tilde{z}(2+\tilde{z})\Omega_\Lambda^0}}, \tag{4.58}$$

其中

$$\int_0^r \frac{\mathrm{d}\tilde{r}}{\sqrt{1-k\tilde{r}^2}} = \begin{cases} \arcsin r, & k=1, \\ r, & k=0 \\ \operatorname{arcsinh} r, & k=-1. \end{cases} \tag{4.59}$$

如果把方程(4.56)和(4.58)组合起来，就能写出光度距离作为 z，H_0，Ω_m^0 和 Ω_Λ^0 的函数. 对 $k\neq 0$，可以得到

$$d_L(z, H_0, \Omega_m^0, \Omega_\Lambda^0) = \frac{(1+z)}{H_0\sqrt{|\Omega_k^0|}}\mathscr{S}\left(\sqrt{|\Omega_k^0|}\int_0^z F(\tilde{z})\mathrm{d}\tilde{z}\right), \tag{4.60}$$

其中

$$\mathscr{S}(x) = \begin{cases} \sin x, & k=1, \\ x, & k=0, \\ \sinh x, & k=-1. \end{cases} \tag{4.61}$$

$$F(z) = \frac{1}{\sqrt{(1+z)^2(1+z\Omega_m^0) - z(2+z)\Omega_\Lambda^0}}. \tag{4.62}$$

如果宇宙是平坦的，$k=0$，则光度距离是

$$d_L(z, H_0, \Omega_m^0, \Omega_\Lambda^0) = \frac{(1+z)}{H_0}\mathscr{S}\left(\int_0^z F(\tilde{z})\mathrm{d}\tilde{z}\right). \tag{4.63}$$

Ⅰa型超新星(SNe Ⅰa)被认为是发生在含有一个碳氧白矮星(carbon-oxygen white

dwarf)的双星系统中的现象. 虽然白矮星是已经停止核聚变的恒星残骸,但碳氧白矮星可以重启核反应,只要它们的核心温度升高并超过临界值. 在Ⅰa型超新星的情况下,一个碳氧白矮星可以从其伴星吸积物质,这会迫使它收缩,并导致其核心温度升高. 因为白矮星无法像普通恒星一样调整其内部的反应过程,反应会失控,并在短时间内释放出大量能量. 这就导致超新星爆发. 这种机制的效率是由其核心温度所决定的,因此也就是被白矮星的质量所决定. 在对每个源作一些修正之后,其光度的峰值可以作为某种标准烛光.[5] 根据对低红移Ⅰa型超新星的研究,我们可以测量 Hubble 常数 H_0. 对高红移的Ⅰa型超新星的研究,导致了宇宙加速膨胀的发现.[6, 7] 目前的观测数据支持所谓的 ΛCDM 模型,其中目前的宇宙被真空能加上某种非相对论性物质所主导(参见图 4.4). 当把超新星的测量和微波背景辐射的数据(它支持 $\Omega_m^0 + \Omega_\Lambda^0 \approx 1$) 组合在一起时,最佳拟合值是

$$\Omega_m^0 \approx 0.3,\ \Omega_\Lambda^0 \approx 0.7. \tag{4.64}$$

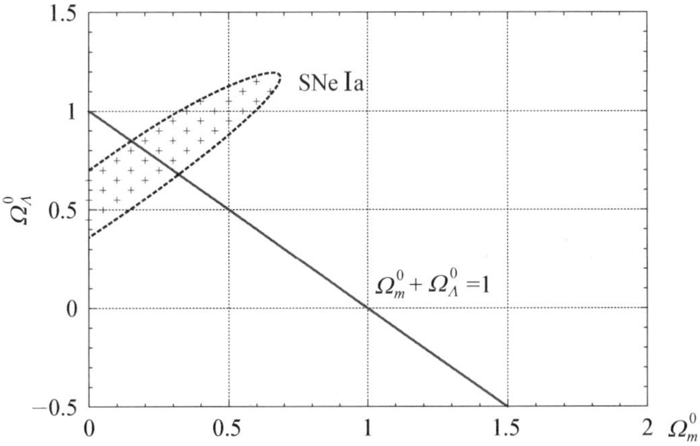

图 4.4 Ⅰa型超新星在(Ω_m^0, Ω_Λ^0) 平面上的限制. 当和 CMB 数据(要求 $\Omega_m^0 + \Omega_\Lambda^0 \approx 1$) 组合起来是观测支持所谓的 ΛCDM 模型,其中 $\Omega_m^0 \approx 0.3$, $\Omega_\Lambda^0 \approx 0.7$.(本图可参见彩图 5.)

4.7 宇宙的命运

宇宙的几何是由 k 的符号所决定的,它可以恰当地重标度到 0 或 ±1. 如果一个宇宙只充满了尘埃 ($P = 0$) 和真空能($P = -\rho$),则它是平坦的条件为

$$\Omega_m + \Omega_\Lambda = 1, \tag{4.65}$$

而宇宙是闭合(开放)的条件是 $\Omega_m + \Omega_\Lambda > 1(< 1)$.

如果 $\Lambda = 0$,一个闭合宇宙首先膨胀,然后重坍缩,正如我们在方程(4.26)中所看到的那样;开放和平坦宇宙会永远膨胀下去,见方程(4.28)和(4.27). 在真空能存在的情况下,情况要复杂一些. 如果 $\Omega_m \leqslant 1$,宇宙的命运是由 Λ 的符号来决定的. 虽然 $\Lambda = 0$ 时宇宙会永远膨胀下去,但这时由于 $\Omega_m/\Omega_\Lambda \sim 1/a^3$,对足够久的时间来说,即使是一个极其微小的宇宙学常数也会最终主导. 如果它是负的,则膨胀终将停止,宇宙会重坍缩. 对 $\Omega_m > 1$ 的情况来说,如果真空能在宇宙开始重坍缩之前变得重要,则宇宙还是会永远膨胀下去的. 在(Ω_m, Ω_Λ)平面上,区分永

远膨胀的宇宙和先膨胀后收缩的宇宙的分界线是

$$\Omega_\Lambda = \begin{cases} 0, & \Omega_m \leqslant 1, \\ 4\Omega_m \sin^3\left[\frac{1}{3}\arcsin\left(\frac{\Omega_m - 1}{\Omega_m}\right)\right], & \Omega_m > 1. \end{cases} \tag{4.66}$$

最后，我们可以把加速膨胀($\ddot{a} > 0$) 宇宙和减速膨胀($\ddot{a} < 0$) 宇宙区分开来. 根据方程(4.11)，可以看到 $\ddot{a} = 0$ 的条件是

$$\rho + 3P = 0 \Rightarrow \Omega_m = 2\Omega_\Lambda. \tag{4.67}$$

因此，宇宙加速膨胀(减速膨胀)的条件是 $\Omega_m < 2\Omega_\Lambda$ ($\Omega_m > 2\Omega_\Lambda$).

我们在图 4.5 中在(Ω_m, Ω_Λ)平面上，画出了不同类型的宇宙的几何、最终命运及其加速度.

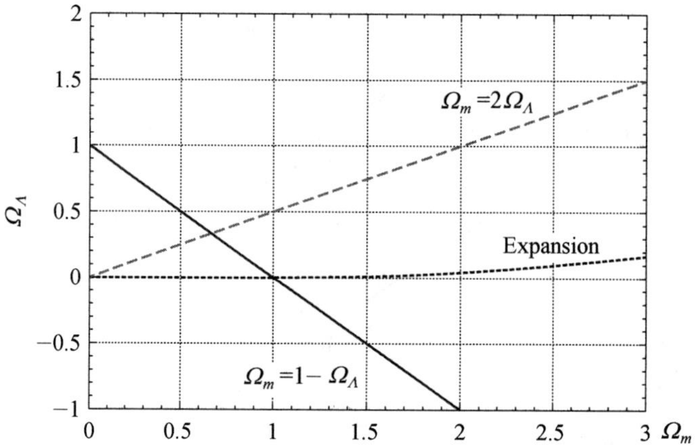

图 4.5 含有尘埃和真空能的宇宙的性质. 平坦宇宙由 $\Omega_m = 1 - \Omega_\Lambda$ 这条线表示. 这条线也分开了封闭宇宙($\Omega_m + \Omega_\Lambda > 1$) 和开放宇宙($\Omega_m + \Omega_\Lambda < 1$). 不同的宇宙的膨胀加速度变成零的点($\ddot{a} = 0$) 组成了 $\Omega_m = 2\Omega_\Lambda$ 这条线. 它分开了宇宙演化的加速宇宙($\ddot{a} > 0$) 相和减速宇宙($\ddot{a} < 0$) 相，它们分别位于这条线以上和以下. 标记为"Expansion" 的那条线分开了永远膨胀的宇宙(线以上) 和先膨胀后重坍缩的宇宙(线以下). (本图可参见彩图 6.)

习　题

4.1　推导出方程(4.3)和(4.5).

4.2　在辐射组分 Ω_γ 不可忽略的情况下，重新考虑 4.5 节给出的关于宇宙年龄的讨论.

4.3　考虑只有辐射和真空能存在的宇宙. 在(Ω_γ, Ω_Λ)平面中，确定表示 $\ddot{a} = 0$ 的线和区分永远膨胀和先膨胀后重坍缩的状态的线.

参 考 文 献

[1] P. Fleury, H. Dupuy, J. P. Uzan, *Phys. Rev. Lett.* **111**, 091302(2013). arXiv: 1304.7791 [astro-ph.CO]

[2] V. Marra, E. W. Kolb, S. Matarrese, A. Riotto, *Phys. Rev.* D **76**, 123004(2007). arXiv: 0708.3622 [astro-ph]

[3] S. Weinberg, *Gravitation and Cosmology*, 1st edn. (Wiley, San Francisco, 1972)

[4] A. Friedmann, *Z. Phys.* **21**, 326(1924) [Gen. Rel. Grav. **31**, 2001(1999)]

[5] B. Leibundgut, *Ann. Rev. Astron. Astrophys.* **39**, 67(2001)

[6] S. Perlmutter et al., [Supernova Cosmology Project Collaboration], *Astrophys. J.* **517**, 565(1999) [astro-ph/9812133]

[7] A. G. Riess et al., [Supernova Search Team Collaboration], *Astron. J.* **116**, 1009(1998) [astroph/9805201]

第5章

宇宙学中的动力学和热力学

在宇宙演化的早期,宇宙中的物质状态非常接近于热平衡态.在某种意义上,这种情形与正统的热力学是相违背的,在正统的热力学中,热平衡只有经过足够长的时间才能建立.按照宇宙学的观点,宇宙越年轻,粒子之间的反应就越快,达到平衡态所必需的时间也就越少.在宇宙早期,尽管在非常短的宇宙学时间内,膨胀速率 $H=\dot{a}/a$ 按照 $1/t$ 的规律衰减,但是一般情况下反应速率依然要比膨胀速率要大.如果 GUT 时期($T_{GUT}=10^{15}$ GeV)曾经存在于宇宙中的话,那么这个条件直到 GUT 时期都几乎是被满足的.

在热平衡中,物质状态可以用非常少的几个参数(如温度、不同种类粒子的化学势)来描述.平衡态决定了粒子在它们各个能级上的分布,并且这个分布由标准的费米-狄拉克形式或玻色-爱因斯坦形式(包括可能会出现的玻色-爱因斯坦凝聚态的形式)所给出.

原初等离子体的平衡态极度简化了理论上的思考.然而最有意思的现象却是由平衡态的偏离所导致的,如重粒子种类冻结、无质量中微子的能谱失真、重子生成等.

5.1 早期宇宙的热平衡

5.1.1 一般特征

对当前宇宙的观测,可以让我们了解宇宙过去的物理状态.第一个明显的观测结论是越早期的宇宙,它的物质密度和温度就会越高.根据式(4.41),辐射温度与宇宙学尺度因子成反比.所以如果反转时间,我们会看到宇宙温度的升高.根据第 4 章的结果,能量辐射密度和非相对论物质尺度分别为 $1/a^4$ 和 $1/a^3$.如果朝着越来越小的 a 值回溯时间,我们将看到物质密度按照这些规律来增长.当宇宙物质的状态方程改变或量子引力效应发挥作用时,这种增长便会改变或终结.对于后者,我们预计物质温度不会低于 M_{Pl},所以外推回这样高的温度是可以的.另一种可能性是宇宙物质状态方程的改变,这已经在暴胀模型中得到实现.大体上来说,状态方程变为 $P=-\rho$,因此能量密度保持为常数.在最简单的暴胀模型中,这个常数是暴胀场的类真空能量密度.

根据标准宇宙模型,宇宙物质由暴胀衰变产生.在物质产生之前,宇宙是一团以指数规律膨胀的黑暗,在这团黑暗中只存在着暴胀场.在某个阶段,这团并不是真的空无一物的黑暗发生了爆炸,从而产生了所有基本粒子,大多数基本粒子的质量比暴胀质量要小.令人惊奇的是,这副图像与《圣经·创世纪》中的描写非常接近.起初“地是空虚混沌,渊面黑暗”,然后突然发生了一个全然本着“要有光”精神的强力爆炸——大爆炸.

人们很好地建立起依赖时间(振荡)的场产生粒子的理论. 数学方程可靠地描述了这个过程,所以对于粒子产生现象我们的描述缜密. 被创造出的粒子的能谱依赖于产生过程的细节,并且可能会相当复杂. 对于理论学家来说,幸运的是原初等离子体很快达到热力学平衡,从而可以忽略粒子的生成史. 当特征反应率 Γ 比宇宙膨胀率 H 大时,热力学平衡态就可以实现. 对于具有散射截面 σ 的粒子散射,可以将反应率估计为

$$\Gamma_r = \frac{\dot{n}}{n} \sim \sigma v n, \tag{5.1}$$

其中 n 为等离子体的粒子数密度,v 是它们的相对速率. 在高能态截面的典型大小为 $\sigma \sim g^4/s$,其中 g 是粒子反应的耦合常数,$s = (p_1 + p_2)^2$ 是碰撞粒子在它们的质心系中的总能量. 在 GUT 模型中,$g^2 \sim \alpha \sim 0.01$. 如果达到热力学平衡,那么 $s \sim T^2$, $n \sim T^3$, 其中 T 是等离子体温度. 如果粒子衰变和反衰变是基本反应过程,那么特征反应率简单地为衰变宽度:

$$\Gamma_d \sim \frac{g^2 m}{\gamma}, \tag{5.2}$$

其中 m 是衰变粒子的质量,γ 是它的洛伦兹 γ 因子.

现在将反应率与哈勃参数进行比较,根据式(4.9),对于一个辐射主导的宇宙,哈勃参数 $H \sim T^2/M_{\mathrm{Pl}}$(见下文). 由于普朗克质量比基本粒子物理中的典型质量参数要大得多,故可以预计在温度低于 $10^{-3} \sim 10^{-4} M_{\mathrm{Pl}}$ 时,热平衡得到很好的建立:

$$g^4 T \gtrsim \frac{T^2}{M_{\mathrm{Pl}}} \Rightarrow T \lesssim g^4 M_{\mathrm{Pl}}. \tag{5.3}$$

有趣的是,热力学系统只有经过足够长的时间后才能达到热平衡,然而在宇宙学中,由于早期宇宙的高粒子密度,宇宙在短时间内就达到热平衡. 更多的细节见本小节下面研究的具体实例.

现在宇宙学背景下讨论热平衡等离子体的一些特性. 在物质分布均匀的情况下,粒子在热平衡状态下的分布满足非常著名的普遍形式,它在玻色子或费米子的情况下略有不同:

$$f_j^{(\mathrm{eq})}(E_j, T, \mu_j) = \frac{1}{\exp[(E_j - \mu_j)/T] \pm 1}, \tag{5.4}$$

其中 j 表示粒子类型,$E_j = \sqrt{p^2 + m_j^2}$ 是粒子能量,T 是等离子体温度(对于平衡态,各种粒子都相同),μ_j 是 j 型粒子的化学势. "1"前面的"+"对应于费米分布,"−"对应于玻色分布.

粒子数密度 n 和粒子能量密度 ρ 可由分布函数在动量空间上积分表出,即

$$n_j = \sum_s \int \frac{\mathrm{d}^3 p}{(2\pi)^3} f_j, \tag{5.5}$$

$$\rho_j = \sum_s \int \frac{\mathrm{d}^3 p}{(2\pi)^3} E(p) f_j. \tag{5.6}$$

再看一个将在下面用到的压力表达式:

$$P_j = \sum_s \int \frac{\mathrm{d}^3 p}{(2\pi)^3} \frac{p^2}{3E} f_j. \tag{5.7}$$

表达式(5.5),(5.6),(5.7)中的求和号,代表在所研究的问题中对粒子的所有自旋态求和. 正

如经常出现的那样，如果所有的自旋态等概率地被粒子占据，则求和可以简化为乘以自旋态的数目 g_s，会将求和化简为积分. 然而此规则有一个例外：对于中微子只有左手态是可以被占据的，右手态（几乎）无法被占据，参见下面 5.3.1 节的内容.

考察零化学势的无质量粒子，对于玻色子，对式(5.5)和(5.6)积分能够导致以下结果：

$$n_b^0 \approx 0.122 g_s T^3, \ \rho_b^0 = \frac{\pi^2}{30} g_s T^4. \tag{5.8}$$

利用下述取自费米分布函数的积分表达式，可以通过玻色子的结果获得费米子的类似结果.

$$\int \mathrm{d}p p^n f_f = (1 - 1/2^n) \int \mathrm{d}p p^n f_b. \tag{5.9}$$

因此，对于 $\mu = 0$ 的无质量粒子，$n_f = (3/4) n_b$，$\rho_f = (7/8) \rho_b$.

在非相对论情况下，即 $T \ll m$ 且 $\mu = 0$ 时，玻色分布与费米分布基本相同并且有以下形式：

$$n_b^m = n_f^m \equiv n^m = g_s \mathrm{e}^{-m/T} \left(\frac{mT}{2\pi} \right)^{3/2}, \ \rho_b^m = \rho_f^m = m n^m. \tag{5.10}$$

几乎整个宇宙早期历史，相对论性物质在原初等离子体中占主导. 实际上，非相对论粒子也就是质量 $m > T$ 的大质量粒子的贡献，根据玻尔兹曼分布呈 $\exp(-m/T)$ 形式压低，而 $m \leqslant T$ 的粒子是相对论性的. 通过等离子体在大爆炸核合成(Bigbang neucleosynthesis，BBN)开始时的温度来表达哈勃参数，这时等离子体温度大约为 1 MeV. 根据上述表达式，能量密度可以写为

$$\rho_{\mathrm{rel}} = \frac{\pi^2}{30} g_* T^4, \tag{5.11}$$

其中 g_* 包括等离子体中各种相对论粒子的贡献，即玻色子自旋态数目与费米子自旋态数目的 7/8. ①故光子的贡献为 $g_\lambda = 2$；$e^+ e^-$ 对的贡献为 7/2；中微子与反中微子的贡献为 $(7/4)(3 + \Delta N_\nu)$，其中 ΔN_ν 是能量密度已经归一化到中微子平衡态能量的其他相对论性粒子的有效数目. 把所有的贡献相加，得到

$$g_* = 10.75 + \frac{7}{4} \Delta N_\nu. \tag{5.12}$$

除了已经包含的粒子种类，在 BNN 开始时的等离子体中还包括重子与暗物质粒子. 然而，相对于相对论物质这些非相对论物质对能量密度的贡献大约只有 10^{-6}.

现在可以根据相对论原初等离子体的温度表达出哈勃参数. 根据式(4.9)，(5.11)和(5.13)，可以得到

$$H = 5.44 \sqrt{\frac{g_*(T)}{10.75}} \frac{T^2}{M_{\mathrm{Pl}}}. \tag{5.14}$$

---

① 考虑这样一种情况：存在一种或多种非耦合相对论物质成分，每种成分的温度可能不同，在这种情况下仍然可以用式(5.11)，但是 g_* 变为

$$g_*(T) = \sum_{\text{bosons}} g_i \left(\frac{T_i}{T} \right)^4 + \frac{7}{8} \sum_{\text{fermions}} g_i \left(\frac{T_i}{T} \right)^4, \tag{5.13}$$

其中第一个求和号是对各种玻色子求和，第二个求和号是对各种费米子求和，g_i 是第 i 种粒子的自旋态数目，T_i 是第 i 种粒子的温度或粒子在非耦合情况下的有效温度.

由于在相对论阶段 $H=1/(2t)$，宇宙随时间的冷却规律表现为 $tT^2=$ 常数，并且考虑到 $a(t)\sim\sqrt{t}$，可以发现

$$T\sim\frac{1}{a(t)}.\tag{5.15}$$

如果重粒子的能量交换可以忽略的话，那么对于任何膨胀阶段，辐射温度会按照这个规律衰减. 辐射光子对于重粒子的弹性散射会稍微加速冷却进程. 另一方面，重粒子湮灭为相对论粒子的过程，会加热等粒子体并且导致冷却减缓. 5.2.3 节描述了这种冷却与加热机制的起源. 需要注意的是，对于等离子体温度的快速估算，一个简单的近似关系非常有用：以 MeV 作为单位的温度演化，可以等价描述为以秒为单位的宇宙年龄的平方根的演化. 在上述计算中，我们忽略了相对论粒子所具有的化学势. 假设这种化学势非常小，事实上它们的数值的确很小. 例如，夸克的重子化学势大约为 $10^{-9}T$，中微子的轻子化学势比 $0.1T$ 还要小.

可以很明显地发现，对于几乎为零的化学势，由于认为粒子质量等于反粒子质量，粒子的数密度、能量密度与反粒子的数密度、能量密度在平衡态是相等的. 这种相等是 CPT 守恒定律的一个结果. 所以为了描述粒子与反粒子之间的不对称性，有必要引入对于两者不同的化学势. 如果粒子与反粒子数密度不同的结果被保留的话，那么化学势在平衡态并不为零. 此现象可以发生于一些携带守恒量子数的粒子中，如重子数或轻子数，人们认为这些量子数在低能量下守恒.

如我们在下文将看到的那样，在平衡态粒子与反粒子的化学势有相同的数量级与相反的符号，$\bar{\mu}=-\mu$. 利用式(5.4)和(5.5)，可以发现无质量费米子与反费米子的密度差为

$$n-\bar{n}=g_sT^3\frac{\xi^3+\pi^2\xi}{6\pi^2},\tag{5.16}$$

其中 $\xi=\mu/T$ 是无量纲化学势，参见文献[13]. 如下文所述，如果没有像重粒子湮灭那样的熵释放，温度会随着尺度因子的增大而缩小，遵从 $T\sim 1/a$ 和 $\xi=$ 常数的规律. 最后一个条件描述了在共动体积中粒子数守恒，即在随宇宙一起膨胀的体积中，$V\sim a^3$.

5.1.2　动力学方程

这里展示了分布函数演化所满足的动力学方程，这些动力学方程描述了接近平衡态的状态. 考虑等离子体中粒子之间相互作用很弱的情况，方程可写为下面的形式：

$$\frac{\mathrm{d}f^i}{\mathrm{d}t}=[\partial_t+\dot{\boldsymbol{p}}\partial_{\boldsymbol{p}}+\dot{\boldsymbol{r}}\nabla]f^i=I^i_{\mathrm{coll}},\tag{5.17}$$

其中 f_i 是 i 种粒子的分布函数，I^i_{coll} 是描述粒子相互作用的碰撞积分. 该式将在下文具体说明. 在通常情况下，f_i 依赖于时间、空间坐标 $\boldsymbol{r}$ 和粒子的动量矢量 $\boldsymbol{p}$. 有时不写下标 i.

在物质分布均匀和各向同性的情况下，分布函数不依赖空间坐标 $\boldsymbol{r}$ 而仅仅依赖时间 t 与粒子动量 p 的绝对值，所以可以去掉方程左边的最后一项. 利用在 4.4 节中讨论过的方法，可以发现在 FRW 背景中 $\dot{p}=-Hp$. 因此可以将方程左边重写为

$$\frac{\mathrm{d}f^i}{\mathrm{d}t}=[\partial_t+\dot{p}\partial_p]f^i=Hx\partial_x f^i(x,\ y^i)=I^i_{\mathrm{coll}},\tag{5.18}$$

其中 $x=m_0a$，$y_i=p_ia$，m_0 是一个任意的带有质量量纲的归一化常数. 原初等离子体温度通

常会随宇宙学尺度因子下降，参见式(5.15)，并且在这个过程中定义 $x = m_0/T$，$y = p/T$ 是非常方便的.

令 X，Y 表示某些任意的、常见的复合粒子态，反应过程 $i + Y \leftrightarrow Z$ 的碰撞积分有如下形式：

$$I^i_{\text{coll}} = \frac{(2\pi)^4}{2E_i} \sum_{Z,Y} \int \mathrm{d}\nu_Z \mathrm{d}\nu_Y \delta^4(p_i + P_Y - P_Z)$$
$$\times \left[| A(Z \to i + Y) |^2 \prod_Z f \prod_{i+Y} (i \pm f) - | A(i + Y \to Z) |^2 f_i \prod_Y f \prod_Z (1 \pm f) \right], \tag{5.19}$$

其中 $A(i + Y \to Z)$ 是从 $i + Y$ 态到 Z 态的跃迁振幅，$\prod_Y f$ 是组成 Y 态的分布函数的连乘，$\prod(1 \pm f)$ 的正号代表玻色子，负号代表费米子，$P_{Z,Y}$ 是 Z 态或 Y 态的总动量，并且

$$\mathrm{d}\nu_Y = \prod_Y \bar{\mathrm{d}}p \equiv \prod_Y \frac{\mathrm{d}^3 p}{(2\pi)^3 2E}. \tag{5.20}$$

这样便可以轻松理解 I_{coll} 中的各项含义. 因子 $1/2E$ 与振幅的相对论不变性规范有关. δ 函数保证了反应中能量-动量守恒. 积分是对相空间中除 i 粒子之外所有参与进来的粒子进行的. 反应概率明显地与初态粒子密度与末态的费米抑制或玻色增强因子成正比，这是 f_{in} 的连乘与 $(1 \pm f_{fin})$ 的连乘所导致的结果.

根据定义，平衡态分布函数是使碰撞积分为零的函数，即 $I_{\text{coll}}[f_{\text{eq}}] = 0$. 如果保留这种关于时间反演的不变性，并且玻尔兹曼统计近似 $f_{\text{eq}} = \exp(\mu - E)/T$ 有效的话，那么就可以轻松地验证这一点. 由于时间反演不变性，运动学变量经过时间反演后，正逆反应振幅的绝对值相等，即动量与自旋变号. 由于在碰撞积分中，求和的对象为所有自旋态，积分的对象为动量，这种变号是无关紧要的，并且可以认为正逆反应振幅相等，因此碰撞积分包含下面的这个因子：

$$\prod_{\text{in}} f_{\text{in}} \prod_{\text{fin}} (1 \pm f_{\text{fin}}) - \prod_{\text{fin}} f_{\text{fin}} \prod_{\text{in}} (1 \pm f_{\text{in}}). \tag{5.21}$$

对于 $f \ll 1$，玻尔兹曼统计是合理的，故这个因子可以简化为 $\prod_{\text{in}} f_{\text{in}} - \prod_{\text{fin}} f_{\text{fin}}$. 如果化学势的一般平衡条件

$$\sum \mu_{\text{in}} = \sum \mu_{\text{fin}} \tag{5.22}$$

得到满足，那么根据化学势平衡与能量守恒，两式间的差别显然消失.

我们把下面的两个证明留作练习：

(1) 对于量子(玻色或费米)统计，式(5.21)依然为零.

(2) 即使 T 不变性没有得到满足，碰撞积分依然为零.

对于读者来说，后一个证明可能会比较难，可参见文献[2]Dolgov 的证明.

在不存在外部的时间依赖的场的情况下，能量守恒条件自动得到满足，但化学势守恒式(5.22)只在平衡态下才会成立. 如果非弹性反应的影响足够大的话，系统将朝着 μ 不变的状态演化. 弹性反应不会强化条件(5.22)，原因在于对于弹性反应，此条件是自动得到满足的，故弹性反应中化学势不会发生演变. 高效的弹性散射反应会诱导出随能量分布的正则形式，对于弹性反应的平衡态，f 对能量的依赖采取 $f \sim \exp[(\mu - E)/T]$ 的玻尔兹曼形式或 $f = 1/[\exp(E -$

$\mu)/T \pm 1]$ 的形式，但是参数 μ 可以为任意值. 只有当所研究的问题是粒子数不守恒的非弹性反应时，才能得出平衡条件(5.22).

为了理解非弹性反应扮演的角色，考虑正负电子对湮灭为两个或 3 个光子的过程. 如果这些反应足够快，它们满足下述条件：

$$\mu_{e^-} + \mu_{e^+} = 2\mu_\gamma = 3\mu_\gamma. \tag{5.23}$$

在平衡态变为如下形式：

$$\mu_\gamma = 0,\ \mu_{e^+} = -\mu_{e^-}. \tag{5.24}$$

这表明在一般情况下，如果粒子数不守恒，在平衡态下一类粒子的化学势为零，并且粒子与反粒子的化学势大小相等、符号相反.

注意到玻色子的化学势以它们的质量为上限，即 $\mu \leqslant m$，否则在某些低动量($p^2 < \mu^2 - m^2$) 情况下分布函数将为负值，这在物理上是没有意义的. 现在出现了一个有趣的问题. 如前文所述，为了描述粒子与反粒子数密度的不对称，我们引入了化学势. 考虑一种等离子体，在这种等离子体中玻色子与反玻色子相比稍过量，两者差别如果足够小的话，等离子体便可以被一个经过恰当选择的化学势来描述. 但是如果这种不对称性继续增加会怎样呢? 化学势也会增加，直至达到最大值 $\mu = m$. 再继续增加呢? 答案是过大的不对称性导致玻色凝聚态的出现，并且平衡态分布采取以下形式：

$$f_{\rm eq}^B(E,\ T,\ m,\ C) = \frac{1}{\exp[(E-m)/T]-1} + \frac{C}{(2\pi)^3}\delta^{(3)}(\boldsymbol{p}). \tag{5.25}$$

最后一项与动量的 δ 函数成比例，描述了分布的凝聚部分，其中常数 C 是凝聚振幅. 可以看出函数 $f_{\rm eq}^B(E,\ T,\ m,\ C)$ 是一个平衡态分布函数，即当且仅当 $\mu = m$ 时，这个函数使碰撞积分为零. 我们把这个问题的证明留作练习.

注意到平衡态分布函数总是被两个参数所决定，其中一个是对所有粒子都相同的温度，另一个是化学势，对不同种类的粒子化学势通常不同. 如果 $\mu = m$ 固定了化学势的最大值，分布函数中便会出现另一个参数——凝聚振幅 C.

由于碰撞积分在 $f = f_{\rm eq}$ 时为零，故总可以近似为

$$I_{\rm coll} \approx -\Gamma(f - f_{\rm eq}), \tag{5.26}$$

其中，Γ 是有效反应率. 这个近似并不非常精确，而且不总是适用的，但是在某些情况下，它会显得非常合理. 我们用这个方程来估计 FRW 背景中重粒子对平衡态的偏离. 假定这个偏离非常小，并且分布函数可以写为

$$f = f_{\rm eq} + \delta f. \tag{5.27}$$

利用在式(5.18)后引入的变量 x 和 y，可以把 $f_{\rm eq}$ 写为下面的形式：

$$f_{\rm eq} = \frac{1}{\exp(\sqrt{x^2+y^2}) \pm 1}, \tag{5.28}$$

其中忽略了可能存在的化学势.

将式(5.28)带入动力学方程(5.18)，其中碰撞积分采用(5.26)的形式，可以发现

$$\frac{\delta f}{f_{\mathrm{eq}}}=\frac{Hx}{\Gamma}\frac{\partial_x f_{\mathrm{eq}}}{f_{\mathrm{eq}}}=-\frac{Hx^2}{\Gamma\sqrt{x^2+y^2}}=-\frac{m^2H}{TE\Gamma},\tag{5.29}$$

其中采纳了归一化质量 m_0，等于当下考虑的粒子质量. 利用式(5.14)的 H 与 $T\sim m$，可以估计平衡态偏离为 $\delta f/f_{\mathrm{eq}}\sim m^2/(M_{\mathrm{Pl}}\Gamma)$. 在通常情况下，$\Gamma\sim\alpha^n m$，$\alpha\sim10^{-2}$，对于衰变 $n=1$，对于两体反应 $n=2$. 所以对于低于 10^{16}GeV 的粒子质量，热平衡的偏离是非常小的.

正如在式(5.2.9)中看到的，宇宙膨胀不会破坏无质量粒子的平衡态. 即使切断粒子间的相互作用，在温度与可能的化学势按照 $1/a$ 下降的情况下，分布依然会保持为平衡态的形式. 实际上，动力学方程的左边可以写为(这里回到标准变量 p 和 t)

$$(\partial_t-Hp\partial_p)f_{\mathrm{eq}}\left(\frac{E-\mu(t)}{T(t)}\right)=\left[-\frac{\dot{T}}{T}\frac{E-\mu}{T}-\frac{\dot{\mu}}{T}-\frac{Hp}{T}\right]f'_{\mathrm{eq}},\tag{5.30}$$

其中“$'$”代表对自变数$(E-\mu)/T$ 的导数. 如果 $\dot{\mu}=\dot{T}/T=-H$，且 $E(\dot{T}/T)=-Hp$，方括号中的因子将为零，这种情况只在 $E=p$(即 $m=0$) 时才会出现. 这正好能够解释观测到的 CMB 完美平衡态光谱. 注意到 $\mu/T=$ 常数表明在共动体积中粒子数守恒，即 $n\sim T^3$；然而对于 CMB，由于 $\mu/T\ll1$，这并不是很重要.

5.1.3 等离子体加热与熵守恒

前文叙述了由无质量粒子与极轻粒子($m\ll T$) 构成的等离子体的温度按照 $1/a(t)$ 下降的规律. 若 $m\sim T$ 的重粒子占据显著的比例，这个简单的规律将被破坏. 这里有几个非常有启发性的例子，可以帮助我们理解偏离 $1/a$ 律的原因.

首先考虑与其他等离子体达到热平衡的轻粒子. 它们的分布满足平衡形式(5.4)，其中 $\exp(E/T)=\exp(\sqrt{x^2+y^2})$. 如果在某个温度 T_d 下这些粒子完全停止反应，那么分布将变为

$$\exp(E/T)=\exp(\sqrt{x_d^2+y^2}),\tag{5.31}$$

其中 $x_d=m/T_d$. 中微子提供了一个实际的例子，它的 $T_d\sim1$ MeV 并且 $x_d\ll1$ (参见 5.3.1 节). 可以预计在中微子的耦合期过后，分布形式为

$$f_\nu=\frac{1}{\exp(p/T_\nu)+1},\tag{5.32}$$

其中 T_ν 不为温度的含义，因为对于分布依赖于 E/T 时的平衡态情况，温度是确定的. 对于非相互作用粒子，参数 T_ν 总是按照 $1/a$ 的规律下降. 对于无质量粒子，T_ν 是真正的温度.

如果重粒子处于相互平衡状态且不与其他物质发生反应，上述情形将会有所不同. 在这种情况下，分布会有式(5.4)的平衡形式，但是温度的变化规律不再为 $T\sim1/a$. 一个简单而有趣的例子是具有足够强弹性散射的非相对论粒子集合维持着对能量的正则分布，而它们的湮灭则会中断这种分布，所以共动体积中的数密度保持为常数. 如果后者是存在的，且粒子与反粒子数密度相等，那么为了实现这一点，应当建立一种对于粒子与反粒子都相同的有效化学势 $\mu\sim m$. 由于在这个条件下，f_{eq}依赖于 $p^2/(2mT)$，共动体积中不变的数密度表明 $T\sim1/a^2$.

如果存在一种相对论与非相对论物质的混合物且两者之间有能量交换，那么在重粒子不会发生湮灭的情况下，等离子体的冷却规律将会介于 $T\sim1/a$ 与 $T\sim1/a^2$ 之间. 非湮灭重粒子

的出现，表现为一个额外的冷却动因，从而导致一个比 $1/a$ 律更快的温度下降.

若湮灭是至关重要的，由于积累在粒子质量中的能量释放，冷却将会进行得比 $1/a$ 慢. 在每单位共动体积中利用熵守恒律，便可以得出冷却规律

$$\frac{\mathrm{d}S}{\mathrm{d}t} \equiv \frac{\mathrm{d}}{\mathrm{d}t}\left(a^3 \frac{\rho + P}{T}\right) = 0, \tag{5.33}$$

上式能按照如下步骤导出. 式(5.6)和(5.7)对各类粒子求和，可以给出总压力与能量密度. 对于相对论粒子(基本无质量)，

$$s = \frac{\rho + P}{T} = \frac{2\pi^2}{45} g_*^s T^3, \tag{5.34}$$

其中 $g_*^s = g_b + (7/8) g_f$，参见式(5.9)后的评论. 对于零化学势的平衡态分布熵是守恒的. 实际上一个更弱的条件即可实现这一点，即 f 是 E/T 的函数，其中 T 为一个以时间作为自变量的任意函数. 为了得出式(5.33)，可以利用协变能量守恒 $\dot{\rho} = -3H(\rho + P)$，式(4.12)与压力演化律

$$\dot{P} = \frac{\dot{T}}{T}(\rho + P), \tag{5.35}$$

上式可以通过对式(5.7)关于时间求导、再对结果进行分步积分的方法获得.

考虑一种由光子与正负电子对组成的等离子体，它们的初始温度超过电子的质量 $T_{\mathrm{in}} > m_e$，末态温度 $T_{\mathrm{fin}} \ll m_e$，这实际表明在末态所有电子与正电子都湮灭掉. 事实上，电子与正电子相比稍微过量一点，但是在此忽略这一点. 完全被 γ，e^+ 和 e^- 占据的等离子体的初始熵为 $(11\pi^2/45)(a_{\mathrm{in}} T_{\mathrm{in}})^3$，末态熵为 $(4\pi^2/45)(a_{\mathrm{fin}} T_{\mathrm{fin}})^3$. 利用守恒律(5.33)，可以发现光子温度比 $1/a$ 下降得更缓慢，

$$\frac{T_{\mathrm{fin}}}{T_{\mathrm{in}}} = \left(\frac{11}{4}\right)^{1/3} \frac{a_{\mathrm{in}}}{a_{\mathrm{fin}}}. \tag{5.36}$$

这个结果将会在 5.3 节计算中微子与光子的温度比时用到.(如果等离子体中所有成分都有相同的温度，那么 $g_* = g_*^s$. 如果不是这种情况，就会得到与式(5.12)相对应的 g_*^s 为

$$g_*^s(T) = \sum_{\text{bosons}} g_i \left(\frac{T_i}{T}\right)^3 + \frac{7}{8} \sum_{\text{fermions}} g_i \left(\frac{T_i}{T}\right)^3, \tag{5.37}$$

g_*^s 与 g_* 可能会不同.)

5.2 种类冻结

根据上文的简单估计，在某个温度范围内，原初等离子体的粒子间有一个非常好的接触，从而使得热平衡得以建立. 当温度下降时，某些粒子与其他等离子体的作用将变得太过微弱以致不能维持平衡，进而形成自己的自由生活. 这个过程被称为种类冻结，存在两种可能的终结相互作用的方式.

第一种是相互作用强度随能量下降. 在这种情况下，退耦合的粒子在退耦合的时刻基本上是相对论性的，并且被冻结的粒子数密度与 CMB 光子的数密度相接近. 这种冻结方式发生在

相互作用很弱的粒子(如中微子)中.

第二种冻结方式发生于相互作用强烈的粒子中. 它们与等离子体间可以存在强烈的弹性联系,但是由于它们的数量极其微小以致不可能找到一个伙伴一起“自杀”,从而停止了湮灭过程. 因此在共动体积中此类粒子的数密度将保持为常数. 这种冻结方式称为非相对论冻结. 根据这种机制,暗物质粒子的数密度为固定值.

5.2.1 退耦合与 Gershtein-Zeldovich 限制

中微子是处于相对论状态的粒子退耦合的一个例子. 中微子在低能情况下,即其能量低于 W 和 Z 玻色子的质量时,具有由费米耦合常数 $G_F \approx 10^{-5}\ \text{GeV}^{-2}$ 决定的四费米相互作用. 因此,中微子对带电轻子和其他中微子的散射截面与 $\bar{\nu}\nu$ 的湮灭截面有相同数量级,即 $\sigma_W \sim G_F^2 s$,其中 $s = (p_1 + p_2)^2$ 是碰撞粒子在质心系中的总能量. 相应的反应率为 $\Gamma_W = \sigma_W n \sim G_F^2 T^5$,将它与哈勃参数 $H \sim T^2/M_{\text{Pl}}$ 相比较,将会得出温度在

$$T_f \sim m_N \left(\frac{10^{10} m_N}{M_{\text{Pl}}} \right)^{1/3} \sim \text{MeV} \tag{5.38}$$

以下时平衡态被打破的结论. 其中 $m_N \sim 1\ \text{GeV}$ 是核子质量. 若 T_f 比 m_e 更大或更小,则有必要进行更精确的计算,这对计算当前宇宙残留中微子数密度 n_ν 与中微子质量 m_ν 的宇宙学限制十分重要.

若要更精确地计算正负电子对等离子体退耦合温度,可以在玻尔兹曼近似下利用动力学方程,在近似中只需考虑电子中的直接反应,即 νe 弹性散射与 $\nu\bar{\nu}$ 湮灭

$$Hx \frac{\partial f_\nu}{f_\nu \partial x} = -\frac{80 G_F^2 (g_L^2 + g_R^2) y}{3\pi^3 x^5}. \tag{5.39}$$

对于中微子反应振幅,利用其精确表达式,g_L 和 g_R 是量级为 1 的常数,且对于 ν_e 和 $\nu_{\mu,\tau}$ 它们分别有不同值(参见关于弱相互作用力的教材). 无量纲参数 x 是以温度作为单位的中微子能量,即 $x = E/T$. 从这个方程可以清楚地看出解冻温度 T_f 依赖于中微子动量 $y = p/T$,并且可导致耦合中微子的能谱失真,详见下文所述. 对于中微子,动量的平均值 $y = 3$,与 $e^{\pm}$ 退耦合的温度为

$$T_{\nu_e} = 1.87\ \text{MeV},\ T_{\nu_\mu,\nu_\tau} = 3.12\ \text{MeV}. \tag{5.40}$$

对于可以改变中微子数密度的湮灭 $\nu\bar{\nu} \leftrightarrow e^+ e^-$,退耦合温度为 $T_{\nu_e} \approx 3\ \text{MeV}$(对于 ν_e),$T_{\nu_\mu,\nu_\tau} \approx 5\ \text{MeV}$(对于 v_μ, v_τ).

把中微子经历的所有反应都考虑进来,包括弹性 νe 散射和所有的 $\nu\nu$ 散射,需要在式(5.39)中作代换 $(g_L^2 + g_R^2) \leftrightarrow (1 + g_L^2 + g_R^2)$. 由这种方式可以发现中微子将完全退耦合,并且当温度下降到

$$T_{\nu_e} = 1.34\ \text{MeV},\ T_{\nu_\mu,\nu_\tau} = 1.5\ \text{MeV}. \tag{5.41}$$

以下时,中微子开始在宇宙中自由传播. 中微子退耦合温度的精确计算参见文献[3].

总之,当等离子体中有大量 e^+e^- 时,各种味道的中微子的退耦温度比电子质量要高. 所以 e^+e^- 湮灭加热了光子气体,而中微子温度却不会改变,并且按照 $1/a$ 的规律下降. 在高温时,中微子密度与光子密度的比率为 $(n_\nu + n_{\bar{\nu}})/n_\gamma = 3/4$. 假定中微子的化学势为零,故 $n_\nu = n_{\bar{\nu}}$. 对于

非零 μ_ν，中微子与反中微子的总粒子数密度将会更大，与 μ_ν^2 成正比. 另一个重要的假定是原初等离子体中只会出现中微子的一个自旋态. 如果中微子没有质量或者有一个 Majorana 质量，那么只有左旋态是存在的. 然而，有狄拉克质量的重中微子共有 4 种自旋态：左旋正反中微子和右旋正反中微子. 参与常见弱相互作用的中微子是左旋态，即它们的螺旋性(自旋在中微子动量方向上的投影)等于 $-1/2$，而反中微子的螺旋性等于 $+1/2$. 右旋中微子必须通过弱相互作用产生，但有很小的可能性与 $\Gamma_R \sim (m_\nu/E)^2\Gamma_L \sim G_F^2 m_\nu^2 T^3$ 成正比，其中 Γ_L 是一般的弱相互作用中左旋中微子的反应概率. 重新将左旋中微子平衡条件(5.38)调节为右旋的形式，可以发现如果 $m_\nu < 1$ eV，在 $T_R \sim (G_F^2 m_\nu^2 M_{\rm Pl})^{-1} \geqslant 10^{10}$ GeV 时，ν_R 会达到平衡态密度. 然而当能量等于或大于弱玻色子质量时，弱相互作用截面不但会停止增长，而且会按照$\sigma_W \sim \alpha^2/T^2$ 的规律下降，其中耦合常数 $\alpha \sim 0.01$. 当质心系中对撞轻子的质量与 W 或 Z 玻色子质量的一半相等时，在 W 与 Z 玻色子的共振态附近，相互作用有一个锋利的最大值. 在共振态 ν_R 产生率得到很大的提高，但是 ν_R 的平衡态密度仍然只有在 $m_\nu > 2$ keV 的条件下才能达到. 细节方面的讨论可以参见文献[3]的 6.4 节. 如果 ν_R 可以通过一个与弱电相互作用强度相当的新相互作用产生，那么 ν_R 的数密度将不会被限制. 我们将在本书 8.7 节中看到，一个关于诞生在 BBN 中轻元素丰度的分析，将允许我们对这种相互作用强度界限进行限制.

在某些高温时刻，即使 ν_R 的数量非常丰富，由于重粒子湮灭产生的熵释放，它们相对于 ν_L 的数密度也会被限制在 1 MeV 以下. 这个效应与在 5.2.3 节中讨论的由 e^+e^- 湮灭而导致的光子加热机制十分类似. 因此，可以得出在 MeV 温度的宇宙等离子体中 ν_R 实际上是不会出现的.

一般左旋中微子的数密度与中微子退耦和 e^+e^- 湮灭产生的光子的数密度之比，可由它们各自温度的立方之比给出，$n_\nu/n_\gamma = (3/4)(T_\nu/T_\gamma)^3$，其中 $T_\nu/T_\gamma = (4/11)^{1/3}$，参见式(5.9). 这对任何味道的中微子 ν_e，ν_μ 与 ν_τ 都是成立的，或者换种更好的说法，就是对 3 种中微子质量本征态中的任何一种都是成立的. 然而要注意在一个热的宇宙等离子体中，中微子哈密顿量的本征态与真空中的不同.

退耦合的中微子温度按 $T \sim 1/a$ 的规律下降，然而 T_γ 下降得要更慢一点，正如式(5.37)给出的那样. 因此

$$\frac{n_{\nu_L} + n_{\bar{\nu}_L}}{n_\gamma} = \frac{3}{11}, \tag{5.42}$$

并且中微子温度与光子温度之比为

$$\frac{T_\nu}{T_\gamma} = \left(\frac{4}{11}\right)^{1/3} = 0.714. \tag{5.43}$$

实际上只有当 $T \gg m_\nu$ 时，才能在中微子退耦合后谈论它的温度，参见 5.4 节的末尾.

在标准宇宙学模型中，中微子与光子的数密度在共动体积中为常数，所以可以计算当前宇宙中的中微子数密度，进而得知目前 CMB 光子的数密度，$n_\gamma = 0.2404 T^3 = 411(T/2.725\,\text{K})^3\ \text{cm}^{-3}$，参见式(10.19)：

$$n_\nu = 56\ \text{cm}^{-3} \sum\nolimits_{\text{species}} = 336\ \text{cm}^{-3}, \tag{5.44}$$

这里的求和是在假定所有的质量本征态都被等概率地占据，并且中微子与反中微子密度相等(即 $\mu_\nu = \mu_{\bar{\nu}} = 0$) 的情况下对所有的中微子和反中微子进行的.

在当前宇宙中中微子能量密度一定要比物质总能量密度 ρ_m 小. 这导致下述中微子 3 种质量本征态的质量求和上限

$$\sum m_{\nu_j} < 94\text{eV}\Omega_m h^2. \tag{5.45}$$

由于 $h^2 \approx 0.5$, $\Omega_m \approx 0.25$, 并且不同中微子的质量几乎相等,根据下述关于中微子振荡的数据,可以发现对于任一中微子,质量本征态 $m_\nu < 5$ eV. 此界限由 Gershtein 和 Zeldovich 在 1966 年的一篇原创性论文(参见文献[9])中提出. Cowsik 和 McClelland 在 6 年后得到了相类似的结果[1],但是他们假定中微子所有的自旋态(左旋和右旋)都被等概率地占据,并且没有考虑 e^+e^- 湮灭产生的光子加热,在结果中他们由于一个粗略的因子 7 而高估了中微子密度. (5.42)式的结果成为关于 m_ν 的宇宙学限制工作的奠基石,目前人们已经获得更好、更精确的结果. 通过考虑在 $\Omega_{\text{HDM}} > 0.3\Omega_{\text{CDM}}$(见本书 9.2 节)的条件下宇宙结构的形成将会被限制在小尺度中的情况,Gerhstein-Zeldovich (GZ)限制可以立刻被强化. 这样将会给出 $m_\nu < 1.7$ eV. 最近,对宇宙大尺度结构与 CMB 角扰动光谱临时数据的详细研究,给出的界限为 $m_\nu < 0.3$ eV, 这几乎比实验室直接测量给出的结果高出一个数量级. [17]

下一个问题是 GZ 限制究竟有多强? 有没有可能通过优化标准图像来避免或削弱它? 这个限制主要基于下述几点猜想:

(1) $T \sim 1$ MeV 时,ν, $e^\pm$ 与 γ 之间的热平衡. 如果宇宙从未处于 $T \geqslant 1$ MeV 的状态,中微子可能会不足,并且 GZ 限制将会弱许多. 然而,BBN 中一个对轻元素产生过程的成功描述,使得在宇宙演化中减少 MeV 平衡态中微子的数目变得困难或者不可能.

(2) 极小的轻子不对称. 一个非零轻子不对称,将会导致中微子与反中微子的数密度之和与能量密度之和均变得更大,并且 GZ 限制将会更强.

(3) 中微子退耦合后没有额外的 CMB 光子的产生来源. 严格地说,这不是排除而是强烈的约束. 如果额外光子在 BBN 终结之前产生出来,它们可能会扭曲轻元素的数量. BBN 之后的额外光子产生,将会导致 CMB 能谱的失真,所以仅余非常小的自由,不足以从根本上改变 n_ν/n_γ.

(4) 宇宙学尺度上的中微子稳定性,$\tau_\nu > t_U$. 就算中微子衰变为其他种类的正常中微子,如 $\nu_\mu \rightarrow \nu_e + X$, 中微子的数目也不会改变,最轻的中微子的质量限制也不会受到扰动,但是重中微子衰变会有所不同. 如果中微子衰变为一种新的更轻的费米子,如惰性中微子,那么对于各种中微子来说限制可能会被弱化.

(5) $\nu + \bar{\nu}$变为一对(伪)Goldstone 玻色子的非后期湮灭,如马约子(majorons). 对于明显的湮灭,中微子与马约子的极强耦合必须发生,这一点可能会被天体物理的结果排除.

所以我们不得不得出一个结论,那就是没有简单的方法来削弱 GZ 限制.

5.2.2 非相对论粒子的冻结

重的且存在足够强相互作用的粒子可能会在温度比它们的质量小很多($T_f < m_h$) 的原初等离子体中退耦. 退耦之后,这些粒子的数密度停止按照玻尔兹曼压低 $\exp(-m_h/T_f)$ 的规律下降,而是在共动体积中仍然保持为常数. 之所以发生这种情况,是因为粒子数密度已经按照 $\exp(-m_h/T_f)$的压低变得非常小,从而使得粒子找到一个"伙伴"进行湮灭自毁的过程变得非常困难. 人们当然可以把这些粒子视为稳定的. 在英文文献中,这个现象被称为冻结. 在俄语文献中,此现象被最初这个领域的先驱 Zeldovich 建议命名为"猝冷"(quench).

退耦合时重粒子数密度如下式所示：

$$n_h/n_\gamma \sim (m_h/T_f)^{3/2} e^{-m_h/T_f} \ll 1, \tag{5.46}$$

所以这类粒子可能会具有比 GZ 限制所允许的质量大得多的质量，并且可以产生宇宙学所感兴趣的冷暗物质，其 $\Omega_h \sim 1$. 这类粒子被冻结的数密度由湮灭截面决定，并且可以由一个简单的表达式给出，参见下文或者文献[8]的推导：

$$\frac{n_h}{n_\gamma} \approx \frac{(m_h/T_f)}{\langle \sigma_{\text{ann}} \nu \rangle M_{\text{Pl}} m_h}, \tag{5.47}$$

其中 $m_h/T_f \approx \ln(\langle \sigma_{\text{ann}} V \rangle M_{\text{Pl}} m_h)$，约为 10～50. 为了导出式(5.47)，我们不得不用数值求解描述重粒子数密度演化的动力学方程，进行一定程度的解析计算非常有益，除此之外，解析结果也可能会非常精确. 粒子冻结量的计算经常基于下述几个假定：

(1) 玻尔兹曼统计. 对于 $T < m$ 时的重粒子，由于其分布函数非常小($f_h \ll 1$)，玻尔兹曼分布通常是一个很好的近似.

(2) 通常假定重粒子与它们的反粒子的数密度在经过仔细审查后是相等的，所以在高温的完全热平衡态(即 $T \geqslant m$) 中，它们的化学势为零.

(3) 在低温重粒子处于动力学平衡态而不是化学平衡态，即它们的分布函数形式如下：

$$f_h = \mathrm{e}^{-E/T+\xi(t)}, \tag{5.48}$$

其中 $\xi = \mu/T$，是以温度为单位的有效化学势. 化学平衡可以通过湮灭过程得到加强，但这一过程需要粒子的反粒子"伙伴"参与. 然而，在 $T < m$ 时的反粒子数密度被指数压低. 在另一方面，动力学平衡需要大量轻粒子相遇. 这也是化学平衡比动力学平衡的停止时间要早得多的原因.

(4) 人们认为由 h 与 $\bar{h}$ 湮灭产生的轻粒子与通过相反过程产生的 $h\,\bar{h}$ 对处于完全热平衡中.

(5) 根据假定，重粒子的电荷不对称可以忽略，因此粒子与反粒子的有效化学势相等，$\xi = +\bar{\xi}$. 有时这一限制会被取消，并且这种不对称性变得至关重要. 在这种情况下，湮灭进行得更加高效，并且 h 的剩余丰度由它们电荷不对称的程度所决定.

在这些假定下，动力学方程转变为普通的微分方程，这一点由 Zeldovich 在 1965 年得出[21]，并且在 Zeldovich 等人的工作中用于计算非禁闭重夸克的冻结数密度.[23] 1978 年，这个方程在 Lee，Weinberg 和 Vysotsky 等人的工作中，用于计算稳定重轻子的冻结数密度.[14, 20] 此后这个方程被称为 Lee-Weinberg 方程，尽管把它叫做 Zeldovich 方程更为合适.

这个方程有下述 Riccati 型的形式：

$$\dot{n}_h + 3Hn_h = \langle \sigma_{\text{ann}} \nu \rangle (n_h^{\text{eq}2} - n_h^2), \tag{5.49}$$

其中 n_h 是这些重粒子的数密度，n_h^{eq} 是它的平衡值，$\langle \sigma_{\text{ann}} \nu \rangle$ 是湮灭截面积与湮灭粒子速度乘积的热力学平均值，

$$\langle \sigma_{\text{ann}} \nu \rangle = \frac{(2\pi)^4}{(n_h^{\text{eq}})^2} \int \mathrm{d}\,\bar{p}_h \,\mathrm{d}\,\bar{p}_{\bar{h}} \,\mathrm{d}\,\bar{p}_f \,\mathrm{d}\,\bar{p}_{f'} \delta^4(p_{\text{in}} - p_{\text{fin}}) \mid A_{\text{ann}} \mid^2 e^{-(E_p+E_p{}')/T}, \tag{5.50}$$

其中 $\mathrm{d}\,\bar{p} = \mathrm{d}^3 p/[2E(2\pi)^3]$. 湮灭(与反湮灭)被假定为一个简单的两体过程，即 $h+\bar{h} \leftrightarrow f+\bar{f}$.

式(5.50)的积分可以被化为单变量，并且可以发现[10]

$$\langle\sigma_{\text{ann}}\nu\rangle=\frac{x}{8m_h^5K_2^2(x)}\int_{4m_h^2}^{+\infty}\mathrm{d}s(s-4m_h^2)\sigma_{\text{ann}}(s)\sqrt{s}K_1\left(\frac{x\sqrt{s}}{m_h}\right),\tag{5.51}$$

其中 $x=m_h/T$, $s=(p+\bar{p})^2$,K_1 与 K_2 是变形贝塞尔函数. 在通常情况下,$x\gg1$,并且在阈值附近 $\sigma_{\text{ann}}\nu\rightarrow$常数,所以热平均积刚好化简为$\sigma_{\text{ann}}\nu$ 的阈值. 若湮灭截面在阈值附近发生显著的改变,式(5.51)将会非常有用.

至于式(5.49)的导出,可以从一般的动力学方程开始,

$$\partial_t f-Hp\partial_p f=I_{\text{el}}+I_{\text{ann}},\tag{5.52}$$

其中只考虑重粒子的两体反应过程. 碰撞积分中的 I_{el} 项反映弹性散射,I_{ann} 项反映两体湮灭. 当 $T<m_h$ 时,由于重粒子密度的指数压低($f_h\sim\exp(-m_h/T)$),前者比后者要大得多. 由于 I_{el} 比较大,故动力学平衡得到强化,也就是说,随能量的正则玻尔兹曼分布为

$$f_h=\exp[-E/T+\xi(t)].\tag{5.53}$$

有了这种形式的 f_h,可以将式(5.52)两边对 $\mathrm{d}\bar{p}$ 积分,并且较大的弹性碰撞积分项消失,但是它的影响还会残留在分布(5.53)中.

至于最后一步,通过 n_h 将 $\xi(t)$表达为

$$\exp(\xi)=\frac{n_h}{n_h^{\text{eq}}},\tag{5.54}$$

并且可以得到式(5.49). 这个方程可以被解析、近似但不失精确地求解. 在高温 $T\geqslant m_h$ 时,湮灭率通常非常高,

$$\sigma_{\text{ann}}\nu n_h/H\gg1,\tag{5.55}$$

因此对于湮灭反应,平衡近似可以维持,从而可以写出 $n_h=n_h^{\text{eq}}+\delta n$,其中 δn 是一个小量. 引入粒子数密度与熵的无量纲比($r=n_h/s$) 会很方便,根据式(5.33),共动体积中熵守恒,$\dot{s}=-3Hs$,所以宇宙膨胀的影响从方程中消失,

$$\dot{n}+3Hn=s\dot{r},\tag{5.56}$$

引入新变量 $x=m_h/T$,并且假定$\dot{T}=-HT$,若通过重粒子湮灭产生的熵释放非常小,此假定便近似成立. 可以得到方程

$$r'=Qx^{-2}(r_{\text{eq}}^2-r^2),\tag{5.57}$$

其中"$'$"代表对 x 的导数,$Q=g_s^*\sqrt{90/8\pi^3g^*}\,\sigma_{\text{ann}}\nu m_hM_{\text{Pl}}\gg1$, g_s^* 由式(5.34)定义,哈勃参数由式(5.14)给出,并且根据式(5.8)和(5.10),有

$$r_{\text{eq}}(x)=\frac{g_h}{g_s^*}\mathrm{e}^{-x}\left(\frac{x}{2\pi}\right)^{3/2}.\tag{5.58}$$

由于式(5.57)括号前的系数 Q 较大,r 应当微弱地偏离平衡态,可以写出 $r=r_{\text{eq}}(1+\delta r)$,其中 $\delta r\ll1$. 这就是所谓的驻点近似,这暗示伴随着一个精确的 $1/Q$ 项,方程右边与 Q 相乘的因子为零. 可以写出

$$\delta r\approx-\frac{r'_{\text{eq}}x^2}{2Qr_{\text{eq}}^2}.\tag{5.59}$$

由于 $r_{\rm eq}$ 指数下降，δr 指数升高，粗略地说当 δr 达到 1 时此近似不再成立. 此后用另一个近似(即忽略 $r_{\rm eq}^2$)，将方程对 r 解析地积分并获得最终结果(5.47). 为了导出结果，假定湮灭在 s 波中进行，所以乘积 $\sigma_{\rm ann}\nu$ 趋向于一个非零常数. 对于更高的分波，其湮灭截面为零，因为其正比于碰撞粒子的质心 3 -动量. 对于这种情况，结果可以很容易得到推广，本书把它的推导作为一道练习题. 求解方程(5.49)的另一种方式是将 Riccati 型转变为 2 阶 Schrödinger 型，并且在准经典近似下对后者积分.

把所得结果应用到最轻的超对称粒子(LSP)的冻结粒子数密度计算上，该粒子在 R 宇称守恒的条件下必为稳定的，并且是暗物质的一个受欢迎的候选对象(此内容将在本书 9.2.1 中作简短的讨论). 湮灭截面估计为

$$\sigma_{\rm ann}\nu \sim \alpha^2/m_{\rm LSP}^2, \tag{5.60}$$

因此 LSP 的能量密度为

$$\rho_{\rm LSP} = m_{\rm LSP}n_{\rm LSP} \approx \frac{n_\gamma m_{\rm LSP}^2}{M_{\rm Pl}}\ln\left(\frac{\alpha^2 M_{\rm Pl}}{m_{\rm LSP}}\right). \tag{5.61}$$

对于 $m_{\rm LSP} = 100$ GeV，在最小的超对称中这是一个合理的值，可以发现

$$\Omega_{\rm LSP} \approx 0.05. \tag{5.62}$$

这个值与观测到的 0.25 非常接近，并且使 LSP 自然地成为暗物质的一个候选对象.

另一个有趣的例子是磁单极的冻结数密度，这可能存在于包含 $O(3)$ 子群的规范理论的自发破缺中.[8, 12] 磁单极湮灭截面可以估计为

$$\sigma_{\rm ann}\nu \sim g^2/M_M^2, \tag{5.63}$$

其中 M_M 是磁单极的质量. 因此，目前宇宙的磁单极密度为[19, 22]

$$\rho_M = \frac{n_\gamma M_M^2}{g^2 M_{\rm Pl}}. \tag{5.64}$$

宇宙等离子体中的磁单极由于相互吸引而产生的缓慢散射将使这个结果的数值减少，但不会太多. 如果 $M_M \sim 10^{17}$ MeV，就像 GUT 模型所预言的那样，假如磁单极的初始丰度接近于热平衡的丰度，那么磁单极的密度要比今天所看到的高出 24 个量级. 这个问题起到推动暴胀宇宙学产生的作用.

5.3 中微子能谱与中微子种类的有效数值

就像在式(5.29)和(5.30)中，即使无质量粒子的相互作用被切断后，它们依然可以保持平衡态分布. 这意味着如果热平衡最初是由足够强的相互作用建立的，那么即使所有的相互作用被切断以后，能谱依然会保持平衡态. 一个令人印象深刻的例子是 CMB 光子，虽然这些光子自红移 $z_{\rm rec} \approx 1100$ 的复合时期以后就停止与宇宙间的等离子体相互作用了(参见 10.1 节)，但它们的谱还是在 10^{-4} 的极高精度下保持着黑体谱.

对于中微子则不存在这种情况. 在红移 $\sim 10^{10}$ 时，即在中微子退耦合温度附近，尽管存在此温度下中微子的非零质量绝对不重要的事实，它们的谱依然开始显著偏离平衡态. 关键点在于那段时期的原初等离子体中存在两种温度不同的弱的相互作用组分：中微子部分(包括 $\nu_e\nu_\mu$

和 ν_τ)与电磁部分(包括光子和 e^+e^- 对),其中 e^+e^- 对处于湮灭过程中,加热等粒子体的电磁部分,就像在 5.2.3 中描述的那样. 中微子从 e^+e^- 对的退耦合不是立刻就完成的,并且在更热的电子/正电子成分与更冷的中微子气体之间残留的能量交换是持续进行的. 粒子能量转移的可能性依赖于粒子能量大小,并且该能量转移会导致中微子能谱失真. 这个现象由 Dolgov 和 Fukugita 发现[4, 5],在他们的工作中能谱失真情况被解析地计算为

$$\delta f_{\nu_e}/f_{\nu_e}^{\mathrm{eq}} \approx 3\times 10^{-4}\,\frac{E}{T}\left(\frac{11}{4}\frac{E}{T}-3\right). \tag{5.65}$$

这个近似的解析结果被积分-微分动力学方程的精确数值解所证实[6, 7],其他人的大量工作也证实了这个结果.[16] 至于相关的讨论、历史与参考文献条目,可参见文献[3]Dolgov 的文章.

由于在较热的正负电子对与较冷的中微子之间存在这样一种能量流动,真实的中微子能量密度相对于温度为 $T_\nu = 0.714T_\gamma$ 的热平衡能量密度有所增加. 这个效应可以通过平衡态中微子有效种类数的增长来解释, $\Delta N_\nu = 0.035$. 还有一种对有效中微子数目的额外贡献,即 $\Delta N_\nu = 0.011$,此贡献来自由 γe^+e^- 等离子体对理想气体偏离所导致的光子数密度下降的现象(如来自由非零等离子体频率所导致的光子能量密度的下降).[11, 15] 由于存在这样的效应,与理想光子气相比,中微子能量密度增长了 1.011. 因此标准模型中有效中微子种类的总数为

$$N_\nu = 3.046, \tag{5.66}$$

而不是通常的 3. 在物理上恰好有 3 种中微子,但是它们的能量密度稍微大于平衡时的值,并且归一化为比通常黑体辐射能量密度稍微低一点的光子. 中微子种类数的增长对大爆炸核合成的影响微不足道[4, 5],但在将来的 CMB 观测中可能会看到.

在本节的结尾,我们来关注一下上文提到的中微子温度近似比光子温度小 1.4 倍的结果,也就是说,目前宇宙的中微子温度应当为 1.95 K,这是在中微子没有质量时的结果. 如果中微子有质量,则中微子分布有下述非平衡形式:

$$f_\nu \approx [\exp(p/T_\nu)+1]^{-1}, \tag{5.67}$$

也就是说,上式中出现的是中微子动量而不是中微子能量,所以参数 T_ν 不代表温度. 在这里忽略式(5.65)的修正.

习　题

5.1　推导方程(5.9).

5.2　推导方程(5.10).

5.3　推导方程(5.16).[提示:平衡分布函数积分的计算在文献[13]中详细地讨论过.]

5.4　证明:如果 T-不变性没有破缺的话,玻色和费米平衡分布函数的碰撞积分(5.19)为零.

5.5　证明:当且仅当 $\mu = m$ 时,对玻色凝聚分布函数(5.25)的碰撞积分(5.19)为零.

5.6　为什么在分布函数中 p 和 t 作为独立的变量,而在方程(5.30)中将动量作为时间的函数,即 $p = p(t)$?

5.7　解出在一个电荷对称的宇宙中,质子和电子的冻结数密度.[提示:$n_p/n_\gamma \approx 10^{-19}$, $n_e/n_\gamma \approx 10^{-16}$.]

5.8　如果$(n_p - n_{\bar{p}})/n_\gamma = 10^{-9}$，那么反质子的数密度为多少？

参考文献

[1] R. Cowsik, J. McClelland, *Phys. Rev. Lett.* **29**, 669 (1972)
[2] A. D. Dolgov, *Pisma Zh. Eksp. Teor. Fiz.* **29**, 254 (1979)
[3] A. D. Dolgov, *Phys. Rept.* **370**, 333 (2002) [hep-ph/0202122]
[4] A. D. Dolgov, M. Fukugita, *JETP Lett.* **56**, 123 (1992a) [*Pisma Zh. Eksp. Teor. Fiz.* **56**, 129 (1992)]
[5] A. D. Dolgov, M. Fukugita, *Phys. Rev.* D **46**, 5378 (1992b)
[6] A. D. Dolgov, S. H. Hansen, D. V. Semikoz, *Nucl. Phys.* B **503**, 426 (1997) [hep-ph/9703315]
[7] A. D. Dolgov, S. H. Hansen, D. V. Semikoz, *Nucl. Phys.* B **543**, 269 (1999) [hep-ph/9805467]
[8] A. D. Dolgov, Y. B. Zeldovich, *Rev. Mod. Phys.* **53**, 1 (1981) [*Usp. Fiz. Nauk* **139**, 559 (1980)]
[9] S. S. Gershtein, Y. B. Zeldovich, *JETP Lett.* **4**, 120 (1966) [*Pisma Zh. Eksp. Teor. Fiz.* **4**, 174 (1966)]
[10] P. Gondolo, G. Gelmini, *Nucl. Phys.* B **360**, 145 (1991)
[11] A. F. Heckler, *Phys. Rev.* D **49**, 611 (1994)
[12] G. 't Hooft, *Nucl. Phys.* B **79**, 276 (1974)
[13] L. D. Landau, E. M. Lifshitz, *Statistical Physics*, 3rd edn. (Butterworth-Heinemann, Oxford, 1980)
[14] B. W. Lee, S. Weinberg, *Phys. Rev. Lett.* **39**, 165 (1977)
[15] R. E. Lopez, S. Dodelson, A. Heckler, M. S. Turner, *Phys. Rev. Lett.* **82**, 3952 (1999) [astroph/9803095]
[16] G. Mangano, G. Miele, S. Pastor, M. Peloso, *Phys. Lett.* B **534**, 8 (2002) [astro-ph/0111408]
[17] K. A. Olive et al., Particle data group collaboration. *Chin. Phys.* C **38**, 090001 (2014)
[18] A. M. Polyakov, *JETP Lett.* **20**, 194 (1974) [*Pisma Zh. Eksp. Teor. Fiz.* **20**, 430 (1974)]
[19] J. Preskill, *Phys. Rev. Lett.* **43**, 1365 (1979)
[20] M. I. Vysotsky, A. D. Dolgov, Y. B. Zeldovich, *JETP Lett.* **26**, 188 (1977) [*Pisma Zh. Eksp. Teor. Fiz.* **26**, 200 (1977)]
[21] Y. B. Zeldovich, *Advances in Astronomy and Astrophysics*, vol. 3 (Academic Press, New York, 1965)
[22] Y. B. Zeldovich, M. Y. Khlopov, *Phys. Lett.* B **79**, 239 (1978)
[23] Y. B. Zeldovich, L. B. Okun, S. B. Pikelner, *Usp. Fiz. Nauk* **87**, 113 (1965)

第6章

暴胀

6.1 暴胀的历史

在大爆炸理论提出之后，暴胀思想可能是20世纪宇宙学最重要的突破. 历史上为了解决FRW宇宙学的一些问题而调用指数膨胀模式的第一批文献由Starobinsky发表[78]，其中提到指数膨胀可以导致宇宙的平直几何，并且通过Kazanas的工作进一步发现了一种相类似的膨胀模式可以导致宇宙的各向同性.[51]几个月后Guth的著名文献"暴胀宇宙：一种解决视界与平直问题的可能方法"发表[46]，这项工作开创了一批即使在今天热度也不减的论文. 在Starobinsky模型中，初始类似暴胀状态由经过Einstein-Hilbert作用量修正后的R^2项产生，而在Kazanas和Guth提出的可能支配一阶相变时期的类真空能设想中，它被提议作为指数膨胀的驱动力. 随后人们发现后者的原理机制并不令人满意，因为它将产生一种非均匀宇宙，在这种宇宙以指数膨胀的类真空背景中存在许多相对较小的气泡. 第一个切实可行的暴胀机制是Linde提出的基于缓慢演化标量场的理论[59]，同时也由Albrecht和Steinhardt独立地提出.[3]最吸引人的暴胀方案可能是由Linde提出的所谓混沌暴胀.[60]若想了解暴胀模型及相关课题的评述，请参见Linde、Kinney、Dolgov、Baumann等人的工作.[63, 53, 25, 8]

有一篇与该课题直接相关的十分重要的预暴胀论文. Gliner[37]，Gliner和Dymnikova[38]讨论了一种观点，在此观点中宇宙避免了初始奇点并且经历了一段物质质量增长好几个数量级的指数膨胀时期. Gurovich和Starobinsly[45]、Starobinsky[77]考虑了一种类指数膨胀非奇点宇宙学. 在Starobinsky的文献中得出一个重要的结论，即宇宙在"初始"指数膨胀阶段产生了引力波并且可在今天观测到. 如果的确观测到引力波，那么这将是原初暴胀存在最强的"实验"证据之一. 但是，若无法观测到原初引力波，则并不会扼杀暴胀观点，因为它们的预言强度是模型依赖的并且可能会相当低.

暴胀理论的另一个预言是原初物质密度扰动能谱的存在，目前已经被可知的观测数据证实. Mukhanov和Chibisov首先进行了能谱的计算[67]，并且随后被其他许多研究证实.[63, 53, 25, 8]

Sato的论文揭示出由一阶相变诱导的指数膨胀[75]，对于某些非临近参数值绝不会终结的现象，而这恰好是随后提出的初始暴胀设想的一个严重缺点. Sato也注意到指数膨胀可能会引起天文学上十分有趣的反物质区域的存在.[76]

6.2 预暴胀宇宙学的问题

尽管人们在广义相对论描述宇宙方面获得极大的成功，但 FRW 宇宙学还是遭遇了相当多的严重问题，人们最初认为这些问题实际上不可解. 市面上唯一可以选择的解决方法是人择原理：宇宙之所以是这样的条件，是因为只有这样的条件才能允许观测者的存在，并且问道为什么宇宙适合生命的存在.

首先，宇宙膨胀的起源是一个谜. 引力被视为普遍的吸引力，不太可能会引起宇宙膨胀. 并且退一步说，如果宇宙开端存在一个作用时间十分短的瞬时排斥力，那么此力便已经在没有留下任何踪迹的情况下消失了，这也太令人难以理解.

其次，尽管天空各点以非常巨大的程度彼此分开，以致在 FRW 宇宙学中它们之间不可能有任何相互联系，但来自天空不同区域的 CMB 辐射温度却几乎精准地相同，这被称作视界疑难或因果疑难.

宇宙在大尺度上几乎均匀的现象，是另一个类似的与观测到的宇宙事实相关的问题，因为我们还没有了解的机制可以使物质分布各处相同.

宇宙能量密度与临界能量密度相差并不大，所以三维空间几何接近于欧式几何. 当前宇宙实现这种状态，是由于在早期阶段经过极度细致的微调. 在 BBN 时期与 $\sim 10^{-60}$ 水平的普朗克时间中，宇宙的几何结构在大约 10^{-15} 的精度上应当是平直的，这被称作平直疑难.

最后并且是最重要的是，对于大尺度结构（星系、星团，更不用说恒星和行星）的形成来说，大尺度上的原初密度扰动是至关重要的. 然而，我们并不知道在这样的大尺度上产生密度扰动的合理机制.

如果宇宙初始（在某个非常早的时刻）呈指数膨胀，那么便可以解决掉所有这些宇宙谜题. 其尺度因子的增长规律为

$$a(t) \sim \exp(H_I t), \tag{6.1}$$

其中哈勃参数 H_I 在 60～70 e 倍增数内近似为常数，即暴胀持续时间应当满足 $H_I \Delta t > 60$.

6.2.1 暴胀动力学及其主要特征

在详细讨论上述问题之前，我们来简要地介绍一下可以导致宇宙指数膨胀的机制. 对于准指数膨胀来说，哈勃参数应当为准常数是一个非常重要的条件. 出于简化的考虑，在讨论动力学的这一章节中，假定 H 是一个严格的常数，即指数膨胀由宇宙学常数（参见本书4.3.4）产生或者是由真空能动张量产生，该张量具有以下形式：

$$T_{\mu\nu}^{(\mathrm{vac})} = \rho^{(\mathrm{vac})} g_{\mu\nu}, \tag{6.2}$$

其中 $\rho^{(\mathrm{vac})} \equiv \Lambda M_{\mathrm{Pl}}^2/(8\pi)$. 真空因此有“状态方程”，即

$$P^{(\mathrm{vac})} = -\rho^{(\mathrm{vac})}. \tag{6.3}$$

所以对于真空，式(4.13)引入的参数 w 等于 -1. 根据式(4.13)下方内容，真空能量不随时间改变，$\rho^{(\mathrm{vac})}=$ 常数. 当然对于暴胀设想，这不绝对正确，因为 $\rho^{(\mathrm{vac})}$ 为常数意味着指数膨胀将永远存在下去. 在实际的暴胀模型中，膨胀可以被称作暴胀的标量场 ϕ 支配，其能量密度仅仅近似为常数（参见本书 6.3.1，6.3 节将描述暴胀模型）. 在宇宙膨胀的进程中，当 $\phi \approx$ 常数 时，最

初暴胀场的能量会十分缓慢地下降，当 ϕ 开始振荡时，ϕ 所储存的类真空能转变为基本粒子组成的“热汤”的能量. 在最初阶段，宇宙看起来像是一个黑暗的膨胀的空无一物的地方；随后的阶段称为大爆炸，原初等离子体在这个阶段产生. 可观测宇宙的物质总能量/质量远远大于宇宙诞生时微小体积中的物质总能量/质量的事实，让人印象深刻. 其中依然遵守能量守恒定律(4.12).

6.2.2 平直问题

宇宙总能量密度与临界能量密度的比 $\Omega=\rho/\rho_c$，决定了宇宙的三维几何，如式(4.14)中给出的 $\rho_c = 3M_{\rm Pl}^2H^2/(8\pi)$. 利用式(4.17)，可以发现 Ω 按照标量因子的函数演化，

$$\Omega(a) = \left[1-\left(1-\frac{1}{\Omega_0}\right)\frac{\rho_0 a_0^2}{\rho a^2}\right]^{-1}, \tag{6.4}$$

其中下标“0”再一次用来表示相应量的当前值. 宇宙学常数没有明显地包含在式(6.4)中，但是正如文献中经常出现的情况，它可以通过在总能量密度 ρ 中增加合适的真空能量密度而被方便地考虑在内.

如果假定 ρ 是某种通常物质的能量密度，那么它将按照 $\rho\sim 1/a^n$ 的规律下降，其中 $n=3$ 或 4，分别代表非相对论物质或相对论物质. 在这种情况下，当 $a\to 0$ 时，乘积 ρa^2 导致无穷出现，这意味着在过去不得不将 Ω 的值精确地调整为 1，从而在今天依然接近 1. 例如，$|\Omega-1|$ 的精细调节应当在 BBN 时具有10^{-15}的精度，在普朗克时期有10^{-60}的精度. 否则，宇宙将会在比它目前年龄还要短得多的时间(10^{10}年)内再坍缩，或者是膨胀得太快以致任何结构都无法形成. 如果在某个阶段 ρa^2 随着 a 的上升而上升，那么必要的精细调节便可以自动得到实现. 例如，一个满足 $\rho a^2\sim \exp(Ht)$ 与 $Ht>65$ 的暴胀时期便可以充分做到这一点.

$\Omega(a)$的演化显示在图 6.1 中. 对于较小的 a 值，能量密度近似为常数并且 Ω 趋于 1；对于较大的 a 值，乘积 ρa^2 下降并且 Ω 开始偏离 1. 图 6.1 中上方和下方的曲线分别对应于 $\Omega>1$ 和 $\Omega<1$ 的情况，将前面两种设想分开的 $\Omega=1$ 这条线不随 a 改变. 对于 a 较大时 ρa^2 趋于零的常规物质，上方的曲线趋于无穷，而下方的曲线则趋于零.

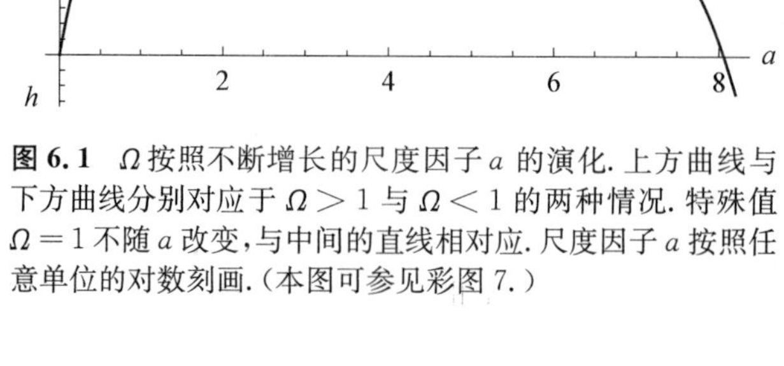

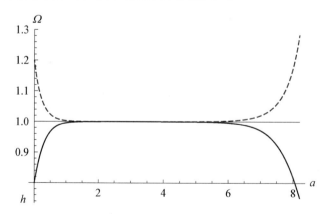

图 6.1 Ω 按照不断增长的尺度因子 a 的演化. 上方曲线与下方曲线分别对应于 $\Omega>1$ 与 $\Omega<1$ 的两种情况. 特殊值 $\Omega=1$ 不随 a 改变，与中间的直线相对应. 尺度因子 a 按照任意单位的对数刻画.(本图可参见彩图 7.)

6.2.3　视界问题

为了在整个天体区域中产生相同的CMB温度，光子应该在整个区域中相互交换能量. 一个光子(按照光速传播)在整个宇宙历史中所能通过的距离，由无质量粒子的运动方程决定：

$$ds^2 = dt^2 - a^2(t)dr^2 = 0. \tag{6.5}$$

所以在时间 t 内一个光子传播的距离 $dl = a(t)dr$ 为

$$l(t) = a(t)\int_0^t \frac{dt'}{a(t')} = \begin{cases} 2t, \text{辐射占主导地位的膨胀}, a(t) \sim t^{1/2}, \\ 3t, \text{物质占主导地位的膨胀}, a(t) \sim t^{2/3}. \end{cases} \tag{6.6}$$

实际上单个光子的传播距离要短得多，因为它们在传播过程中会与宇宙中的等离子体发生相互作用，从而被缓慢地散射掉，直到 $z_{rec} \approx 1\,100$ 的氢复合时期. 等离子体不同部分间的相互作用依然可以通过宏观物理实现，通过一个速度 $c_s = c/\sqrt{3}$ 是光速量级的声波. 在复合时期过后，CMB光子之间的相互作用便可以忽略. 温度在其中能达到平衡的最大距离约为复合时期宇宙的年龄，$d_{causal} \sim t_{rec} \approx 10^{13}$ s. 在复合时期过后，由于宇宙膨胀，d_{causal} 增长到 $z_{rec} \approx 10^3$，并且目前达到 $\sim 10^{16}$ s. 这一区域在天空中的视角大小为

$$\theta_{max} = \frac{10^{16}\ \mathrm{s}}{2\pi t_U} \approx 1^\circ, \tag{6.7}$$

其中 $t_U \approx 10^{10}$ 年是宇宙的年龄，θ_{max}是FRW宇宙学中可能进行信息交换与能量交换的最大角度. 如果指数膨胀在FRW膨胀阶段之前，那么有因果联系的区域将通过因子 $l_{infl} = H_I^{-1}[\exp(H_I t) - 1]$ 扩大，其中 $H_i t_i > 70$，与6.2.2节的相同，整个被观测到的宇宙都可以具有因果联系.

6.2.4　宇宙膨胀的起源

暴胀场的状态方程(6.3)与第二弗里德曼方程(4.11)解释了宇宙膨胀的起源. 实际上对于 $P = -\rho$，加速度将为正：$\ddot{a}/a = +8\pi\rho/(3M_{Pl}^2)$. 所以，当近似为常数的暴胀场能量密度支配宇宙演化时，它在宇宙学尺度会产生引力推斥，进而宇宙开始膨胀. 随后的加速度转变为正常的加速度，膨胀依然持续，从某种意义上说变为由惯性主导的速度逐渐减缓的运动. 人们认为加速膨胀只在早期宇宙(暴胀阶段)中出现. 但在最后两个十年中，宇宙在一个相对较近的宇宙学时期(红移为1的量级)中再次加速膨胀的观点被建立起来，参见本书4.6节与第11章.

我们需要注意反引力，它看起来像是由 $|P| > \rho/3$ 的负压物质产生. 反引力不可能由任何有限体系统产生，原因在于我们都知道有限体系统的引力场由它们的质量产生，该质量可以通过压力密度对天体体积积分算出，并且在非病态理论中总是正的. 负压影响会被表面效应所取消，故宇宙飞船不能利用负压飞行，至少在标准广义相对论的条件下是不行的.

6.2.5　平滑宇宙与原初等离子体的产生

暴胀能够完成两种截然相反的任务. 首先，在非常大的尺度上，它使密度扰动变得平滑，在FRW宇宙中这样大的尺度将不具有因果联系. 在物质之间绝不可能存在因果联系的区域中，宇宙能量密度可能会具有非常不同的值，然而目前我们观测到宇宙在非常大的尺度上看起来相当均匀. 若给定一段长度，其上各点的密度差别实际上是固定的，那么使这段长度呈指数增

长,便会将这种密度差别抹平.

同时,目前可以观察到暴胀留下的较小的密度扰动,其产生是由于准 de Sitter(暴胀)阶段量子涨落的放大与指数式膨胀作用. 本书在 6.6 节中更详细地讨论了这种机制. 在宇宙历史进程中的物质主导阶段,这些密度扰动会被放大并且成为大尺度结构形成的种子,从而解释了银河系、星系团、超星系团尺度中的宇宙团块结构. 暴胀预言的密度扰动能谱,即所谓的 Harrison-Zeldovich 能谱[13, 24],与天文观测符合得很好.

6.2.6 磁单极问题

这是一个可能非存在问题的例子,这个问题强烈激发了有关暴胀模型方面工作的展开. 磁单极是有一个基本磁荷(如只有一个南极而没有北极或相反)的物体,由狄拉克在 1931 年提出.[21]他的理论并不令人非常满意,因为它需要一个从单极延伸到无穷的非物理弦. 然而,在著名的狄拉克量子化条件下,

$$q_{\mathrm{e}} q_{\mathrm{m}} = \frac{n}{2}, \tag{6.8}$$

这样一种弦是不可见的. 其中 q_{e} 与 q_{m} 分别是电荷与磁荷.

在 Polyakov 和 t' Hooft 的论文[70, 48]发表之后,这种情形得到很大改观. t' Hooft 独立地发现在某些带有非破缺电磁子群 $U(1)$ 的自发破缺规范理论中存在拓扑稳定的经典解,这类解不代表基本粒子,而是属于一种满足条件(6.8)的磁荷. 根据定义,经典局域解的尺寸比它的康普顿波长大得多,$d \gg 1/m$. 单极解有以下形式:

$$\phi^a = \frac{r^a}{r} v f(r),\ A_j^a = \frac{r^j}{q_{\mathrm{e}} r^2} \xi_{aij} F(r),\ A_t^2 = 0, \tag{6.9}$$

其中 ϕ^a 是一个类 Higgs 标量场,A_j^a 是一个矢量规范场,a 是 $O(3)$ 群指标,i 与 j 是空间指标,$f(r)$ 与 $F(r)$ 仅为径向坐标 r 的函数,且满足边界条件 $f(0) = F(0) = 0$ 与 $f(+\infty) = F(+\infty) = 1$, ν 是 Higgs 场的真空期望值. 根据假定,$O(3)$ 是所考虑的某些 GUT 理论对称群的子群. 例如,如果内秉对称群是 SU(3)色自由度,那么 a 会遍历 3 个色自由度指标. ξ_{aij} 具有空间与群的混合指标. 单极的特征尺度与 Higgs 或规范玻色子的质量倒数相等,$d \sim 1/m_X$,而单极质量 M 具有 $m_X/q_{\mathrm{e}}^2 \sim \nu/q_{\mathrm{e}}$ 的量级. 对于一个具有 $M_{\mathrm{GUT}} \sim 10^{14}$ GeV 能量尺度的 GUT 理论,单极质量大约为 $M \sim 10^{16}$ GeV. Vilenkin、Vilenkin 和 Shellard、Dolgov 回顾了出现在自发规范破缺理论中经典拓扑稳定对象的特性.[81, 82, 23]

如果人们相信统一强相互作用与弱相互作用的正确方式是 GUT 理论,并且相信温度在早期宇宙达到 GUT 尺度的量级,那么早期宇宙中磁单极必定非常多,并且它们目前的质量密度一定比观测到的要大得多.[86, 71]磁单极会因此充满整个宇宙. 我们可以通过利用与宇宙中稳定重粒子冻结密度计算的相同方法来证明这一点. 计算中唯一不同的是,与通常的暗物质粒子相比,单极与反单极相互吸引,这在一定程度上增加了湮灭的概率. 我们可以利用 5.3.2 中的结果,根据这个结果,GUT 单极的能量密度比式(5.64)所允许的要大 24 个数量级. 由相互吸引所导致的湮灭加强过程在一定程度上可以改变这个结果,但是此结果还是极其的大. 在 Dolgov 和 Zeldovich 的工作中,可以找到更详细的关于单极-反单极湮灭的计算.[32]

5.3.2 中讲述的重粒子冻结密度的计算是在假定粒子初始密度是热的情况下进行的,即这种密度由热平衡决定. 如果宇宙初始温度比单极质量要小,它们的密度将会被因子

$\exp(-M/T)$压低. 虽然这种假定可能不正确,但它对解决磁单极问题并没有帮助. 严格地来说,我们不知道在基本粒子碰撞中产生经典对象(如单极)的可能性,但最有可能的是它被强烈抑制了. 碰撞粒子必须产生某种矢量(规范)高耦合态与带有某些非平凡拓扑结构的标量场. 这样一种态的相空间极其小,大概在 $\exp(-CMd)$的水平,其中 M 是物体的质量,d 是它的尺寸,C 是一个可能会较大的常数. 对于经典对象 $Md \gg 1$, 单极的产生即使在高 T 时都应当被强烈抑制. 正如之前已经说过的那样,此理论无法解决磁单极的过量问题. 关键点在于存在另一种产生单极的机制,即所谓的拓扑机制. [52]这种机制可以通过宇宙弦产生的例子变得形象化:在宇宙无因果联系的区域,一个复杂标量场 ϕ 沿闭合环路的相变不一定必须为零,也可以是 $2\pi n$,并且如果在环路内存在一个 ϕ 的奇态,以致环半径不能缩为零,那么便会产生一条宇宙弦. 在这种机制下,人们预计平均每个哈勃视界中都有一条弦. 在 Vilenkin、Vilenkin 和 Shellard、Dolgov 的论文中可以找到详细的计算. [81, 82, 23]此外,磁单极指的是一个矢量场处于分布方向指向球心的状态,就像一只刺猬的针. 这种结构可以在宇宙冷却过程中一种规范对称自发破缺时意外形成. 在这样一个区域中,磁单极必然会产生. 这种结构形成的可能性相当大,所以单极会将宇宙摧毁. 而暴胀将我们从这个悲观的命运中解救出来.

最后再提一下由 Rubakov[72, 73, 16]发现的一个重大现象:在磁单极的临近区域内,质子将会快速衰变. 换句话说,单极催化了质子衰变,这种过程可以作为一种廉价的能量源. 虽然它与第 6 章的主题没有直接联系,但是如果磁单极的数量不能忽略的话,这可能会导致宇宙中重子不对称的产生.

6.3 暴胀机制

6.3.1 带有指数势的正则标量暴胀

在最简单的情况下,假定一个具有下述作用量的真标量场产生伪指数宇宙膨胀:

$$S[\phi] = \int d^4x \sqrt{-g}\left[\frac{1}{2} g^{\mu\nu}\partial_\mu\phi\partial_\mu\phi - U(\phi)\right], \tag{6.10}$$

其中 $U(\phi)$是 ϕ 的势,通常取为一个多项式,

$$U = \frac{1}{2}m^2\phi^2 + \frac{\lambda_\phi}{4}\phi^4. \tag{6.11}$$

对于自相互作用场 ϕ,这种势可以导致一个可重整化的理论.

在 FRW 背景度规中,场 ϕ 满足下述运动方程:

$$\ddot{\phi} + 3H\dot{\phi} - \frac{\nabla^2\phi}{a^2} + U' = 0, \tag{6.12}$$

其中 $U' = dU/d\phi$. ϕ 的能动张量为

$$T^{\mu\nu} = \frac{2}{\sqrt{-g}}\frac{\delta S}{\delta g_{\mu\nu}} = \partial^\mu\phi\partial^\nu\phi - g^{\mu\nu}\left[\frac{1}{2}(\partial\phi)^2 - U(\phi)\right]. \tag{6.13}$$

如果 ϕ 按照以空间坐标与时间坐标为自变量的函数规律缓慢地发生改变,便可以忽略上述表达式的导数,得到 $T^{\mu\nu} \approx g^{\mu\nu}U(\phi)$, 此时的能动张量与真空中的能动张量式(6.2)近似相等. 一

个重要的不同是，$\rho^{(\mathrm{vac})}$严格为常数，而$U(\phi)$缓慢下降的原因在于ϕ缓慢地向平衡点移动，在平衡点$U'=0$. 通常我们选取一个减除常数，使得在$U'=0$时U也为零，这样真空能变为零，从而导致指数膨胀终结.

一个缓慢变化的ϕ可以通过一个大的哈勃参数值实现，或者像通常所说的那样通过一个大的哈勃摩擦力. 如果忽略空间导数项，那么在带有流体摩擦项$3H\dot{\phi}$的牛顿力学中，式(6.12)与类点体的运动方程相一致. 很明显在这样的条件下，运动以一个几乎不变的小速度进行，$\phi\approx$常数. 为了看到这一点，可以在式(6.12)中忽略更高的导数项$\ddot{\phi}$，并且显式地求解它. 此近似称为慢滚近似，在这种情况下运动方程变为一阶方程，

$$\dot{\phi}=-\frac{U'}{3H}. \tag{6.14}$$

如果缓慢变化的暴胀场ϕ支配着宇宙能量密度ρ，那么哈勃参数

$$H^2=\frac{8\pi U}{3M_{\mathrm{Pl}}^2}. \tag{6.15}$$

从式(6.14)得出$\mathrm{d}t=-U'\mathrm{d}\phi/(3H)$，因此在慢滚阶段，e 倍增数可以估计为

$$N=\int H\mathrm{d}t=\frac{8\pi}{M_{\mathrm{Pl}}^2}\int\frac{\mathrm{d}\phi U(\phi)}{U'(\phi)}. \tag{6.16}$$

采用一种简单的幂律势，$U(\phi)=g\phi^n/n$，虽然$U(\phi)$有可能为更复杂的形式，但是在慢滚近似的假定下同样容易分析. 对于一个幂律势，可以发现

$$N=\frac{4\pi}{nM_{\mathrm{Pl}}^2}(\phi_{\mathrm{in}}^2-\phi_{\mathrm{fin}}^2)\approx\frac{4\pi}{nM_{\mathrm{Pl}}^2}\phi_{\mathrm{in}}^2, \tag{6.17}$$

其中ϕ_{in}与ϕ_{fin}分别是ϕ的初值与终值，并且假定$\phi_{\mathrm{fin}}\ll\phi_{\mathrm{in}}$. 对于一个成功的暴胀，必须让$N>65\sim70$，这暗示着$\phi_{\mathrm{in}}^2\geqslant5.6nM_{\mathrm{Pl}}^2$. ϕ的终值由此条件决定：在势函数底部H与ϕ的振荡频率ω_ϕ相比相差不多或者较小. 之后指数膨胀变为幂律膨胀. 对于谐振势$U=m_\phi^2\phi^2(n=2)$，ϕ^2的初始值应当比$11M_{\mathrm{Pl}}^2$要大. 在U最小值附近的振荡频率为$\omega_2=m_\phi$，所以根据条件$H=\omega_2$与$H^2\approx4\pi U/(3M_{\mathrm{Pl}}^2)$，场的最小振幅将为$\phi_{\mathrm{fin}}^2=(3/4\pi)M_{\mathrm{Pl}}^2\approx0.24M_{\mathrm{Pl}}^2$. 对于四次方势($n=4$)$U=\lambda\phi^4/4$，振荡频率为$\omega_4=\sqrt{\lambda}\phi$，并且暴胀在$\phi_{\mathrm{fin}}^2=0.48M_{\mathrm{Pl}}^2$处终结.

因此对于一个成功的暴胀，场振幅比M_{Pl}要大从而成为必要条件. 初看起来非常令人不安，然而没有任何理由可以担心，因为可观测量是ϕ的能量密度，并且由于必须施加条件$m_\phi\ll M_{\mathrm{Pl}}$或$\lambda\ll1$来避免太大的密度扰动，能量密度从而保持远小于$M_{\mathrm{Pl}}^4$的状态(参见本书6.6节).

如果满足下面两个条件的慢滚近似是有效的：

$$\ddot{\phi}\ll3H\dot{\phi} \tag{6.18}$$

与

$$\dot{\phi}^2\ll2U(\phi). \tag{6.19}$$

为了实现上述条件，需要

$$\left|\frac{U''}{U}\right|\ll\frac{8\pi}{3M_{\mathrm{Pl}}^2}. \tag{6.20}$$

例如，在一个具有 $U = m^2\phi^2/2$ 的无自相互作用重场的情况下，若满足下述条件，慢滚近似便是有效的：

$$\phi^2 > \frac{4\pi}{3}M_{\mathrm{Pl}}^2. \tag{6.21}$$

若 ϕ 值刚好在这个下限，则 e 倍增数将远远不足以实现足够长的暴胀. 当 ϕ 值稍大于这个下限时，足够长的暴胀便可以实现. 如果

$$\phi^2 < \frac{M_{\mathrm{Pl}}^4}{m_\phi^2}, \tag{6.22}$$

谐振势便不会超过普朗克值. 如果使 ϕ 等于它的上限，即 $\phi_{\mathrm{in}} = M_{\mathrm{Pl}}^2/m_\phi$，并且 $m_\phi \sim 10^{-6}M_{\mathrm{Pl}}$，这是由密度扰动足够小的条件决定，那么 e 倍增数将会较大，$N = 10^{13}$. 另一方面，发生所有这一切的特征时间是非常小的，$t_{\mathrm{inf}} \sim 10^{-31}$ s. 因此暴胀的持续时间非常短，但是在这个非常短的时间内我们庞大的宇宙从极其小的初始体积中膨胀了出来.

6.3.2　其他暴胀机制

除了基于带有不同形式势函数的缓慢演化标量场暴胀模型外(这在前面已经基本讨论过)，还存在着随后提出的更多建议. 这里的讨论不免要简短一点. 在 Linde、Kinney、Dolgov、Baumann 的工作中，可以见到详细的讨论. [63, 53, 25, 8]

存在一种称作双场或混合暴胀的设想[2, 61, 62]，可以通过带有一个相互作用势的双标量场实现，这个势可以写为

$$U(\phi,\chi) = \frac{1}{2}(\lambda_1\phi^2 - \nu^2)\chi^2 + \frac{\lambda_2}{4}\chi^4 + U(\phi), \tag{6.23}$$

这里 $U(\phi)$是一个缓慢滚暴胀势，λ_1，λ_2 是正耦合常数. 暴胀场 ϕ 初始较大，并且这个系统沿着谷值 $\chi = 0$ 演化. 当 ϕ^2 下降到 ν^2/λ_1 以下时，场 ϕ 获得一个非零真空期望值. $\chi^2 \sim \nu^2/\lambda_2$，所以 ϕ 的有效质量变大，$m_{\mathrm{eff}}^2 \sim (\lambda_1/\lambda_2)\nu^2$，并且 ϕ 快速地演化直至平衡点 $\phi = 0$，从而高效地产生出粒子并加热宇宙(参见本书 6.4 节的讨论).

暴胀可以自然地被一个赝 Goldstone 场实现，这就是称作“自然的”原因. [35]可能在这里有必要做出一点解释. 作为一个全局对称自发破缺的结果，会出现一种无质量标量玻色子 θ. 如果对称除了自发破缺外，也可以用其他方式明确地打破，那么玻色子将会获得一个较小的质量，这将会导致 θ 朝着势函数最小值的方向缓慢运动，并且它的类真空能可以产生足够长的暴胀. 在这种情况下，该模型与之前考虑的模型相似. 注意到在对称破缺之前，由于 θ 无质量，它可以有一个从 0 到 2π 的任意值，因此，它一开始可以很自然地在任何一个可能的热平衡点(这个热平衡点将在 θ 获得质量后才出现)附近运动.

一个不同寻常的模型叫 k 暴胀，由 Armendariz-Picon 等人提出. [7]它是一个不包含势的标量场，该标量场的动力学项有一个非正则形式. 此模型的拉格朗日量为

$$L = p(\phi, X), \tag{6.24}$$

其中 $X = (\partial\phi)^2/2$. 在带有一个均匀场 $\phi = \phi(t)$ 的 FRW 度规中，$X = (\dot{\phi})^2/2$. 假定当 $\phi \to 0$ 时 p 为零，故 p 可以被展开为

$$p = K(\phi)X + L(\phi)X^2. \tag{6.25}$$

这个理论中能动张量有以下形式：

$$T_{\mu\nu} = \frac{\partial p}{\partial X}\partial_\nu\phi\partial_\nu\phi - pg_{\mu\nu}, \tag{6.26}$$

因此，函数 p 可以解释为标量场 ϕ 的压强密度. 根据式(6.26)，它的能量密度等于

$$\rho = \dot{\phi}\frac{\partial p}{\partial \dot{\phi}} - p. \tag{6.27}$$

在 $p(X)$ 的极值点(对 X 的导数为零)有类真空状态方程 $p = -\rho$，故系统状态与它接近时，宇宙类指数地膨胀. 正如 Armendariz-Picon 等人论证的，如果函数 $p(\phi, X)$ 经过适当挑选，能量密度与 $p = \rho$ 这条线的交叉点均为(未来)演化的吸引子.

有一个基于大曲率上引力修正的暴胀模型，被称为 Starobinsky 暴胀或 R^2 暴胀.[77] 初看起来，它与标量暴胀模型没有任何共同之处，实际上并不完全如此. 在这个模型中，在 Einstein-Hilbert 作用量中引入 R^2 项，

$$S = -\frac{M_{\rm Pl}^2}{16\pi}\int d^4x\sqrt{-g}R \rightarrow S = -\frac{M_{\rm Pl}^2}{16\pi}\int d^4x\sqrt{-g}R\left(1 - \frac{R}{6m^2}\right), \tag{6.28}$$

从根本上改变了曲率标量的动力学. 在标准广义相对论中，R 不是一个动力学量，由能动张量的迹代数决定，

$$R = -\frac{8\pi T_\mu^\mu}{M_{\rm Pl}^2}. \tag{6.29}$$

在增加 R^2 之后，度规张量的运动方程变为更高阶(4 阶)，并且曲率变成了一个动力学量. 它在场的情况下满足一个质量为 m 的标量场所满足的 Klein-Gordon 方程. 这个标量场通常被称为"标量子"(scalaron)，

$$\ddot{R} + 3H\dot{R} + m^2\left(R + \frac{8\pi}{M_{\rm Pl}^2}T_\mu^\mu\right) = 0. \tag{6.30}$$

哈勃参数可以由 R 表示为

$$R = -6\dot{H} - 12H^2. \tag{6.31}$$

人们可以核对出在不存在物质的情况下，这些方程有个几乎为常数 H 的解，描述了极早期宇宙的指数膨胀. 标量子随后会衰变产生基本粒子，并且用与其他暴胀模型中相同的方式终结暴胀，参见接下来的 6.4 节.

6.4 宇宙加热

暴胀场 ϕ 的演化可以分成两个截然不同的阶段. 最初，ϕ 非常缓慢地改变，并且它的能动张量近似为真空的形式，就像我们在式(6.13)中所看到的那样，其中忽略了 ϕ 的导数. 这是暴胀时期，在这一时期中宇宙的尺度因子增长了好几个数量级. 此现象发生在运动方程中势函数项 U' 基本上可以忽略时. 为了实现这一点，必须要求

$$U''(\phi) < H_I^2, \tag{6.32}$$

其中 H_I 是暴胀时的哈勃参数. 特别地，对于谐振势 $U = m^2\phi^2/2$，这个条件意味着 $H_I > m$. 这里 ϕ 依然不准确地是一个常数，因为由 U' 诱导的弱力缓慢推动着 ϕ 朝势的最小值方向演化，通常会达到 $\phi = 0$. 因此，哈勃参数 $H \sim \sqrt{U}/M_{\mathrm{Pl}}$ 逐渐下降，并且条件(6.32)最终无法得到满足. 正如在 6.3 节中所呈现的那样，对于 $U = m^2\phi^2/2$，会在 $\phi = \sqrt{3/4\pi}M_{\mathrm{Pl}}$ 时发生，对于 $U = \lambda\phi^4/4$，边界值为 $\phi = (3/\sqrt{2\pi})M_{\mathrm{Pl}}$. 此后膨胀在 ϕ 的演化过程中所扮演的角色不再那么重要，并且这个场开始发生振荡，其振幅以绝热的方式不断下降，这种下降是由红移诱导的，而红移主要来自宇宙膨胀(换言之来自哈勃摩擦)与粒子生成反应的逆反应. 我们把这相当短的一段时期称作大爆炸是比较合适的，因为在这个短短的时间间隔内一个只有场 ϕ 的、寒冷的、一无所有的宇宙产生出热的相对论粒子.

描述粒子产生最简单的方式是采用一种扰动的方法，当暴胀与其他场/粒子的耦合足够弱时这种方法才有效. Albrecht 等人、Dolgov 和 Linde、Abbott 等人最早进行了扰动计算，随后文献[28, 79]发现非扰动效应也可以起到至关重要的作用. 在第一批该类文献中，提到了玻色子生成过程中参数共振激发(见下文)的可能性. 最终的结论是在所考虑的模型中参数共振效率不高，原因在于从共振区域产生的粒子的快速红移与它们之间相互散射作用的影响. 但是，若共振区足够宽，则可能会强烈地促进粒子的产生效应.[79, 54, 55]

6.4.1　扰动产生

考虑一种暴胀场与某些较轻场三线性耦合的例子，

$$L_{\mathrm{int}} = g\phi(t)\,\chi^{\dagger}\chi, \tag{6.33}$$

其中 $\phi(t)$ 为满足式(6.12)并带有谐振势 $U = m^2\phi^2/2$ 的经典场. 在这个阶段，可以忽略与场 χ 的相互作用对暴胀运动方程的贡献. 粒子产生的逆反应对 ϕ 演化的影响将在下文考虑，参见式(6.42)与式(6.43). 在式(6.33)中，χ 是一个标量场，g 是具有能量量纲的相互作用耦合常数. 对于 χ 是一个费米子场的情况，相互作用项有相同的形式，但 g 不再有量纲.

当哈勃参数比 ϕ 的质量很小时，式(6.12)的解为

$$\phi(t) = \frac{M_{\mathrm{Pl}}}{\sqrt{3\pi}m_\phi}\,\frac{\sin[m_\phi(t+t_0)]}{t+t_0}. \tag{6.34}$$

在最低一阶带有动量 k_1 与 k_2 的标量子(为了简化，令其没有质量)的产生振幅，由相互作用拉格朗日量矩阵元在真空初态与 χ-粒子-反粒子末态之间对四维体积的积分给出(与非相对论量子力学中的扰动计算相似).

$$A(k_1, k_2) = g\int \mathrm{d}^4x\phi(t)\langle k_1, k_2|\,\chi^{\dagger}\chi\,|0\rangle, \tag{6.35}$$

其中 $|0\rangle$ 是初始真空态，$\langle k_1, k_2|$ 是带有动量 k_1 与 k_2 的粒子-反粒子末态.

根据产生湮灭算符将场算符 χ 展开，参见附录 C 中的式(C.2)、(C.4)、(C.8)和(C.9). 可以发现

$$A(k_1, k_2) = (2\pi)^3 g\delta(\boldsymbol{k}_1 + \boldsymbol{k}_2)\tilde{\phi}(\omega_1 + \omega_2), \tag{6.36}$$

其中 $\omega_j = |\boldsymbol{k}_j|$ 为粒子能量，并且

$$\widetilde{\phi}(\omega) = \int \mathrm{d}t\mathrm{e}^{\mathrm{i}\omega t}\phi(t). \tag{6.37}$$

在下文中将交替地利用 E 与 ω 来代替粒子能量.

每单位体积的标量子生成概率为

$$N_{\mathrm{s}} \equiv \frac{W}{V} = \frac{1}{V}\int \frac{\mathrm{d}^3k_1\mathrm{d}^3k_2}{(2\pi)^6 4E^2} \mid A \mid^2 = \frac{g^2}{8\pi^2}\int_{E>0}\mathrm{d}E \mid \widetilde{\phi}(2E) \mid^2. \tag{6.38}$$

通常体积因子 V 来自 δ 函数的平方，

$$[\delta(\boldsymbol{k}_1 + \boldsymbol{k}_2)]^2 = \frac{V}{(2\pi)^3}\delta(\boldsymbol{k}_1 + \boldsymbol{k}_2). \tag{6.39}$$

如果 $\omega \gg t^{-1}$，那么式(6.37)对时间的积分在间隔 $\Delta t \gg \omega^{-1}$ 的情况下近似给出 $\pi\phi_0\delta(\omega-2E)$，其中 ϕ_0 是缓慢改变的 ϕ 的振荡幅度，正如式(6.34)所给出的那样. 我们所知 δ 函数的平方为 $\Delta t\delta(\omega - 2E)/(2\pi)$，所以每单位时间与每单位体积的标量子产生率为

$$\dot{N}_{\mathrm{s}} = \frac{N_{\mathrm{s}}}{\Delta t} = \frac{g^2\phi_0^2}{32\pi} = \frac{g^2 M_{\mathrm{Pl}}^2}{96\pi^2 m_\phi^2 (t + t_0)^2}, \tag{6.40}$$

这与下述场 ϕ 的衰变率相一致，

$$\Gamma_\phi = \frac{\dot{N}_{\mathrm{s}}}{N_\phi} = \frac{g^2}{32\pi m_\phi}, \tag{6.41}$$

正如所预料的，此式是 ϕ 标量变为 $\chi\bar{\chi}$ 粒子对的衰变宽度.

由于粒子生成所导致的能量损失，$\phi(t)$ 的下降应当比式(6.34)给出的要快. 对于 $\Gamma_\phi \ll \omega$，可以通过代换 $\phi(t) \to \phi(t)\exp(-\Gamma_\phi t/2)$ 考虑. 此近似只对谐振势适用. 在这种情况下，粒子生成的逆反应可以通过在运动方程中增添与 Γ_ϕ 成正比的一项来描述，

$$\ddot{\phi} + (3H + \Gamma_\phi/2)\dot{\phi} + U' = 0. \tag{6.42}$$

在任意势 $U(\phi)$ 的情况下，考虑粒子生成逆反应的运动方程变为一个时间上非局域的积分微分方程. 单圈近似下的结果参见文献[27]. 例如，在平直时空方程有以下形式：

$$\ddot{\phi} + U'(\phi) = \frac{g^2}{4\pi^2}\int_0^{t-t_{\mathrm{in}}} \frac{\mathrm{d}\tau}{\tau}\phi(t-\tau), \tag{6.43}$$

这可以推广到 FRW 度规，正如 Dolgov 和 Freese、Arbuzova 等人所做的那样. [6]

我们现在来考虑费米子. 在简单的谐振势的情况下，注意到产生的费米子的热化通常比膨胀率要快. 在这种情况下，等离子体的温度可以作如下简单估计：假定 ϕ 完全衰变，再假定哈勃参数 $H = 2/(3t)$ 与衰变率 Γ_ϕ 相等的那一刻粒子立即产生，并且 $t \gg t_0$，见式(6.34). 产生的费米子的能量密度能大体估算为

$$\rho_f = \frac{\Gamma_\phi^2 M_{\mathrm{Pl}}^2}{6\pi} = \frac{g^4}{96\pi^3}M_{\mathrm{Pl}}^2 m_\phi^2, \tag{6.44}$$

并且相应的宇宙加热的温度为

$$T_h = \left(\frac{30\rho_f}{\pi^2 g_*}\right)^{1/4} = \left(\frac{30}{96\pi^5 g_*}\right)^{1/4} g\sqrt{M_{\mathrm{Pl}} m_\phi}. \tag{6.45}$$

对于 T_h 更精确的估计，可以将粒子产生的非瞬时特点与 $\phi_0(t)$ 振荡幅度的下降考虑进来，这不仅由宇宙膨胀所致，而且还由粒子生成逆反应所致. 把这些因素考虑在内，ϕ 与产生的费米子的能量密度满足下述方程：

$$\dot{\rho}_\phi = -\Gamma_\phi\rho_\phi - 3H\rho_\phi,\ \dot{\rho}_f = \Gamma_\phi\rho_\phi - 4H\rho_f, \tag{6.46}$$

其中 Γ_ϕ 由式(6.41)给出. 方程的解为

$$\rho_\phi(t) = \frac{\rho_\phi^{(\text{in})}}{a^3(t)}\mathrm{e}^{-\Gamma_\phi t},\ \rho_f(t) = \frac{\rho_\phi^{(\text{in})}}{a^4(t)}\int_0^t \mathrm{d}t' a(t')\mathrm{e}^{-\Gamma_\phi t'}. \tag{6.47}$$

在这里假定 $t_{\text{in}} = 0$ 与 $a(t_{\text{in}}) = 1$. 粒子产生的完成时间 t_h 可以从条件 $\rho_\phi(t_h) = \rho_f(t_h)$ 中估算. 当 ρ_ϕ 比 ρ_f 大时，在非常好的近似条件下，膨胀阶段可以视为非相对论阶段，即 $a(t) \sim t^{2/3}$. 数值上计算此积分可以发现 $\Gamma_\phi t_h = 1.073$，所以对于相对论物质的能量密度，我们基本上获得了与式(6.44)相同的结果，只不过有一个额外的抑制因子 $1/\exp(1.073) = 0.34$. 因此加热温度大概是式(6.45)的结果的 0.76.

暴胀质量被 $m < 10^{-6}M_{\text{Pl}}$ 所限制，从而避免了太大的密度扰动，并且可以很自然地预计费米子的耦合常数被 $g < 10^{-3}$ 所限制. 这个限制事实上来自费米子圈图修正所诱导出的暴胀场自相互作用势能 $\lambda\varphi^4$ 的约束，其中约束为 $\lambda < 10^{-13}$，而在这个推导过程中有关系式 $\lambda \sim g^4$ 成立. 因此暴胀后的加热温度会相当低，$T_h \leqslant 5\times10^{-8}M_{\text{Pl}} \approx 5\times10^{11}$ GeV. 然而还存在更有效的宇宙加热机制，这将在本书 6.4.3 中讨论.

6.4.2　非扰动现象

通过外部场产生粒子的严格理论是基于 Bogolyubov 变换.[11, 12] 我们再次考虑一种与量子复标量 χ 相耦合的经典标量场 $\phi(t)$，正如 $g\phi\,|\chi|^2$ 形式的相互作用拉格朗日量所描述的那样，其中 g 是一个具有质量量纲的耦合常数. 在本节我们考虑一个平直时空并且将对广义相对论影响的考虑推迟至下一节. χ 傅立叶模式的运动方程为

$$[\partial_t^2 + \boldsymbol{k}^2 + m^2 - g\phi(t)]f_k(t) = 0. \tag{6.48}$$

此方程与附录 C 中式(C.6)非常相似，只是增加了描述与外部场 ϕ 相互作用的一项.

通常假定在较早与较晚的时刻 $t \to \pm\infty$（这个假定在宇宙学中并不正确），相互作用消失 $\phi(t) \to 0$，所以 χ 满足自由运动方程，并且它的傅立叶模式有 $f_k(t) \sim \exp[\pm \mathrm{i}(\omega_k t - \mathrm{i}\boldsymbol{kx})]$ 的形式和对于湮灭项的复共轭形式. 这个有意选择出来的解保证了量子能量为正. 在较晚时刻，当 $\phi(t) \neq 0$ 时，模函数 $f_k(t)$ 由式(6.48)决定，并且在准经典近似下（所谓的 WKB 近似），可以在扰动方法的范围内解析地求解. 其解也可以通过数值求解方程的方法找到. 在逐渐变大的时间中，根据假定，场 ϕ 也会消失，即 $\phi \to 0$，此时解的形式显然为

$$f_k(t \to +\infty) \to \alpha_k \mathrm{e}^{-\mathrm{i}\omega t} + \beta_k \mathrm{e}^{\mathrm{i}\omega t}, \tag{6.49}$$

所以模态展开式(C.2)演变为

$$\chi(t \to \infty) = \int \mathrm{d}\widetilde{k}[\mathrm{e}^{(-\mathrm{i}\omega t + \mathrm{i}\boldsymbol{kx})}(\alpha_k a_{\boldsymbol{k}} + \beta_k^* b_{-\boldsymbol{k}}^\dagger) + \mathrm{e}^{(\mathrm{i}\omega t - \mathrm{i}\boldsymbol{k}\cdot\boldsymbol{x})}(\alpha_k^* b_{\boldsymbol{k}^\dagger} + \beta_k a_{-\boldsymbol{k}})], \tag{6.50}$$

其中 $\mathrm{d}\widetilde{k}$ 在式(C.10)中有定义. 这个问题与一个外部势中著名的量子力学反射/跃迁系数问题

相类似.这些系数满足流密度守恒条件 $|R|^2+|T|^2=1$,这里有一个相似关系

$$|\alpha_k|^2-|\beta_k|^2=1. \tag{6.51}$$

现在对于粒子与反粒子,可以定义新的产生湮灭算符为

$$\widetilde{a}_{\boldsymbol{k}}=\alpha_k a_{\boldsymbol{k}}+\beta_k^* b_{-\boldsymbol{k}}^{\dagger},\ \widetilde{b}_{\boldsymbol{k}}=\alpha_k b_{\boldsymbol{k}}+\beta_k^* a_{-\boldsymbol{k}}^{\dagger}. \tag{6.52}$$

非常重要的是由于关系式(6.51),新算符之间的对易子依然保持为正则对易子(C.4).

$\widetilde{N}_{\boldsymbol{k}}=\widetilde{a}_{\boldsymbol{k}}^{\dagger}\widetilde{a}_{\boldsymbol{k}}/[2k^0V]$ 给出末态粒子数算符.粒子数算符在末态动量 $\boldsymbol{k}$ 表象中为 $N_{\boldsymbol{k}}=\langle 0|\widetilde{N}_{\boldsymbol{k}}|0\rangle=|\beta_k|^2$.产生粒子的总粒子数密度为

$$n=\frac{1}{V}\frac{V}{(2\pi)^3}\int d^3kN_{\boldsymbol{k}}=\int\frac{d^3k}{(2\pi)^3}|\beta_k|^2. \tag{6.53}$$

在扰动理论中计算 β_k:展开 $f=f_0+f_1$,有 $f_0=\exp(-i\omega t)$,并且运动方程(6.48)变为

$$(\partial_t^2+\boldsymbol{k}^2+m^2)f_1=g\phi(t)\exp(-i\omega t). \tag{6.54}$$

利用格林函数方法,可以发现

$$f_1(t)=-g\int\frac{d\omega'}{2\pi}\frac{\widetilde{\phi}(\omega'-\omega)}{\omega'^2-\boldsymbol{k}^2-m^2}e^{-i\omega' t}. \tag{6.55}$$

考察在极点 $\omega'=-\sqrt{\boldsymbol{k}^2+m^2}=-\omega$ 的留数,可以发现 $\exp(+i\omega t)$的系数为 $\beta_k=ig[\widetilde{\phi}(2\omega)]^*/2\omega$,与本书 6.4.1 中的结果相一致.准经典计算的详细内容,可以在 Dolgov 和 Kirilova、Dolgov 的工作中查询.[28, 24]

Bogolyubov 变换允许我们对于一个任意的依赖外部时间的场计算产生粒子的数密度,但这只是在 $t\to\pm\infty$ 时外部场消失的情况下才有效.一个更加有效的量是产生粒子的能量密度,尤其是在宇宙学中.关键点在于粒子数算符不是一个局域算符,正如在量子场论基础中所知,因此粒子的概念依赖于真空态的定义.这在阐释中会产生严重的歧义.例如,著名的 Unruh 效应[36, 20, 80]预言,一个真空中加速运动的观察者会观测到黑体辐射,而惯性观察者却什么也探测不到.但系统的总能量密度依然为零.实际上,真空的能动张量已经假定为零,所以不管在什么坐标系中它均为零.加速运动的观察者探测到粒子的热浴,意味着真空能量(在加速标架中定义)不为零,从而精确弥补了粒子热浴的非零能动张量,所以无论在惯性参考系还是加速参考系中,引力的作用量均为零.

另一方面,对相互作用 ϕ—χ场系统演化的思考,允许我们对 $\phi(t)$的任何值来描述粒子产生,而不仅仅是对 $\phi=$ 常数 的情况描述.FRW 度规中的能量密度算符等于能动张量的时间-时间成分,

$$\begin{aligned}T_{\mu\nu}(\phi,\chi)=&\partial_\mu\phi\partial_\nu\phi-g_{\mu\nu}\left[\frac{1}{2}\partial_\alpha\phi\partial^\alpha\phi-U_\phi(\phi)\right]+2\partial_\mu\chi^\dagger\partial_\nu\chi-\\&g_{\mu\nu}[\partial_\alpha\chi^\dagger\partial^\alpha\chi-U_\chi(\chi)]-g_{\mu\nu}g\phi\chi^\dagger\chi.\end{aligned} \tag{6.56}$$

为了简化问题,假定 $\phi(t)$是一个经典场,并且忽略对它的能量进行的量子修正.尽管这些忽略项可以很容易地包括进来,但对于所要得出的结果来说它们并不重要,然而若是对于χ的量子效应,它们则至关重要.我们采用最简单的谐振势 $U_\phi(\phi)=m_\chi^2\phi^2/2$ 与 $U_\chi(\chi)=m_\chi^2\chi^2/2$,来计算 $\rho=T_{00}$ 的真空期望值,并且研究它随时间的演化.总能量密度算符包含下面的 3 个部分,场

$\phi(t)$的能量密度为

$$\rho_\phi = \frac{1}{2}(\dot{\phi}^2 + m_\phi^2\phi^2), \tag{6.57}$$

相互作用的能量密度为

$$\rho_{\text{int}} = g\phi\langle 0|\ \chi^\dagger\chi\ |0\rangle = g\phi(t)\int d\widetilde{k}\ |\ f_k(t)\ |^2, \tag{6.58}$$

其中利用了湮灭算符湮灭真空 $a_k\ |0\rangle = 0$ 与对易子(C.4)(对于 b_k).此式在高 k 值时平方发散,但是在相互作用被温和切断的情况下,初始能量密度与末态能量密度之差应当是有限的.最有趣的是最后一项,与其他两项对比,在 $\phi = 0$ 的限制下它依然非零.按照与上文相同的步骤进行分析,可以发现

$$\rho_\chi = \int d\widetilde{k}[(m_\chi^2 + k^2)\ |\ f_k(t)\ |^2 + |\ \dot{f}_k(t)\ |^2], \tag{6.59}$$

此表达式是平方紫外发散的.对于真空能甚至是非相互作用场,这个结果为我们所熟知.

检验上述结果是否与基于 Bogolyubov 变换的扰动计算相一致是十分有益的.式(6.49)中的表达式给出式(6.48)的解,把这个解代入式(6.59),可以发现

$$\begin{aligned}\rho_\chi = \int d\widetilde{k}\lfloor &(m_\chi^2 + k^2)(|\ \alpha_k\ |^2 + |\ \beta_k\ |^2 + \alpha_k^*\beta_k e^{-i\omega_k t} + \alpha_k\beta_k^* e^{i\omega_k t}) + \\ &\omega_k^2(|\ \alpha_k\ |^2 + |\ \beta_k\ |^2 - \alpha_k^*\beta_k e^{-i\omega_k t} - \alpha_k\beta_k^* e^{i\omega_k t})\rfloor.\end{aligned} \tag{6.60}$$

其中约去振荡干涉项,利用关系式(6.51),可以发现

$$\Delta\rho_\chi = \rho_\chi(t\to+\infty) - \rho_\chi(t\to-\infty) = 2\int d\widetilde{k}\omega_k^2\ |\ \beta_k\ |^2, \tag{6.61}$$

与式(6.53)相一致.第二个因子来自粒子与反粒子贡献的求和.注意到对于一个比 $1/k^2$ 下降得要快的$|\beta_k|^2$(通常是在场 ϕ 绝热开启的情况下发生),结果是不会紫外发散.

6.4.3　参数共振

就像在本书 6.4 节开头注意到的情况那样,粒子产生过程可以激发参数共振,并且强烈地促进宇宙加热效应.参数共振是振幅呈指数增长的振荡中的一个著名现象,在振荡时振子的参数随频率周期性改变,可以改变频率为振子本征频率的整数份(见下文).全世界的孩子们都熟知这一点,因为他们利用这个原理在荡秋千时周期性地蹲上、蹲下来增加摇摆的振幅.

现在考虑真标量场χ的傅立叶模式,它满足运动方程(6.48),并且假定场 ϕ 随时间改变的规律为 $\phi(t) = \phi_0\cos(m_\phi t)$.在暴胀末期,$\phi$ 通常情况下都会具有这种行为.把这个表达式代入式(6.48),可以得到著名的 Mathieu 方程,

$$\ddot{\chi} + \omega_0^2(1 + h\cos mt)\chi = 0, \tag{6.62}$$

其中 $\omega_0^2 = m_\chi^2 + k^2$,$h = g\phi_0/\omega_0^2$.当$h \ll 1$ 并且 m 的值接近 $2\omega_0/n$(其中 n 为整数)时,式(6.62)描述了一个参数共振,这导致χ以呈指数增长的振幅振荡.对于 $h \ll 1$ 的情况,式(6.62)的解可以表示为一个缓慢增长的振幅和一个以频率 ω_0快速振荡的函数相乘的形式,

$$\chi = \chi_0(t)\cos(\omega_0 t + \alpha). \tag{6.63}$$

χ_0 的振幅满足方程

$$-\ddot{\chi}_0\cos(\omega_0 t+\alpha)+2\omega_0\dot{\chi}_0\sin(\omega_0 t+\alpha)=h\omega_0^2\chi_0\cos\omega_0 t\cos(\omega_0 t+\alpha). \tag{6.64}$$

把式(6.64)与 $\sin(\omega_0 t+\alpha)$相乘,并且对振荡周期取平均. 如果 $m=2\omega_0$,那么右式经平均后为零. 在这种情况下,若 $\alpha=\frac{\pi}{4}$,χ_0 将呈指数增长,即

$$\chi_0\sim\exp\left(\frac{1}{4}h\omega_0 t\right). \tag{6.65}$$

以这种方式,对于频率最低的振动模,可以发现重新回到参数共振理论的标准结果. 此外,还存在更高频率的χ振荡模,并且它们依然是共振的,它们的存在可以通过类似的方式确立. 关于参数共振更详细的讨论,可以在 Landau 和 Lifshitz 的工作中查询[58],也可以参考任何一本关于 Mathieu 方程的数学书.

在量子语言中,参数共振可以理解为某种粒子的产生加强过程,该过程发生在已经被该粒子占据的等离子体中. 很明显这种加强只存在于玻色子中——这就是激光放大的原理. 相反地,对于费米子来说,由于泡利不相容原理的存在,它们并不愿意产生. 实际上,费米子的量子运动方程没有展现出共振行为.[28]

在宇宙学中,存在两种潜在的威胁参数共振的效应. 第一,存在生成粒子的动量红移效应,这会将它们从共振模式中推出. 宇宙膨胀的影响,可以通过合理地修正χ傅立叶模的运动方程而考虑,

$$\ddot{f}_k+3H\dot{f}_k+\left(\frac{k^2}{a^2(t)}+m_\chi^2+g\phi\right)f_k=0. \tag{6.66}$$

此方程在数值上比较容易求解,并且如果共振范围足够宽的话,其解确实表征了共振行为. 第二种能够抑制共振的现象是产生的粒子与宇宙等离子体中其他粒子可能发生的散射现象,此效应还没有被充分研究(据作者目前所知). 但它显然没有出现在粒子产生的初始阶段,因为此阶段的宇宙基本上是空的. 关于宇宙加热的更多细节,可以在 Allahverdi 等人的工作中查询. 我们发现较宽的参数共振可以在一个与哈勃时间相比要较小的时间间隔内将大部分暴胀能量密度转化为物质. 当 ϕ 下降到$M_{\rm Pl}$时,暴胀场开始振荡并且产生出粒子. 因此在粒子产生进程的开始时刻,暴胀的能量密度为 $\rho_\phi\sim m_\phi^2\phi^2\sim10^{-12}M_{\rm Pl}^2$,并且大爆炸开始时宇宙的温度为 $T\sim10^{-3}M_{Pl}\sim10^{16}$ GeV,也有可能比这个温度低一个数量级.

Dolgov 等人最近发现[31],如果暴胀振荡不为纯余弦形式,而是更加接近于一系列周期 θ 函数,那么加热效率可能会提高一个数量级.

如果式(6.66)中的 $g\phi$ 总是比$(m_\chi^2+k^2/a^2)$要小,χ振荡的有效本征频率的平方保持为正. 如果频率较大,频率的平方将会为负,并且会导致一种新的不稳定现象出现,在通常情况下这会导致χ振幅的快速增长,比单纯由参数共振导致的要快. 这就是所谓的快子加热的实例. 注意对于另一种耦合类型 $\lambda_{\phi\chi}\phi^2\chi^2$,快子加热现象显然不会出现. 人们把此机制形容为快子的,原因在于式(C.5)与快子运动方程相似,即与具有负质量平方的粒子的运动方程相似,

$$(\partial_t^2-\Delta+m_\zeta^2)\zeta=0. \tag{6.67}$$

快子被认为是传播速度比光速快的粒子. 然而事实并非如此. 快子波的群速确实比 c 大,但是波前的速度(由有限能量下折射率的渐近性决定)并没有超过光速. 快子的真空态是不稳定的,与 Higgs 玻色子的真空态相似,并且人们推测存在一个可以稳定真空场的额外的四次自相互

作用. Greene 等人在更早些的时候提出了一种相似的快子不稳定性.[40] 他们假定耦合 $\lambda_{\phi\chi}$ 为负,场χ呈指数增长,像通常的一些额外的四次耦合可以实现快子稳定化.

6.4.4 引力场中的粒子产生

通过暴胀场的粒子产生与通过引力场的粒子产生往往同步发生. 在暴胀末期,这个过程可能会十分高效. 通过各向同性 FRW 度规粒子产生的开创性工作由 Parker[68, 69], Bronnikov 和 Tagirov[13, 14]完成. 后者是用俄语写成的,时间上更早,但并不被人们熟知,其中考虑了 de Sitter 时空的特殊情况. 结果显示通常在一个共形平直度规中,尤其是包括暴胀时空的情况下,不会产生无质量共形不变的粒子(见下文). 有一系列论文和图书(可参见文献[41, 42, 17, 10, 87, 43])进一步地发展了粒子产生机制方面的研究. 无质量粒子可以在非各向同性的空间中产生,从而使空间快速各向同性化.[84, 88, 50, 49, 9, 64]

FRW 度规属于所谓共形平直度规中特殊的一类,在重新定义坐标后,FRW 度规可以写为 *Mink owski* 度规与共形因子相乘的形式,

$$ds^2 = a^2(r, \eta)(d\eta^2 - d\boldsymbol{r}^2). \tag{6.68}$$

对于空间平直的 FRW 度规, $ds^2 = dt^2 - a^2(t)d\boldsymbol{r}^2$, 只需要重新定义时间为 $dt/a(t) = d\eta$, 并且根据共形时间 η 表达出标量因子. 表 6.1 给出与物质占主导的阶段(MD)、辐射占主导的阶段(RD)、de Sitter(dS)阶段相应的表达式.

表 6.1 尺度因子在不同膨胀时期随宇宙时间和共动时间的演化关系

膨胀机制	宇宙学尺度因子 $a(t)$	共形时 $\eta(t)$	共形尺度因子 $a(\eta)$
MD	$a\sim t^{2/3}$	$\eta\sim t^{1/3}$	$a(\eta)\sim\eta^2$
RD	$a\sim t^{1/2}$	$\eta\sim t^{1/2}$	$a(\eta)\sim\eta$
dS	$a\sim\exp(Ht)$	$\eta\sim -1/He^{Ht}$	$a(\eta)\sim -1/(H\eta)$

以下面的方式重新调整度规与标量、旋量、矢量场,将会很方便,

$$g_{\mu\nu} = a^2\tilde{g}_{\mu\nu},\ \chi = \tilde{\chi}/a,\ \psi = \tilde{\psi}/a^{3/2},\ A_\mu = \tilde{A}_\mu. \tag{6.69}$$

复标量、旋量与光子的物质作用量有以下形式:

$$S_{\text{tot}} = \int d^4\chi\sqrt{-g}\,[g^{\mu\nu}\partial_\mu\chi^*\partial_\nu\chi - m_\chi^2|\chi|^2 - \lambda_\chi|\chi|^4 + \bar{\psi}(ig^{\mu\nu}\Gamma_\mu\nabla_\nu - m_\psi)\psi - g^{\mu\alpha}g^{\nu\beta}F_{\mu\nu}F_{\alpha\beta}], \tag{6.70}$$

其中 Γ_μ 是狄拉克 γ_μ 矩阵对弯曲时空的推广. 在 FRW 度规中,它们有 $\Gamma_\mu = a\gamma_\mu$ 的形式,其中 γ_μ 的对易子为 $[\gamma_\mu, \gamma_\nu] = \eta_{\mu\nu}$, $[\Gamma_\mu, \Gamma_\nu] = g_{\mu\nu}$, 并且$\nabla_\mu$是自旋 1/2 场的协变导数. 在 FRW 度规中,它的形式为 $\nabla_\mu = \partial_\mu + 3\partial_\mu \ln a/2$. 必须利用所谓的标架形式(tetrad or vierbein formalism)导出它,通过它广义相对论可以描述自旋量.

可以很容易地验证在 $m_\chi = m_\psi = 0$ 与 $a =$ 常数 的条件下,作用量(6.70)对于变换(6.69)是不变的(即它在新场中有相同的形式). 在此变换下,所有质量转变为 ma. 在下文的叙述中,应当采用 $a = a(t) \neq$ 常数 将 FRW 度规转变为 Minkowsky 度规: 需要以 $g_{\mu\nu}$ 进入 $\mu_{\mu\nu}$ 的方式重新定义度规. 只有在重新调整后的因子依赖时间的情况(即 $a = a(t)$)下,才能进行这种变

换.在这种情况下,标量场的作用量(6.70)并不是不变的,而无质量自旋量与电磁场依然保持标量不变性.根据 Parker 定理可知无质量粒子不会在 FRW 引力场中产生,而无质量标量则可以产生.实际上转换后的电磁场与旋量场满足自由运动方程,故可明显看出初始解 $f_k = \exp(i\omega t)$ 总是保持此形式,并且 Bogolyubov 系数为零,即 $\beta_k \equiv 0$.

另一方面,从作用量(6.70)导出的$\widetilde{\chi}$傅立叶模的运动方程有以下形式:

$$f''_k + \left(k^2 + m_\chi^2 a^2 - \frac{a''}{a}\right) f_k = 0, \tag{6.71}$$

其中的"′"代表对共形时间的导数.很明显此方程不是共形不变的,即使对于"$m=0$"也是如此(由于最后一项的存在),辐射主导阶段是一个例外,此时 $a''=0$.

如果将 $\xi = 1/6$ 的与曲率标量非最小耦合的项 $\xi R|\chi|^2$ 加到作用量中,那么该标量场是共形不变的.在这种情况下,a''/a 项从式(6.71)中消失,并且宇宙背景不能产生无质量标量,但是它们可以像自由非相互作用场一样存在.对于任意的 ξ,式(6.71)变为

$$f''_k + \left[k^2 + m_k^2 a^2 + (6\xi - 1)\frac{a''}{a}\right] f_k = 0. \tag{6.72}$$

在辐射支配膨胀的情况中,$a''=0$,所以无质量粒子不会感觉到宇宙的膨胀.对于物质支配与暴胀情况,$a''/a = 2/\eta^2$.除此以外,在暴胀阶段,$a^2 \sim 1/\eta^2$,对于有质量的场,此方程也可以根据 Hankel 函数解为

$$f_k = C_1\sqrt{y}H_\nu^{(1)}(y) + C_2\sqrt{y}H_\nu^{(2)}(y), \tag{6.73}$$

其中 $\nu = (9/4 - m_\chi^2/H^2 - 12\xi)^{1/2}$,$y = -k\eta$.系数 $C_{1,2}$ 可由初始条件决定:短波时即 $k \gg H$,曲率效应并不至关重要,其解应当与平直时空解接近.在 $y \gg 1$ 但 ν 有限的情况下,Hankel 函数有下述渐近行为:

$$H_\nu^{(1,2)}(y) \approx \sqrt{\frac{2}{\pi y}} \exp[\pm i(y - \pi\nu/2 - \pi/4)]. \tag{6.74}$$

对于较小的 Ht,共形时间为 $\eta \approx -H^{-1} + t$,合适的正能量模为 $H_\nu^{(1)}(k\eta) \sim \exp(-ikt)$,因此应当取 $C_1 = \sqrt{\pi/2}$ 和 $C_2 = 0$,可参见 Birrell 和 Davies(1982)一书[10]的第五章.应当记住此结果只对短波有效,短波是指在暴胀开始时波长比视界 $1/H$ 小得多的波,即 $k \gg H$.换句话说,只考虑初始波长非常小的波,但在宇宙膨胀的过程中,它们的波长会移出视界,即 $k\exp(-Ht) \leqslant H$.

由式(6.73)可知在演化进程中,正能模不能获得一个额外的负频率模,所以在一个纯暴胀中不会产生出粒子.Chung 等人考察了暴胀末期重粒子的引力产生效应[18, 19],并且 Kuzmin 和 Tkachev 研究了更一般的情况[56, 57],包括过去的暴胀辐射主导与物质主导阶段,发现当哈勃参数与它们的质量接近时粒子显著地产生.

最后,我们考虑 FRW 宇宙学中光子的产生.电磁场是共形不变的,并且根据 Parker 定理电磁场不能在一个共形平直引力场中产生,这只对经典电动力学有效.量子修正可以破坏共形不变性,并且在经典麦克斯韦方程组中增添额外一项[22],从而导致早期宇宙电磁波的产生.在暴胀末期,此机制可以产生出大尺度磁场.

6.5 引力波的产生

暴胀末期引力波的产生过程基本上与无质量粒子的产生过程相同.这个课题非常重要,值

得我们进行深入研究，特别是长引力波的可能探测结果将是暴胀理论的清晰证明. 虽然引力子没有质量，但它们的运动方程并不是共形不变的，所以它们会在 FRW 时空中产生.[44]暴胀阶段引力波的产生最初由 Starobinsky[77]进行研究，之后还有 Rubakov 等人基于更新的暴胀模型计算了引力波的强度.[74]在 Maggiore，Buonanno 等人的工作中，可以找到关于早期宇宙引力波产生的综述.[65, 15]

引力波运动方程的导出比较直接但相当冗长. 将引力波视为度规的张量扰动，

$$g_{\mu\nu} = g_{\mu\nu}^{(b)} + h_{\mu\nu}, \tag{6.75}$$

其中 $g_{\mu\nu}^{(b)}$ 是背景度规，并且 $|h_{\mu\nu}| \ll 1$ 是引力波振幅. 在所考察的情况下，我们以通常的方式在共形时间中引入 FRW 度规的张量扰动，

$$\mathrm{d}s^2 = a^2(\eta)(\eta_{\mu\nu} + h_{\mu\nu})\mathrm{d}x^\mu \mathrm{d}x^\nu. \tag{6.76}$$

为了取代 $h_{\mu\nu}$，一种普遍的方法是考察下面这个量，

$$\psi_{\mu\nu} = h_{\mu\nu} - \frac{1}{2} g_{\mu\nu}^{(b)} h, \tag{6.77}$$

其中 $h = h_\mu^\mu$. 在此处与下文中指标用背景度规升上去. 通过合适的坐标选择，可以施加下面的条件：

$$h = 0 \text{ 与} \nabla_\mu h_\mu^\mu = 0, \tag{6.78}$$

这些条件确保矢量与标量成分被排除在外. 由于引力子质量为零，故对于平面引力波可以再施加 3 个条件，只有与波的传播方向正交的两个分量是独立的. 选择规范条件 $\psi_{\mu\nu} = h_{\mu\nu}$. 经过一些代数运算，可以发现 k 模传播的波动方程：

$$h''_{\mu\nu} + 2\frac{a'}{a}h'_{\mu\nu} + k^2 h_{\mu\nu} = 0. \tag{6.79}$$

重新将度规调整为 $h_{\mu\nu} = \tilde{h}_{\mu\nu}/a$，可以发现 $\tilde{h}_{\mu\nu}$ 的所有矩阵元满足与引力最小耦合（$\xi = 0$）的无质量标量场相同的方程，可见式(6.71)和(6.72). 在此处与下文中不将 h_k 的下标写出.

考虑一个简单模型中的引力波产生，这个模型中 de Sitter 立即转变为辐射占主导地位的膨胀阶段. 如果暴胀通过相对论粒子产生完成快速的宇宙加热，那么这个模型便与实际的情形接近. 在暴胀阶段，式(6.71)将有 $\nu = 3/2$ 的解，即式(6.73)，

$$\tilde{h} = \mathrm{e}^{-\mathrm{i}z}\left(1 - \frac{\mathrm{i}}{z}\right), \tag{6.80}$$

其中 $z = k\eta$，并且根据式(6.74)后的论证，并不能得出第二解. 在一个辐射占主导地位的宇宙中，$a'' = 0$ 并且解有下述简单形式：

$$\tilde{h} = \alpha \mathrm{e}^{-\mathrm{i}z} + \beta \mathrm{e}^{\mathrm{i}z}. \tag{6.81}$$

与表(6.1)相比，它更精确地展现物理时间与共形时间之间的关系，尽管对于计算产生的引力波强度，这样一些关系并不重要. 共形时间通过物理时间表达为

$$\eta - \eta_0 = \int_{t_0}^{t} \frac{\mathrm{d}t'}{a(t')}. \tag{6.82}$$

在 de Sitter 时期,假定此时期从 $t_I^{(\text{in})}$ 持续到 $t_I^{(\text{fin})}$,标量因子等于 $a(t)=a_I^{(\text{in})}\exp[H_I(t-t_I^{(\text{in})})]$. 所以对于 $t<t_I^{(\text{fin})}$, 有

$$\eta-\eta_0=\frac{1}{t_I^{(\text{in})}H_I}[1-\mathrm{e}^{-H_I(t-t_I^{(\text{in})})}]. \tag{6.83}$$

其中令 $t_0=t_I^{(\text{in})}$. 再选择 $\eta_0=1/H_I$, $t_I^{(\text{in})}=0$ 与 $a_I^{(\text{in})}=1$, 从而获得了与表(6.1)相同的关系.

对于 $t\geqslant t_I^{(\text{fin})}$,标量因子按照 $a_R(t)=a_R^{(\text{in})}\,[(t+t_1)/t_2]^{1/2}$ 的规律演化,很明显式中 $a_R^{(\text{in})}=a_I^{(\text{fin})}=\exp(H_I t_I^{(\text{fin})})$. t_2 可以由条件 $a(t_I^{(\text{fin})})=a_I^{(\text{fin})}$ 决定,所以 $t_2=t_1+t_I^{(\text{fin})}$. 最后,$t_1$ 可以由宇宙能量密度在 $t=t_I^{(\text{fin})}$ 时刻从 de Sitter 相到辐射支配相转变时的连续性获得,

$$\rho_I=\frac{3H_I^2M_{\text{Pl}}^2}{8\pi}=\rho_R=\frac{3M_{\text{Pl}}^2}{32\,(t+t_1)^2}. \tag{6.84}$$

因此, $t_1=1/(2H_I)-t_I^{(\text{fin})}$, 并且

$$a_R(t)=a_I^{(\text{fin})}\,(2H_I)^{1/2}\left(t-t_I^{(\text{fin})}+\frac{1}{2H_I}\right)^{1/2}. \tag{6.85}$$

对于辐射占主导地位的阶段,共形时间为

$$\eta=-\frac{2}{H_Ia_I^{(\text{fin})}}+\frac{2}{\sqrt{2H_I}a_I^{(\text{fin})}}\left(t-t_I^{(\text{fin})}+\frac{1}{2H_I}\right)^{1/2}, \tag{6.86}$$

并且以共形时间为函数的尺度因子的演化规律为

$$a_R(\eta)=(a_I^{(\text{fin})})^2H_I\eta+2a_I^{(\text{fin})}. \tag{6.87}$$

为了相匹配,需要求解式(6.80)和(6.81),以及它们在 $\eta=\eta_I^{(\text{fin})}=-1/(H_ia_I^{(\text{fin})})$ 处的一阶导数连续. 为了简化记号,令 $\eta_I^{(\text{fin})}\equiv\eta_1$. 下述方程决定了系数 α 与 β:

$$\begin{aligned}\alpha\mathrm{e}^{-\mathrm{i}z_1}+\beta\mathrm{e}^{\mathrm{i}z_1}&=\mathrm{e}^{-\mathrm{i}z_1}\left(1-\frac{\mathrm{i}}{z_1}\right),\\ \alpha\mathrm{e}^{-\mathrm{i}z_1}-\beta\mathrm{e}^{\mathrm{i}z_1}&=\mathrm{e}^{-\mathrm{i}z_1}\left(1-\frac{\mathrm{i}}{z_1}-\frac{1}{z_1^2}\right),\end{aligned} \tag{6.88}$$

其中 $z_1=k\eta_1$. 因此,可以发现

$$\alpha=1-\frac{\mathrm{i}}{z_1}-\frac{1}{2z_1^2},\ \beta=\frac{\mathrm{e}^{-2\mathrm{i}z_1}}{2z_1^2}. \tag{6.89}$$

很明显 $|\alpha|^2-|\beta|^2=1$, 正如所料.

利用经过合理修正后的式(6.61),可以计算频率为 k 的引力辐射的能量密度. 然而有必要把宇宙膨胀的效应考虑在内. 场 ϕ 的能量密度等于它的能动张量的时间-时间分量,

$$\rho=T_{tt}=\frac{T_{\eta\eta}}{a^2}=\frac{(\phi')^2+(\partial_j\phi)^2}{2a^2}=\frac{(f'_k-a'f_k/a)^2+f_k^2}{2a^4}, \tag{6.90}$$

其中“′”代表对 η 的导数,并且在最后一步中利用共动波数 k,进行 $\phi=\tilde{\phi}/a$ 共形重新调节后的傅立叶模式的变换. 由于 $a'/a=Ha$, 频率区间 $\mathrm{d}k$ 的能量密度可以写为

$$\rho_k=\frac{1}{4\pi^2}\frac{f_k^2+(\partial_z f-Haf/k)^2}{a^4}, \tag{6.91}$$

其中宇宙尺度因子取为与 $\eta_1=-1/(H_I a_I^{(\text{fin})})$ 时刻匹配的尺度因子. 注意到 $k/a=p$, 其中 p 是频率的物理波数,在宇宙膨胀的过程中它发生了红移.

利用导出式(6.61)的论证,明显发现

$$\rho_k=\frac{1}{4\pi^2}k^3\,\mathrm{d}k\mid\beta_k\mid^2=\frac{1}{16\pi^2}\frac{\mathrm{d}k}{k}H_I^4. \tag{6.92}$$

在对数区间内能谱依赖频率. 此简单模型中暴胀引力波的能量部分为

$$\Omega_{GW}=\frac{H_I^2}{6\pi M_{\text{Pl}}^2}. \tag{6.93}$$

此结果对于那些物理动量在暴胀过程中被拉出哈勃视界的波有效,即最大频率应当有 $k\sim H_I$,在今天变为 $H_I/(z_I+1)$,其中 z_I 是暴胀结束时的红移. 如果令 $H_I=10^{-5}M_{\text{Pl}}$,并且宇宙加热温度 $T_{\text{heat}}\sim 10^{-3}M_{\text{Pl}}$,那么 $z_I=T_{\text{heat}}/2.7\ \text{K}$. 故当今宇宙的最大频率约为$10^{-2}T_{\text{CMB}}$,这会在大约$10^8$ Hz 以上的频率能谱中导致突然截止,最小波长与今天具有当前哈勃视界数量级的波相一致.

如果引力波长度比红移 $z_{\text{eq}}\approx 10^4$ 时(此时辐射占主导地位的阶段转变为物质占主导地位的阶段)的宇宙视界要短,那么宇宙能量密度部分将会下降 4 个数量级. 对于 $H_I=10^5M_{\text{Pl}}$,预计 $\Omega_{\text{GW}}\sim 10^{-15}$. 更长的波不会具有这么大的红移,并且它们的能量部分可能会高出 4 个数量级. 今天这种波应当比10^8 年要长,并且它们的频率应当小于10^{-16} Hz. 我们注意到在实际图景中,尤其包括暴胀结束后可能的物质占主导地位的阶段,暴胀引力波能谱并不是绝对平坦的,而是依赖于暴胀势. 引力波的宇宙能量部分同样也依赖于暴胀模型,并且可能会有相当大的变化. 除此以外,如果存在原初黑洞主导的早期阶段,那么能量部分可能会受到强烈的抑制[30, 26],这些黑洞随后蒸发,从而恢复了辐射占主导地位的相. 如果这个阶段得到实现,原初黑洞间的相互作用可能会激发出更高频率的引力波.

6.6 密度扰动的产生

宇宙学尺度上密度扰动的产生机制是旧 FRW 宇宙学中一个基本的未解决的谜团. 宇宙等离子体中的量子与热涨落的振幅是足够大的,但是它们只能发生在非常小的尺度上. 现在我们知道这个问题可以通过暴胀顺利得到解决. 简而言之,原初密度扰动的产生机制如下:量子涨落的波长,从微小尺度被暴胀过程指数地拉伸为银河系、星系团甚至是我们目前看到的尺度. 除此以外,这些涨落的幅度被膨胀过程放大,这种放大与 §6.5 中所考虑的张量扰动幅度很相似. 密度扰动的暴胀起源与扰动功率谱的预测[67](它们与观测数据极好地吻合)是宇宙学标准模型的巨大成功.

我们从 FRW 背景中一个实量子场 ϕ 开始,假定这个场满足运动方程(6.12). 在共形时间中量子化共形重标度后的场 $\tilde{\phi}=a\phi$ 是非常方便的,参见式(6.68)和(6.69). 通常根据产生/湮灭算符将这个场展开,参见式(C.2).

$$\tilde{\phi}=\int\mathrm{d}\tilde{k}\left[a_k\mathrm{e}^{\mathrm{i}\boldsymbol{k}\cdot\boldsymbol{x}}f_k(\eta)+a_k^{\dagger}\mathrm{e}^{-\mathrm{i}\boldsymbol{k}\cdot\boldsymbol{x}}f_k^*(\eta)\right], \tag{6.94}$$

其中傅立叶振幅满足方程

$$f_k''+\left[k^2-\frac{a''}{a}\right]f_k+a^3U'(f_k/a)=0, \tag{6.95}$$

此式与式(6.71)相似. 这里 $U'=\mathrm{d}U/\mathrm{d}\phi$,

(1) 对于一个带有 $U(\phi)=m^2\phi^2/2$ 的自由有质量场, $a^3U'(f_k/a)=m^2a^2f_k$;

(2) 对于一个带有 $U(\phi)=\lambda\phi^4/4$ 的自相互作用场, $a^3U'(f_k/a)=\lambda f_k^3$, 此结果在只有一个 k 模主导的条件下是正确的.

现在考虑 $H^2\gg m^2$ 和/或 $H^2\gg\lambda f^2$ 的暴胀阶段. 若 $\lambda=0$, 式(6.95)可以被解析求解, 此解由式(6.73)给出. 对于真空量子涨落, $C_2=0$. 在小质量限制下, 当 $\nu=3/2$ 时, 解化简为式(6.80). ϕ 的真空量子涨落的能谱可以计算为

$$\begin{aligned}\langle|\phi^2|\rangle_{\mathrm{vac}}&=\frac{1}{a^2}\int\mathrm{d}\tilde{k}\,\mathrm{d}\tilde{k}'\,\langle[a_k\mathrm{e}^{\mathrm{i}\boldsymbol{k}\cdot\boldsymbol{x}}f_k(\eta)+a_k^\dagger\mathrm{e}^{-\mathrm{i}\boldsymbol{k}\cdot\boldsymbol{x}}f_k^*(\eta)][a_{k'}\mathrm{e}^{\mathrm{i}\boldsymbol{k}'\cdot\boldsymbol{x}}f_{k'}(\eta)+a_{k'}^\dagger\mathrm{e}^{-\mathrm{i}\boldsymbol{k}\cdot\boldsymbol{x}}f_{k'}^*(\eta)]\rangle_{\mathrm{vac}}\\&=\frac{1}{4\pi^2}\int\mathrm{d}pp\left(1+\frac{H^2}{p^2}\right),\end{aligned} \tag{6.96}$$

其中 $p=k\mathrm{e}^{-Ht}$ 是物理动量, 并且利用条件 $a_k|\mathrm{vac}\rangle=0$、对易关系(C.4)、$f_k$ 的解式(6.80)和 $y=-k\eta=k\mathrm{e}^{-Ht}/H$. 此表达式中第一个四次发散项与同时空间点的量子算符无穷大值相对应. 在平直时空中同样也是如此, 并且该项应当被去除. 第二项描述了宇宙膨胀效应, 这正是我们所需要的. 注意到最初假定了 $k\gg H$, 且第二项比 1 小很多, 这描述了暴胀时空中的量子涨落, 其波长比宇宙视界要小. 然而指数膨胀将这些波推出了视界, 此时 $H\mathrm{e}^{Ht}\gg1$, 并且第二项增长到比 1 大得多的状态. 值得注意的是, $H\sim1/t$, $a\sim t^{1/2}$ 和 $t^{2/3}$ 分别对应于辐射占主导地位的阶段和物质占主导地位的阶段, 所以比率 Ha/k 下降了. 换句话说, 量子涨落在暴胀中强烈地增加, 但是在辐射占主导地位的阶段和物质占主导地位的阶段则下降了.

虽然暴胀时的量子涨落增加了, 但是它的能量密度却没有改变(Bogolyubov 系数依旧为零). 尽管这样, 涨落以下述方式产生随机密度扰动, 如果将暴胀场 $\phi(x,t)$ 分成经典均匀部分 $\phi_0(t)$ 与小量子涨落 $\delta\phi(x,t)$, 我们便会看到,

$$\phi(x,t)=\phi_0(t)+\delta\phi(x,t). \tag{6.97}$$

在暴胀时期, 量子涨落部分满足方程

$$\delta\ddot{\phi}+3H\delta\dot{\phi}-\mathrm{e}^{-2Ht}\partial_i^2\delta\phi-\frac{\partial^2V(\phi_0)}{\partial\phi^2}\delta\phi=0, \tag{6.98}$$

上式可通过式(6.12)对 $\delta\phi$ 的一阶展开获得. 对于较大的 Ht, 式中第三项被红移掉, 并且 $\delta\phi$ 满足与 $\dot{\phi}_0(t)$ 相同的方程. 式(6.98)有两个解: 一个解对于 $\partial^2V/\partial\phi^2\ll H^2$ 按照 $\exp(-3\,\mathrm{Ht})$ 的规律下降, 第二个解相对变化比较缓慢. 对于较大的 t, 可以忽略第一个解, 并且写出

$$\delta\phi(x,t)=-\delta\tau(x)\dot{\phi}_0(t). \tag{6.99}$$

如果 $\delta\phi$ 较小, 上式对于经典场移向平衡点的过程等价于一个依赖 x 的延迟量,

$$\varphi(x,t)=\varphi_0(t-\delta\tau(x)). \tag{6.100}$$

因此, 在不同的空间点暴胀以不同的时刻结束, 这就是密度扰动产生的物理起因. 由于在暴胀阶段暴胀场 φ 支配着宇宙能量密度, 人们可以写出 $\rho(x,t)=\rho(t-\delta\tau(x))$, 而不考虑在坐标系

选择中可能存在与自由度间的微妙联系. 我们在第 12 章中考察了规范的自由度与规范的固定选择问题,同时也在第 12 章中讨论了 FRW 背景下的密度扰动的演化. 因此我们得到

$$\frac{\delta\rho}{\rho}=-\delta\tau\,\frac{\dot{\rho}}{\rho}=4H\delta\tau(x), \tag{6.101}$$

在最后一步中利用了 $\dot{\rho}/\rho=-4H$. 式(6.101)在辐射占主导地位的阶段是有效的,根据假定,此阶段是在暴胀结束后被加热的宇宙中形成的. 密度扰动的能谱因此由 $\delta t=-\delta\varphi/\dot{\varphi}_0$ 的能谱决定. $\delta\varphi$ 的能谱可以从式(6.96)中读出,

$$\langle\delta\varphi\,(x,\,t)^2\rangle=\left(\frac{H}{2\pi}\right)^2\int\frac{\mathrm{d}k}{k}, \tag{6.102}$$

并且密度扰动能谱由下式给出:

$$\left\langle\left(\frac{\delta\rho}{\rho}\right)^2\right\rangle=\frac{4H^4}{\pi^2\dot{\varphi}_0^2}\int\frac{\mathrm{d}k}{k}. \tag{6.103}$$

如果暴胀是由一个慢滚阶段所实现的,就像在本书 6.3.1 中讨论的那样,那么 $\dot{\varphi}=U'(\varphi)/(3H)$, $H^2=8\pi U/(3M_{\mathrm{Pl}}^2)$,并且可以将密度扰动的数量级估计为

$$\frac{\delta\rho}{\rho}=16\left(\frac{8\pi}{3}\right)^{1/2}\frac{U^{3/2}}{U'M_{\mathrm{Pl}}^3}. \tag{6.104}$$

对于 $U=m^2\varphi^2/2$,获得

$$\left(\frac{\delta\rho}{\rho}\right)_m=16\left(\frac{\pi}{3}\right)^{1/2}\left(\frac{m\varphi^2}{M_{\mathrm{Pl}}^3}\right), \tag{6.105}$$

然而对于 $U=\lambda\varphi^4/4$,可以发现

$$\left(\frac{\delta\rho}{\rho}\right)_\lambda=2\left(\frac{8\pi\lambda}{3}\right)^{1/2}\left(\frac{\varphi^3}{M_{\mathrm{Pl}}^3}\right). \tag{6.106}$$

粗略地讲,由于 $\delta\rho/\rho<10^{-5}$ 且在暴胀末期 $\varphi\sim M_{\mathrm{Pl}}$,可以推断 $m\leqslant10^{-6}M_{\mathrm{Pl}}$ 和 $\lambda\leqslant10^{-12}$,与观测数据相一致.

在常数 H 与 $\dot{\varphi}$ 的极限下,可以获得扰动的 Harrison-Zeldovich 平谱. 然而,我们需要将 H 与 $\dot{\varphi}$ 的缓慢变化考虑进来,并且要在扰动波长变得与宇宙视界相等时估计这些量的大小,其原因在于此后相应的模式会保持不变,这会导致对平谱的一些小的修正. 可以在 Mukhanov, Weinberg, Gorbunov 和 Rubakov 等人的工作中[66, 83, 39],找到关于这一点的讨论以及与修正相关的更多内容.

参 考 文 献

[1] L. F. Abbott, E. Farhi, M. B. Wise, *Phys. Lett.* B **117**, 29 (1982)
[2] F. C. Adams, K. Freese, *Phys. Rev.* D **43**, 353 (1991) [hep-ph/0504135]
[3] A. Albrecht, P. J. Steinhardt, *Phys. Rev. Lett.* **48**, 1220 (1982)
[4] A. Albrecht, P. J. Steinhardt, M. S. Turner, F. Wilczek, *Phys. Rev. Lett.* **48**, 1437 (1982)
[5] R. Allahverdi, R. Brandenberger, F. Y. Cyr-Racine, A. Mazumdar, *Ann. Rev. Nucl. Part. Sci.* **60**,

27 (2010). arXiv: 1001.2600 [hep-th]
[6] E. V. Arbuzova, A. D. Dolgov, *L. Reverberi*, *JCAP* **1202**, 049 (2012). arXiv: 1112.4995 [gr-qc]
[7] C. Armendariz-Picon, T. Damour, V. F. Mukhanov, *Phys. Lett.* B **458**, 209 (1999) [hep-th/9904075]
[8] D. Baumann. arXiv: 0907.5424 [hep-th]
[9] B. K. Berger, *Ann. Phys.* **83**, 458 (1974)
[10] N. D. Birrell, P. C. W. Davies, *Quantum Fields in Curved Space* (Cambridge University Press, Cambridge, 1982)
[11] N. N. Bogolyubov, *Izv. AN SSSR Fiz.* **11**, 77 (1947)
[12] N. N. Bogolyubov, *JETP* **34**, 58 (1958)
[13] K. A. Bronnikov, E. A. Tagirov, Preprint R2-4151, JINR (1968)
[14] K. A. Bronnikov, E. A. Tagirov, Grav. Cosmol. **10**, 249 (2004) [gr-qc/0412138]
[15] A. Buonanno. gr-qc/0303085
[16] C. G. Callan Jr, *Phys. Rev.* D **26**, 2058 (1982)
[17] N. A. Chernikov, N. S. Shavokhina, *Teor. Mat. Fiz.* **16**, 77 (1973)
[18] D. J. H. Chung, E. W. Kolb, A. Riotto, *Phys. Rev. Lett.* **81**, 4048 (1998) [hep-ph/9805473]
[19] D. J. H. Chung, E. W. Kolb, A. Riotto, *Phys. Rev.* D **59**, 023501 (1999) [hep-ph/9802238]
[20] P. C. W. Davies, *J. Phys.* A **8**, 609 (1975)
[21] P. A. M. Dirac, *Proc. Roy. Soc. Lond.* A **133**, 60 (1931)
[22] A. D. Dolgov, *Sov. Phys. JETP* **54**, 223 (1981) [*Zh. Eksp. Teor. Fiz.* **81**, 417 (1981)]
[23] A. D. Dolgov, *Phys. Rept.* **222**, 309 (1992)
[24] A. D. Dolgov, in *Multiple facets of quantization and supersymmetry*, eds by. M. Olshanetsky, A. Vainshtein (World Scientific, 2002) [hep-ph/0112253]
[25] A. D. Dolgov, *Phys. Atom. Nucl.* **73**, 815 (2010). arXiv: 0907.0668 [hep-ph]
[26] A. D. Dolgov, D. Ejlli, *Phys. Rev.* D **84**, 024028 (2011). arXiv: 1105.2303 [astro-ph.CO]
[27] A. Dolgov, K. Freese, *Phys. Rev.* D **51**, 2693 (1995) [hep-ph/9410346]
[28] A. D. Dolgov, S. H. Hansen, *Nucl. Phys.* B **548**, 408 (1999) [hep-ph/9810428]
[29] A. D. Dolgov, D. P. Kirilova, *Sov. J. Nucl. Phys.* **51**, 172 (1990) [Yad. Fiz. **51**, 273 (1990)]
[30] A. D. Dolgov, A. D. Linde, *Phys. Lett.* B **116**, 329 (1982)
[31] A. D. Dolgov, P. D. Naselsky, I. D. Novikov. astro-ph/0009407
[32] A. D. Dolgov, A. V. Popov, A. S. Rudenko. arXiv: 1412.0112 [astro-ph.CO]
[33] A. D. Dolgov, B. Ya Zeldovich, *Rev. Mod. Phys.* **53**, 1 (1981) [*Usp. Fiz. Nauk* **139**, 559 (1980)]
[34] G. N. Felder, J. Garcia-Bellido, P. B. Greene, L. Kofman, A. D. Linde, I. Tkachev, *Phys. Rev. Lett.* **87**, 011601 (2001a) [hep-ph/0012142]
[35] G. N. Felder, L. Kofman, A. D. Linde, *Phys. Rev.* D **64**, 123517 (2001b) [hep-th/0106179]
[36] K. Freese, J. A. Frieman, A. V. Olinto, *Phys. Rev. Lett.* **65**, 3233 (1990)
[37] S. A. Fulling, *Phys. Rev.* D **7**, 2850 (1973)
[38] E. B. Gliner, *Sov. Phys. JETP* **22**, 378 (1966) [*Zh. Eksp. Teor. Fiz.* **49**, 542 (1965)]
[39] E. B. Gliner, I. G. Dymnikova, *Pisma Astron. Zh.* **1**, 7 (1975)
[40] D. S. Gorbunov, V. A. Rubakov, *Introduction to the Theory of the Early Universe: Cosmological Perturbations and Inflationary Theory* (World Scientific, Hackensack, 2011)
[41] B. R. Greene, T. Prokopec, T. G. Roos, *Phys. Rev.* D **56**, 6484 (1997) [hep-ph/9705357]
[42] A. A. Grib, S. G. Mamaev, *Yad. Fiz.* **10**, 1276 (1969) [*Sov. J. Nucl. Phys.* **10**, 722 (1970)]
[43] A. A. Grib, S. G. Mamaev, *Yad. Fiz.* **14**, 800 (1971)
[44] A. A. Grib, S. G. Mamayev, V. M. Mostepanenko, *Vacuum Quantum Effects in Strong Fields* (Friedman Laboratory Publishing, St. Petersburg, 1995)
[45] L. P. Grishchuk, *Sov. Phys. JETP* **40**, 409 (1975) [*Zh. Eksp. Teor. Fiz.* **67**, 825 (1974)]

[46] V. T. Gurovich, A. A. Starobinsky, *Sov. Phys. JETP* **50**, 844 (1979) [*Zh. Eksp. Teor. Fiz.* **77**, 1683 (1979)]
[47] A. H. Guth, *Phys. Rev.* D **23**, 347 (1981)
[48] E. R. Harrison, *Phys. Rev.* D **1**, 2726 (1970)
[49] G. 't Hooft, *Nucl. Phys.* B **79**, 276 (1974)
[50] B. L. Hu, *Phys. Rev.* D **9**, 3263 (1974)
[51] B. L. Hu, S. A. Fulling, L. Parker, *Phys. Rev.* D **8**, 2377 (1973)
[52] D. Kazanas, *Astrophys.* J. **241**, L59 (1980)
[53] T. W. B. Kibble, *J. Phys.* A **9**, 1387 (1976)
[54] W. H. Kinney. arXiv: 0902.1529 [astro-ph. CO]
[55] L. Kofman, A. D. Linde, A. A. Starobinsky, *Phys. Rev. Lett.* **73**, 3195 (1994) [hep-th/9405187]
[56] L. Kofman, A. D. Linde, A. A. Starobinsky, *Phys. Rev.* D **56**, 3258 (1997) [hep-ph/9704452]
[57] V. Kuzmin, I. Tkachev, *JETP Lett.* **68**, 271 (1998) [*Pisma Zh. Eksp. Teor. Fiz.* **68**, 255 (1998)] [hep-ph/9802304]
[58] V. Kuzmin, I. Tkachev, *Phys. Rev.* D **59**, 123006 (1999) [hep-ph/9809547]
[59] L. D. Landau, E. M. Lifshitz, *Mechanics*, 3rd edn. (Butterworth Heinemann, Amsterdam, 1976)
[60] A. D. Linde, *Phys. Lett.* B **108**, 389 (1982)
[61] A. D. Linde, *Phys. Lett.* B **129**, 177 (1983)
[62] A. D. Linde, *Contemp. Concepts Phys.* **5**, 1 (1990) [hep-th/0503203]
[63] A. D. Linde, *Phys. Lett.* B **259**, 38 (1991)
[64] A. D. Linde, *Phys. Rev.* D **49**, 748 (1994) [astro-ph/9307002]
[65] V. N. Lukash, A. A. Starobinsky, *Zh Eksp*, *Teor. Fiz.* **66**, 1515 (1974)
[66] M. Maggiore, *Phys. Rept.* **331**, 283 (2000) [gr-qc/9909001]
[67] V. Mukhanov, *Physical Foundations of Cosmology* (Cambridge University Press, Cambridge, 2005)
[68] V. F. Mukhanov, G. V. Chibisov, *JETP Lett.* **33**, 532 (1981) [Pisma Zh. Eksp. Teor. Fiz. **33**, 549 (1981)]
[69] L. Parker, *Phys. Rev. Lett.* **21**, 562 (1968)
[70] L. Parker, *Phys. Rev.* **183**, 1057 (1969)
[71] A. M. Polyakov, *JETP Lett.* **20**, 194 (1974) [*Pisma Zh. Eksp. Teor. Fiz.* **20**, 430 (1974)]
[72] J. Preskill, *Phys. Rev. Lett.* **43**, 1365 (1979)
[73] V. A. Rubakov, *JETP Lett.* **33**, 644 (1981) [*Pisma Zh. Eksp. Teor. Fiz.* **33**, 658 (1981)]
[74] V. A. Rubakov, *Nucl. Phys.* B **203**, 311 (1982)
[75] V. A. Rubakov, M. V. Sazhin, A. V. Veryaskin, *Phys. Lett.* B **115**, 189 (1982)
[76] K. Sato, *Mon. Not. Roy. Astron. Soc.* **195**, 467 (1981)
[77] K. Sato, *Phys. Lett.* B **99**, 66 (1981)
[78] A. A. Starobinsky, *JETP Lett.* **30**, 682 (1979) [*Pisma Zh. Eksp. Teor. Fiz.* **30**, 719 (1979)]
[79] A. A. Starobinsky, *Phys. Lett.* B **91**, 99 (1980)
[80] J. H. Traschen, R. H. Brandenberger, *Phys. Rev.* D **42**, 2491 (1990)
[81] W. G. Unruh, *Phys. Rev.* D **14**, 870 (1976)
[82] A. Vilenkin, *Phys. Rept.* **121**, 263 (1985)
[83] A. Vilenkin, E. P. S. Shellard, *Cosmic Strings and Other Topological Defects* (Cambridge University Press, Cambridge, 1994)
[84] S. Weinberg, *Cosmology* (Oxford University Press, Oxford, 2008)
[85] Y. B. Zeldovich, *Pisma. Zh. Eksp. Teor. Fiz.* **12**, 443 (1970)
[86] Y. B. Zeldovich, *Mon. Not. Roy. Astron. Soc.* **160**, 1P (1972)
[87] Y. B. Zeldovich, M. Y. Khlopov, *Phys. Lett.* B **79**, 239 (1978)

[88] Y. B. Zeldovich, I. D. Novikov, *Structure and Evolution of the Universe* (University of Chicago Press, Chicago, Illinois, 1983) [*Structura i Evolyutsiya Vselennoi* (Nauka, Moscow, Russia, 1975)]

[89] Y. B. Zeldovich, A. A. Starobinsky, *Sov. Phys. JETP* **34**, 1159 (1972) [*Zh. Eksp. Teor. Fiz.* **61**, 2161 (1971)]

第7章 重子合成

7.1 重子合成的观测证据

虽然粒子和反粒子的性质几乎完全相同，但是宇宙中观测到的几乎都是粒子. 宇宙射线中的一小部分大约相当于质子分量万分之一的反质子，可以由高能宇宙粒子碰撞的次级起源来解释. 宇宙中的正电子也有类似的情况，不过，一些激动人心的实验数据揭示出在高能量与低能量处存在正电子过量的情况(见下文).

100 MeV 附近宇宙伽马射线的观测，对于宇宙中反物质的存在给出很强的限制. 该伽马射线可能由$\bar{p}p$ 湮灭成 π 介子，随后 π^0 到光子的衰变产生(可能也有些高能光子来自 π 介子衰变成的正电子湮灭). 由于不存在过高的伽马辐射，允许得出最近的反星系不可能比～10 Mpc更近的结论.[100]对于室女座超星系团以外的星系，我们却无法做出任何断言. 在所有距离上观测到的碰撞中的星系，以及处于共同星际气体云中的星系，都属于相同类型的正物质(或者反物质). 特别地，子弹星团(the Bullet Cluster)中两个星系的碰撞将反物质成分的比例限制在 $n_{\bar{B}}/n_B < 3\times10^{-6}$.[101] 对于重子对称的宇宙，也就是宇宙中包含了等量的(巨大的)正物质区域和反物质区域，已经发现了很强的限制.[28]在这种情况下，湮灭是如此充分，以致最近的反物质区域应该几乎在宇宙视界之外，即好几个 Gpc 的距离.[28]在某些修改后的标准自发 CP 破坏模型中，或许该限制可以得到放低.

根据宇宙中电磁辐射的分析，特别是来自$\bar{p}p$ 湮灭的～100 MeV 附近光子，以及来自 e^+e^- 在低能标附近湮灭而成的 0.511 MeV 线，星系中的反物质星体与总星体的比例应该低于 $10^{-5}\sim10^{-6}$. 特别地，对于我们的星系，正如文献[11]所示，距离太阳 150 pc 以内反物质星体的数量限制在 $N_{\bar{*}}/N_* < 4\times10^{-5}$.

对于从$^4\,\overline{\mathrm{He}}$开始的足够重的反核子的观测，明确地证明了原初反物质的存在. 根据理论估计[49]，反氘产生于由高能宇宙线中通量为 $\sim 10^{-7}$ m^2/s^{-1}/sr/(GeV/n) 的$\bar{p}p$ 或者$\bar{p}$He 的碰撞，即比观测到的反质子的通量要低 5 个数量级. 随后间接产生的$^3\,\overline{\mathrm{He}}$和$^4\,\overline{\mathrm{He}}$的通量要比反氘低 4 到 8 个数量级.[49]另一方面，反核子产物在 LHC 上由 Alice 组测量[78]，并在研讨会[64]上汇报了该结果. 尽管产率看起来很显著，但是每额外产生一个反核子，就要受到一个大约1/300的压低因子，因此这种事件在宇宙中非常稀少，它们对宇宙学上总的产量的贡献非常小. 当前，我们只有宇宙反氦通量的上限：[96]

$$\overline{\mathrm{He}}/\mathrm{He} < 3\times10^{-7}. \tag{7.1}$$

在将来不久，该限制有望提高到 $\overline{\mathrm{He}}/\mathrm{He}<3\times10^{-8}$[16,92] 以及 $\overline{\mathrm{He}}/\mathrm{He}<10^{-9}$[5]. ①总而言之，当前的情况大致如下：我们观测到 $\bar{p}/p\sim10^{-4}$ 以及 $\mathrm{He}/p\sim0.1$，以及上限 $\overline{\mathrm{He}}/\mathrm{He}<3\times10^{-7}$. 理论预言的次级产物为 $\bar{d}\sim10^{-5}\,\bar{p}$，$^3\overline{\mathrm{He}}\sim10^{-9}\,\bar{p}$，以及 $^4\,\overline{\mathrm{He}}\sim10^{-13}\,\bar{p}$.

除此之外，也有其他一些限制. 例如，来自对大爆炸核合成(BBN)的考虑(第 8 章)，排除了在距离小于 1 Mpc 上重子数密度较大的涨落；还有来自对宇宙微波背景辐射(CMB)角涨落的研究(第 10 章)，排除了在尺度小于 10 Mpc 上的等曲率扰动(isocurvature perturbations).

假定反物质的量可以忽略，那么宇宙中重子物质的总量可以由 BBN 和 CMB 数据决定. 在拥有 CMB 角涨落的精确数据之前，对 Ω_B 以及有效的新轻粒子种类的数目 N_{eff} 唯一的测量来自轻元素丰度的数据，参见第 8 章. 现在，这两种测量给出了非常一致的结果，尽管 BBN 测量的是宇宙年龄为 100 s 时的重子的量，而 CMB 测量的是 $t_U\sim370\,000$ 年时的量. 两种不同方法之间的一致，是证明宇宙学基本图像正确性的一个有力论据. 有趣的是，有关数据显示，出现在宇宙中直接可见的重子密度比总的重子密度要小了好几倍. 当前 CMB 测量[2]给出的值为

$$\Omega_B h^2=0.022\,05\pm0.000\,28. \tag{7.2}$$

BBN 的分析也能得到非常相似的结果. 对 ^{4}He 的观测，暗示了重子数密度为[62]

$$\Omega_B h^2=0.023\,4\pm0.001\,9(68\%\mathrm{C.L.}). \tag{7.3}$$

原初氘对重子数密度更为敏感. 当前的测量 $\mathrm{D/H}=(2.53\pm0.04)\times10^{-5}$ 给出[32]

$$\Omega_B h^2=0.022\,02\pm0.000\,45. \tag{7.4}$$

正如已经提到的在精确测量 CMB 角涨落谱之前，Ω_B 由原初氘丰度决定. 正是由于这个原因，氘被称为"重子计量器". 根据如上所示的数据，重子数密度相对于 CMB 光子数密度的比值为

$$\eta=(n_B-n_{\bar{B}})/n_\gamma=(6.1\pm0.3)\times10^{-10}. \tag{7.5}$$

7.2 重子合成模型的一般特征

7.2.1 Sakharov 原理

正物质对反物质的主导地位被 Sakharov[95]优美地诠释为源自早期宇宙 3 个条件下的动力学合成，今天我们将其称为 Sakharov 原理：

(1) 重子数不守恒；

(2) C 或者 CP 不变性的破坏；

(3) 偏离热平衡.

正如我们下面将要指出的，这些条件中没有任何一条是必须的，但是没有了重子合成模型，必须引入一些些常奇怪的机制. 我们首先讨论正常的重子合成模型，在这些模型中 3 条 Sakharov 原理都成立.

1. 重子数不守恒

重子数不守恒在理论上是完全可行的. 大统一模型(GUT)、超对称模型，甚至是电弱标准

① http://ams-02project.jsc.nasa.gov.

模型(electroweak theory)都预言了重子数的不守恒,即 $\Delta B \neq 0$ 的进程. 然而,目前该预言还没有被直接的实验所证实. 尽管大范围的搜寻表明,仍只有质子寿命的上限以及中子-反中子振荡周期的上限得到证实. 唯一支持重子数不守恒的"一段实验数据"是我们的宇宙本身: 我们存在,因此重子数不守恒. 半个世纪以前,由来自相同的实验事实(即我们的存在),推断出关于重子数守恒完全相反的结论. 因此,理论是理解我们所见的关键因素.

也许应该澄清一下我们的最后一项声明. 暴胀看起来似乎是创造适合生命居住的宇宙的必要因素. 此外,暴胀预言的密度扰动功率谱和实验数据吻合得很好. 从这个意义上来说,暴胀可以看成实验事实. 另一方面,如果重子数守恒,那么暴胀将不可能发生. 为了能成功地解决 FRW 宇宙学上的问题,暴胀至少要持续 65 个 e 倍增数的膨胀,$a \sim e^{65}$. 先假定重子数是守恒的. 当前重子能量密度大约是 CMB 光子能量密度的 10^4 倍. 当我们在时间上往回追溯,重子光子比随着宇宙的红移而下降. 在 QCD 相变的时刻,大约发生在红移 $z \sim 10^{12}$,重子光子比 ρ_B/ρ_γ 大约为 10^{-8}. 在 QCD 相变之前,重子数由相对论性的夸克携带. 早期 ρ_B/ρ_γ 保持不变. 因此应该可以推断,在暴胀结束时该比值大约和 QCD 相变的时刻相同,即 $\rho_B/\rho_\gamma \sim 10^{-8}$. 在暴胀期间,暴胀场的能量几乎是一个常数,而所有的物质都以暴胀场的形式存在. 如果总密度 ρ_{tot} 随时间降低,暴胀将变得不可能. 然而,带有守恒量子数的物质能量密度无法保持不变,而是以 $1/a^3$ 或者 $1/a^4$ 衰减. 在时间上越往回追溯,意味着 ρ_B 越变越大,并且在少于 6 个哈勃时间(Hubble time)之内变得和暴胀子的能量密度相近. 然而,6 个哈勃时间并不足以创造我们现在这个古老而又美好的宇宙.

2. C 以及 CP 不变性的破缺

C 和 CP 破坏已经被一些直接的实验所发现并验证. 在 20 世纪前半叶,大家普遍相信单独的拉氏量在所有的 3 种变换下,即镜像 P、电荷共轭 C 和时间反演 T,物理是不变的. 该离散对称性链条上最弱的一环是 P,于 1956 年发现其破缺.[73, 104]

随后人们猜测我们的世界在正粒子到镜像反粒子的组合变换 CP 下是对称的.[71] 在弱相互作用下,P 和 C 都 100%破缺,但是仍有一些正反粒子之间的对称性符合该对称性猜测. 该对称性很快在 1964 年[25]也被彻底粉碎. 正是由于所发现的该不对称性,生命在宇宙中才有可能存在.

目前剩下的只有 CPT 对称性. 这是唯一一个在理论上严格论证过的、基于洛伦兹不变性(Lorentz-invariance)的正则自旋统计关系,以及在正定能量坚实基础之上的 CPT 定理.[75, 76, 98, 91] 仍有人在考虑没有 CPT 对称性的模型,如为了解释某些中微子反常以及重子合成.

3. 偏离热平衡

重粒子一直都偏离热平衡,但常常都很弱. 为了估计该效应,我们在动力学方程中近似地取碰撞积分为 $I_{coll} = \Gamma(f_{eq} - f)$, 见方程(5.26),其中 Γ 是相互作用率. 假定 Γ 很大,所以热平衡的偏离很小,$\delta f/f_{eq} \ll 1$. 将 f_{eq} 带入动力学方程的左边,正如我们在方程(5.29)中所做的,并且 $T \sim m$ 以及 $\Gamma \sim \alpha m$, 于是可以发现

$$\frac{\delta f}{f_{eq}} \approx \frac{Hm^2}{\Gamma TE} \sim \frac{Tm^2}{\Gamma E M_{Pl}} \sim \frac{m}{\alpha M_{Pl}}. \tag{7.6}$$

由于普朗克质量(Planck mass)非常大,热平衡只有在极高温或者 Γ 很小的情况下才会有显著的偏离. 如果引力的基本能标是在 TeV 范围[7],那么甚至在电弱能标就会出现很强的偏离热

平衡.

宇宙中等离子体偏离热平衡的另一个根源有可能是一阶相变,例如,在对称性自发破缺的非阿贝尔规范理论(non-abelian gauge theory)中从非破缺相到破缺相的演变. 这两个相共存的非热平衡期有可能会很长.

7.2.2 宇宙学中的 CP 破缺

重子合成的模型有很多种,每种都在尝试解释一个数,即观测到的不对称性(7.5). 检验 η 是否是一个常数,或者是否随着空间位置而改变,即 $\eta = \eta(x)$, 这对于天体物理学家来说是一个极大的挑战. 这里有很多问题需要注意. 重子数密度可能的空间位置差异的特征尺度 l_B 是多少? 我们附近是否可能有极大的反物质区域? 或者该区域是否只存在于极远处? 这些问题的答案特别依赖下面所描述的 CP 破缺在宇宙学上实现的机制,更多的细节请参见文献[41].

在宇宙学上 CP 破缺的可能性有 3 个:

(1) 明显对称性破缺(Explicit CP violation). 它通过理论的拉氏量中复耦合常数来实现,特别是通过将 Higgs 场真空期望值 $\langle\phi\rangle \neq 0$ 变换成 Cabibbo-Kobayashi-Maskawa(CKM)混合矩阵的非零相位的复汤川耦合. 然而,基于 $U_Y(1) \times SU_L(2) \times SU(3)$ 的粒子物理的最小标准模型,在 $T \sim \text{TeV}$ 附近的 CP 破坏太弱,至少弱了 10 个数量级,以致无法产生观测到的重子不对称. 在最小标准模型里 2 夸克家族确实是没有 CP 破坏的,因为该相可以通过旋转其2×2 夸克质量矩阵而去掉. 我们至少需要 3 夸克家族. 如果说正是由于这个原因才有 3 代夸克,那么这甚至可以是一种人择原理(anthropic principle)的解释.

如果不同上下夸克的质量相同,那么由于单位矩阵在幺正变换(unitary transformation)下不变,CP 破坏的相可以通过矩阵旋转而去掉. 如果质量矩阵是对角的,和味(flavor)矩阵处于同一个表象,CP 破坏也可以通过旋转矩阵而去掉. 因此 CP 破坏正比于混合角的乘积以及所有上下夸克的质量差,

$$\begin{aligned} A_- \sim\ & \sin\theta_{12}\sin\theta_{23}\sin\theta_{31}\sin\delta(m_t^2 - m_u^2)(m_t^2 - m_c^2)(m_c^2 - m_u^2) \\ & (m_b^2 - m_s^2)(m_b^2 - m_d^2)(m_s^2 - m_d^2)/M^{12}. \end{aligned} \tag{7.7}$$

在高温下,即 $T \geqslant \text{TeV}$, 电弱重子不守恒起作用,特征质量为 $M \sim 100\ \text{GeV}$ 以及 $A_- \sim 10^{-19}$. 为了得到成功的重子合成,注定要拓展标准模型,因为 A_- 实在是太小了.

(2) 自发 CP 破坏(Spontaneous CP violation). [72] 它可以由一个复标量场 Φ 带有 CP 对称性以及两个分开的势能极小值 $\langle\Phi\rangle = \pm f$ 来实现. 拉氏量应该是 CP 不变的,但是这两个真空态的 CP 破坏的符号是相反的. 虽然这样的 CP 破坏在局域上无法和明显对称性破缺相区分,但是在整体上导致拥有等量正物质和反物质的电荷对称的宇宙. 正如在本节开头所提到的,如果存在反物质区域的话,应该离我们很遥远,位于 $l_B \geqslant \text{Gpc}$. 此外,该机制还有另一个问题,也就是正物质和反物质区域之间的那堵墙会破坏可观测宇宙的均匀与各项同性. [109] 为了避免这个问题,我们需要另一个机制来破坏这堵墙.

(3) 随机或者动力学 CP 破坏(Stochastic or dynamical CP violation). [39, 9, 10] 如果一个复标量场χ从势能的平衡点开始移动,如通过暴胀的量子涨落,在重子合成时并没有在平衡点停止,这可以产生正比于场的振幅的 CP 破坏,并且没有自发 CP 破坏所面临的那些问题. 随后,重子合成结束,χ停下并为零. 通过这种方式,区域墙(domain wall)不会出现. 正物质和反物质区域所带来的不均匀性 $\eta(x)$ 可以通过该 CP 破坏而产生. 这些区域的大小依赖于模型的具体细节.

7.3 重子合成的模型

这是一个比较长，但仍可能不完整的重子合成模型清单：

(1) 重粒子衰变.[95]

(2) 电弱重子合成.[70]在粒子物理(最小)标准模型下太弱，但是可能在 TeV 引力下可行.

(3) 通过轻子的重子合成.[54]

(4) 超对称凝聚重子合成.[4]

(5) 自发重子合成.[29, 30, 31]

(6) 原初黑洞蒸发的重子合成.[58, 106]

(7) B 和$\overline{B}$在天文学大尺度距离上的分离[87, 88]，有可能不是很有效. 然而，反重子有可能移动到高维度[50]并且在这种情况下微观尺度上的分离可能很小，因子甚至可能可以实现.

(8) 由于 CPT 破坏导致的重子合成.[42]

在所有的这些模型中，超出粒子物理标准模型的新物理是必须的. 接下来将非常简要地介绍它们中的一部分. 更多的细节请参见文献[39, 40, 94, 93, 35].

7.3.1 通过重粒子衰变的重子合成

这是最早的重子合成模型，由 Sakharov 在他的那篇开创性的文章[95]中提出. 随后人们认识到通过重粒子衰变的重子合成，可以在大统一模型下通过质量大约为 10^{15} GeV 重的规范或者类 Higss 的玻色子 X 的衰变来自然地实现. 这些玻色子可以衰变，形成如 qq 和$\overline{q}\overline{l}$对，所以重子数最终不守恒. 在这个特殊的例子里，重子数和轻子数的差异($B-L$)是守恒的. 这在基于 $SU(5)$对称群的大统一模型以及电弱理论中确实如此，可参见 7.3.2 节.

由于 X 玻色子质量巨大，偏离热平衡可以非常显著. CP 破坏也有可能足够大，由于我们对此一无所知，只有尽可能地允许最大的 CP 破坏. 该机制因此可以足够充分地产生所观测到的重子不对称. 大统一模型的问题是暴胀结束之后的温度可能达不到大统一能标. 另一方面，热平衡所创造的、伴随着重子合成的 X 玻色子有可能不充足.

如果 C 和 CP 都发生破缺，粒子和反粒子可以以不同的衰变率衰变成电荷共轭通道，同时由于 CPT 不变性，总的宽度相同. 如果只有 C 是破缺的(而非 CP)，那么部分宽度(partial widths)、自旋求和都将相同，因为 CP 不变性，暗示了带有镜像反射旋度 $\sigma = s \times p/p$ 的粒子和反粒子的反应率等式：

$$\Gamma(X \to f,\ \sigma) = \Gamma(\overline{X} \to \overline{f},\ -\sigma). \tag{7.8}$$

如果 C 和 CP 都破缺了，部分宽度将会不同，但是该差异只在扰动理论高阶上出现. 在最低阶，由于拉氏量的厄密性(hermicity)，电荷共轭进程的振幅必将相等，$A = \overline{A}^*$. 对于来自高阶的贡献也是如此，只要它们是实数. 虚部由终态的重散射产生(带有不守恒的 B 和 L)，这也可以从 S 矩阵的幺正性看出，$SS^\dagger = I$. 定义 $S = I + \mathrm{i}T$，并写成 T 矩阵的形式：

$$\mathrm{i}(T_{if} - T_{if}^\dagger) = -\sum_n T_{in} T_{nf}^\dagger = -\sum_n T_{in}^\dagger T_{nf}. \tag{7.9}$$

这里对从态 i 到态 f 的所有开放反应通道求和，并假定对所有的相空间中间态求积分.

因此，至少扰动理论的第二阶，振幅要有非零的虚部，并且不可以约化到电荷共轭振幅通常的但是相反的相.所以电荷共轭进程的振幅将不再是复数,并且拥有不同的绝对值.为了做到这一点,应该有少于3个的不同粒子态产生不同电荷共轭通道的差异.假定只有 i 和 f 两个态,因此有如下可能的反应:弹性 $i\leftrightarrow i$ 和 $f\leftrightarrow f$,以及非弹性 $i\leftrightarrow f$.在这种情况下,幺正条件(7.9)可化为

$$2\mathscr{I}m T_{ii}[\lambda]=-\int d\tau_i \mid T_i f \mid^2-\int d\tau_f \mid T_{ii} \mid^2, \tag{7.10}$$

其中$[\lambda]$表示参与粒子的自旋态集合,$d\tau$ 是无穷小相空间体积元.

CPT 不变性要求,带有相反粒子旋度符号的电荷共轭反应的振幅满足等式

$$T_{ii}[\lambda]=T_{\bar{i}\bar{i}}[-\lambda], \tag{7.11}$$

所以,自旋求和之后可以发现 $\Gamma_{if}=\Gamma_{\bar{i}\bar{f}}$. 为了破坏电荷共轭进程的部分宽度的等式,$\Gamma_{if}=\Gamma_{\bar{i}\bar{f}}$,至少需要3个相互作用态,并带有如下开放反应通道:

$$i\leftrightarrow f,\ i\leftrightarrow k,\ k\leftrightarrow f. \tag{7.12}$$

考虑一个 X 玻色子衰变成如下通道的例子:

$$\begin{aligned} &X\to qq,\ X\to \bar{q}\,\bar{l},\\ &\bar{X}\to \bar{q}\,\bar{q},\ \bar{X}\to ql, \end{aligned} \tag{7.13}$$

并假定由于 C 和 CP 破坏部分宽度不同,

$$\begin{aligned} &\Gamma_{X\to qq}=(1+\Delta_q)\Gamma_q,\ \Gamma_{X\to \bar{q}\bar{l}}=(1-\Delta_l)\Gamma_l,\\ &\Gamma_{\bar{X}\to \bar{q}\bar{q}}=(1-\Delta_q)\Gamma_q,\ \Gamma_{\bar{X}\to ql}=(1+\Delta_l)\Gamma_l. \end{aligned} \tag{7.14}$$

由于终态 $qq\leftrightarrow \bar{q}\,\bar{l}$ 和它们电荷共轭的重散射,参数 Δ 将为非零.

如果 X 是规范玻色子,那么 $\Gamma\sim\alpha$ 以及 $\Delta\sim\alpha$,其中 $\alpha\sim1/50$ 是大统一模型能标的精细结构常数.该不对称性正比于 $\eta\sim(2/3)(2\Delta_q-\Delta_l)$. 假定 CP 破坏一点也没有被压低,($\sin\delta_-\sim1$),可以大概估计宇宙中重子不对称的量级为

$$\eta\sim\frac{\delta f}{f}\frac{\Delta\Gamma}{\Gamma}\sim\frac{m}{M_{\mathrm{Pl}}}. \tag{7.15}$$

忽略的微子系数会稍微减小该结果.例如,我们并没有考虑随后的熵被稀释至1/100.对于一个成功的轻子合成/重子合成,衰变粒子的质量应该大于 10^{10} GeV,或者基本的引力在很短的距离应该明显地比标准的广义相对论要强,即 $M_{\mathrm{Pl}}^{(\mathrm{fund})}\ll10^{19}$ GeV.

因此可知大统一模型可以自然地导致宇宙中观测到的重子不对称.由于夸克和轻子属于对称群里的同一个多重态,重子数不再守恒.大统一模型的规范玻色子的质量,$m_X\sim10^{15}$ GeV,足够保证充分大的偏离热平衡,参见方程(5.29)或者(7.15).在大统一能标 $T\sim m_X$,CP 破坏可以很容易不被压低.至此还算不错,但是问题是暴胀之后宇宙可能从来没有达到这么高的温度.甚至如果宇宙没有足够热,我们总是有 $T<m_X$,暴胀结束之后 X 玻色子可以通过热平衡由引力产生,正如6.4.4节所讨论的那样.当然如果实现超引力的话,仍要处理过多的引力微子(gravitinos)产物.[65,51]

7.3.2 电弱重子合成

值得注意的是,粒子物理标准模型包含了重子合成所需要的所有要素.从实验上我们得知

C和CP对称性都是破缺的.标准模型里CP对称性的破缺可以轻易地通过引入一个至少三代的复的夸克质量矩阵[69],或者本质上同样地通过Higgs场的复的耦合常数来实现.更让人惊讶的是,电弱相互作用下的重子数也是不守恒的.[60, 61]这是一个比较复杂的现象,和所谓的手性反常(chiral anomaly)有关.[3, 14]经典的电弱拉氏量重子电荷守恒.夸克常常出现在双线性组合$\bar{q}q$,因此夸克只有在和反夸克的碰撞中消失.经典的重子流因此而守恒,

$$\partial_\mu J_B^\mu = \sum_j \partial_\mu(\bar{q}_j \gamma^\mu q_j) = 0. \tag{7.16}$$

然而量子修正破坏了该守恒律.上述方程的右边不是零,而是

$$\partial_\mu J_B^\mu = \frac{g^2}{16\pi^2} C G_{\mu\nu} \tilde{G}^{\mu\nu}, \tag{7.17}$$

其中C是一个常数,$\tilde{G}^{\mu\nu} = G_{\alpha\beta}\varepsilon^{\mu\nu\alpha\beta}/2$,并且非阿贝尔规范理论(non-Abelian gauge theory)的规范场强$G_{\mu\nu}$由该表达式给出,

$$G_{\mu\nu} = \partial_\mu A_\nu - \partial_\nu A_\mu + g[A_\mu, A_\nu]. \tag{7.18}$$

这里$A_\mu \equiv A_\mu^a$是群空间的一个由上指标"a"标示的"矢量".为了简单起见我们忽略该指标.

一个重要的事实是反常流的不守恒正比于一个矢量算符的全导数:$G_{\mu\nu}\tilde{G}^{\mu\nu} = \partial_\mu K^\mu$,其中反常流$K^\mu$是

$$K^\mu = 2\varepsilon^{\mu\nu\alpha\beta}(A_\nu \partial_\alpha A_\beta + \frac{2}{3} \mathrm{i} g A_\nu A_\alpha A_\beta). \tag{7.19}$$

上式最后一项只有在非阿贝尔规范理论下才不会零,因为3个矢量势A_ν的反对称乘积,只有在群指标不同的情况下才不为零(例如,对于电弱群,它应该包含W^+, W^-以及同位旋的一部分Z^0的乘积).

全导数通常不可观测,因为我们可以通过分部积分而去掉它.然而这可能对式(7.19)里的K^μ并不适用.规范场强$G_{\mu\nu}$确实应该在无穷远处消失,但是矢量势A_μ不一定消失.后来人们发现所有$G_{\mu\nu}=0$的不同真空态,区别在于不同的K^0值.由于$J_B^\mu - K^\mu$的差是守恒的,从一个真空态到另一个真空态的相变,导致了重子荷的改变.从一个真空到另一个真空的路径,被一个$G_{\mu\nu} \neq 0$的势垒分隔来.从量子力学可以知道,低能情况下势垒的隧穿是被指数压低的.确实,进程的几率$\Delta B \neq 0$包含了一个极其小的因子$\exp(-16\pi^2/g^2) \sim 10^{-160}$.[60, 61]然而在高能或者高温(可相比于或者更高于势垒的高度),不同真空的相变可以通过越过势垒的经典运动来实现.正如文献[77, 68]所计算的,势垒的高度大概是几个TeV.事实上在高温下,根据$m_W^2(T) = m_W^2(0)(1 - T^2/T_c^2)$,势垒以及$W$-或者$Z$玻色子的质量消失.这在相同的TeV区域也会发生.因此,我们可能会期望在高温下重子数的不守恒将不再受到压制.有人认为电弱相变进程$\Delta B \neq 0$比宇宙膨胀率要快得多,因此之前存在的任何重子不对称都会消失.更准确地讲,电弱相互作用(甚至包括手性反常)使得重子与轻子荷之差($B-L$)保持守恒.在高温下,只有($B+L$)能被抹除,而先前存在的($B-L$)会被保留.

为了产生重子不对称,必须要有偏离热平衡(一般情况下这点必须满足,下面我们也会阐述一个例外).由于中间W-和Z-玻色子及Higgs玻色子非零的质量而偏离的热平衡并不足够强,这一点也可以从方程(7.6)看出来.然而在对称性自发破缺的规范理论里,还有另一个原

因导致偏离热平衡. 对称性在高温下恢复[66, 67]，并在宇宙的冷却过程中破缺. 这很像铁磁体中旋转对称性的恢复，以及低温下当磁化区域自发产生时的破缺. 从非破缺相到破缺相的相变可以是一阶的，也可以是二阶的. 在(延迟的)一阶相变过程中，破缺与非破缺这两个相在宇宙中的等离子里共存. 这肯定不是一个平衡态，因此可能适合产生重子的不对称. 如果电弱相变是二阶的，那么所有的过程都进行得很平滑，热平衡没有受到扰乱，在相变之下也没有产生电荷不对称. 相变的类型依赖于 Higgs 玻色子(或者很多拓展模型里的玻色子)的质量. 在大质量下，相变是二阶的，而低质量则为一阶. 质量的临界值甚至在最小标准模型下也不为人们确知，不同的估计给出了位于 50～100 GeV 之间不同的临界值. 现在已经知道 Higgs 玻色子的质量 $m_{\mathrm{H}}=(125.7\pm 0.4)$ GeV[86]，这至少在粒子物理最小标准模型里排除了一阶相变. 如果确实如此，高温下的电弱相互作用扮演了不对称性的"终结者"这样一个角色，更不会是低温下不对称性的创造者.

然而基于下列原因，上述图像可能不正确. 高温下改变重子(以及轻子)荷的夸克和轻子的转化，伴随着规范和 Higgs 场的结构的改变. 粗略地讲，经典的场位形也就是所谓的"sphalerons"[77, 68]，应该存在于相变的进程，

$$
\begin{aligned}
A_k^{\mathrm{sph}} &= \frac{\mathrm{i}\varepsilon_{klm}x^l\tau^m}{r^2}fA(\xi),\\
\phi^{\mathrm{sph}} &= \frac{\mathrm{i}v}{\sqrt{2}}\frac{\tau^i x_i}{r}(0,\ 1)f\phi(\xi),
\end{aligned}
\tag{7.20}
$$

其中 $\xi=gvr$，v 是 Higgs 场的真空期望值，函数 f 拥有 $f(0)=1$ 以及 $f(+\infty)=0$ 的性质. 该物体的尺寸远大于它们的康普顿波长(Compton wavelength)，因此正是由于这个原因，它们被称为经典的场位形. 假定 sphalerons 处于热平衡之中，它们的数密度由玻尔兹曼指数(Boltzmann exponent)(即 $\exp(-F/T)$)决定，其中 F 是自由能. 在对称性破缺相，$F=O(\mathrm{TeV})$，而在对称相，$F\sim T$. 如果确实如此，重子数不守恒的进程在高温下不受抑制. 然而我们还不知道基本粒子碰撞的经典场态的产率，并且严格地讲，我们甚至还无法说它们是否处于热平衡. 非阿贝尔规范理论(non-Abelian gauge theories)里的磁单极类似物，也是经典态(参见 6.2.6 节)，暗示着两体或者多体碰撞里相似的态的产率是被指数压低的. 我们对如多数粒子碰撞下单极或者 sphalerons 的产率一无所知. 为了产生一对正单极-反单极或者一个 sphaleron，大概需要创造一个特殊的相干场位形，这在原始的等离子体里是不太可能的. 如果这是对的，那么电弱进程不会产生也不会破坏太多的重子. 当前阶段我们还没有解析的办法来解决这个问题. 这些都是非扰动以及多粒子进程. 唯一可行的计算 sphaleron 相变率的方法是通过数值格点模拟. 不同研究组给出的结果显示，单位体积单位时间里产生的几率量级是 $\alpha^n T^4$，其中 $\alpha\approx 0.01$ 是精细结构常数，而 $n=4$ 或者 5，依赖于具体的模拟方法. [8, 6]这样的几率足够以确保产生充足的 sphaleron. 然而，如果 sphalerons 拥有一个等于体积内格点立方数的有限的自由度数，而不是现实中的无穷大，我们完全可以预期一个相似的几率.

7.3.3 通过轻子的重子合成

通过轻子的重子合成可能是现今最流行的机制. 产生重子不对称的进程分为两步. 首先，质量很重($m\sim 10^{10}$GeV)的 Majorana 中微子 N 的 L 不守恒衰变而产生的轻子 L 不对称. 最初为了实现所谓的跷跷板机制(see-saw mechanism)[83, 55, 105, 56]而假设它们的存在，以解释为什

么中微子的质量那么小：这是由于和极重的 Majorana 中微子在混合矩阵非对角分量的混合而导致的. 极重的 Majorana 中微子的衰变使得轻子数不守恒，因此 Sakharov 条件之一很自然地被满足. 轻子合成的这部分以一种很相似于 7.3.1 节考虑的大统一重子合成的方式在进行着.

某种意义上 CP 破坏引入 Majorana 费米子比引入狄拉克费米子要更简单. 正如我们在 7.2.2节所证明的，对于狄拉克费米子的质量矩阵的 CP 破坏，至少需要三代不同质量的费米子，但是却只有一个 CP 相为奇. 对于 Majorana 费米子，自由度就更多了. Majorana 费米子的质量项可以写为

$$\mathscr{L}_M = M_{ij} v_i C v_j + h.c., \tag{7.21}$$

其中 C 是电荷共轭算符，$h.c.$ 意味着厄密共轭部分. 现在 M_{ij} 所有的元素，包括对角元素，都可能是复数. 我们可以通过 v_i 的 3 个相旋转消灭掉 M_{ii} 里的 3 个相. 之后将没有自由度剩下，而且 M_{12}，M_{23} 和 M_{31} 所有的 3 个相保持任意. 在 Majorana 的情况下，因此可以有 3 个独立的 CP 奇异相. 如果再加入 3 个更重的 Majorana 中微子，3 个奇异相将会出现. 最终 3 种味道的轻、重 Majorana 中微子质量矩阵拥有 6 个独立相：3 个在轻中微子部分，3 个在重中微子部分. 它们在当前还不为人所知，因此允许其量级为 1. 中微子振荡中测量的相不直接和重中微子衰变相联系，因此低能下的测量不能以一种不依赖于模型的方式告诉我们任何关于轻子合成的 CP 破坏.

下一步可以在电弱阶段进行. 产生的轻子不对称通过热平衡中的 C 和 CP 守恒的 sphaleron 进程转化为重子不对称. Sphalerons 不会使重子 B 和轻子 L 数守恒，但是它们可以让($B-L$)守恒. 初始非零的 L 因此可能在热平衡里重新分配，并达到和重子 B 几乎相等的水平. 对于该模型的综述文献，请参见文献[19, 20, 21, 90, 24]. 该机制清楚地要求 sphalerons 在最初的等离子体中产生，参见 7.3.2 节的讨论.

本节讨论的机制看起来很有吸引力. 轻子和重子荷自然地不守恒. 重粒子(Majorana 中微子)存在并破坏热平衡. 可能存在 3 个数量级为 1 的 CP 奇异的相. 然而只有在最合适的情况下才会得到正确的不对称 η 值. 任何对该情况的偏离，都会破坏该模型成功的预言. 也许这样严格的框架，反而是该模型吸引人的地方. 另一方面，通过新的重粒子或者原初等离子体相变产生的熵导致的不对称的额外稀释，可能会破坏该模型的成功预言，因此 Majorana 中微子要求有明显更大的质量.

7.3.4　原初黑洞蒸发

这个模型要求粒子物理中重子荷没有任何违反. 然而从某种意义上来说，黑洞的蒸发破坏了重子数的守恒. 甚至有观点认为黑洞破坏了所有的整体对称性. 确实，如果一个守恒的荷没有产生任何长程的场，如电荷所形成的，那么这样的一个荷会在黑洞内部消失得没有痕迹. 例如，如果一个黑洞单独产生于一团重子中，它会蒸发成(几乎)相等数量的重子和反重子. 对于一个外部的观察者，重子的数量不守恒. 如果基于某些原因，相对于重子，黑洞在早期宇宙主要捕获反重子，那么这样的一个过程原则上可能产生宇宙学上的重子不对称. 过度捕获反重子可能源自如 C 和 CP 不变性的破缺所导致的反重子在原初等离子体中更大的流动性. 通过这种方式，在黑洞外部的空间有可能产生与反重子相比更多的重子.

文献[58, 106]中讨论了另一种可能性：黑洞蒸发过程[59, 23, 89]可以是重子不对称的，并且

蒸发过程中的小黑洞会使得宇宙充满重子. 这些黑洞要么会完全消失，或者演化成稳定的普朗克质量残余物，但是两种情况下黑洞外面的宇宙会有一个非零的重子荷，而等量的反重子荷会消失在黑洞里面，完全地消失或者存留下来成为宇宙学上的暗物质.

第一眼看上去，由于相同的原因，黑洞的热蒸发不会创造荷的不对称，因为荷不对称不会在热平衡里产生. 然而，黑洞辐射的粒子谱不是黑的而是灰的，因为在传播过程中粒子谱会受到黑洞引力场的扭曲.[89]此外，产生的粒子之间的相互作用也非常重要. 这两个事实允许黑洞在外部空间产生比反物质更多的正物质. 作为一个可能的"现实的"模型，让我们考虑如下情况：[106, 37, 38]假定存在一种重 A -介子，衰变成两个几率不同的电荷共轭通道(由于 C 和 CP 不守恒)，

$$A \to H + \overline{L} \text{ 和 } A \to \overline{H} + L, \tag{7.22}$$

其中 H 和 L 分别是重的和轻的重子，如 t 和 u 夸克. 如果黑洞温度比 A 介子的质量更大或者相差不多，后者将会在黑洞的视界上被大量地产生出来，并且在黑洞引力场中传播的同时衰变. 有这样一个不为零的可能性，黑洞捕获黑洞衰变产物，并最终捕获回来的重重子，H 和 $\overline{H}$ 比轻重子 L 和 $\overline{L}$ 要多. 作为一个结论，重子的净不对称可以在黑洞外面产生. 根据文献[37, 38]里的计算，重子不对称可能拥有适当的量，并和观测相符合.

假如在黑洞形成的时刻，大约发生在辐射占主导的时期，原初黑洞只占很小的一部分比例，如宇宙总能量的 ε，那么在它们形成之后红移 $z = 1/\varepsilon$. 如果这些黑洞的寿命大于存活到该红移的时间间隔，$t_{\mathrm{MD}} = t_{\mathrm{in}}/\varepsilon^2$，那么这些黑洞会占据主导宇宙的总能量. 如果 τ_{evap} 是关于黑洞蒸发过程黑洞的寿命，那么 $\tau_{\mathrm{evap}} > t_{\mathrm{MD}}$ 蒸发会重新创造一个辐射主导的宇宙，但是这个时候就不会有非零的重子不对称了.

为了方便读者，我这里给出一些描述黑洞蒸发进程的量的式子. 量级为 1 的系数有时会被忽略. 精确的表达式可以在任何一本现代的黑洞物理教科书上找到，如文献[53]. 对于一个史瓦西(Schwarzschild)黑洞，唯一的带量纲的参数是它的引力半径，

$$r_g = \frac{2M_{BH}}{M_{\mathrm{Pl}}^2}. \tag{7.23}$$

黑洞温度仅基于量纲，应该是引力半径的倒数. 其精确值为

$$T_{BH} = \frac{1}{4\pi r_g} = \frac{M_{\mathrm{Pl}}^2}{8\pi M_{BH}}. \tag{7.24}$$

光度可以简单地估计为

$$L_{BH} \sim \sigma_{\mathrm{SB}} T^4 r_g^2 \sim \sigma_{\mathrm{SB}} \frac{M_{\mathrm{Pl}}^2}{M_{BH}^2}, \tag{7.25}$$

其中 σ_{SB} 是 Stefan-Boltzmann 常数(自然单位，见附录 A 中的讨论，$\sigma_{\mathrm{SB}} = \pi^2/60$)以及 $\sim r_g^2$ 是黑洞的表面积. 知道了黑洞质量和光度，就可以直接估计它的寿命 $\tau_{\mathrm{evap}} \sim M_{BH}^3/M_{\mathrm{Pl}}^4$. 精确的计算可参见文献[89]，

$$\tau_{\mathrm{evap}} = \frac{10\,240\pi}{N_{\mathrm{eff}}} \frac{M^3}{M_{\mathrm{Pl}}^4}, \tag{7.26}$$

其中 N_{eff} 是质量小于黑洞温度式(7.24)的粒子的种类数. 例如，一个质量为 $M_{BH} \sim 10^{15}$ g 的黑

洞，其半径大约为 10^{-13} cm，而它的温度大约是 100 MeV. 它们可以一直存活到现在，$\tau_{\text{evap}} \approx t_U$.

根据文献[37, 38]中的计算，为了产生观测得到的重子不对称，衰变的重粒子 A 的质量应该是 m 约为 $10^6 \sim 10^{10}$ GeV. 考虑下面的例子：假定原初黑洞在宇宙温度约为 10^{14} GeV 时产生，这个值对应的宇宙年龄 $t_U \approx 10^{-34}$ s. 此时宇宙视界半径之内的质量为

$$M_h = H_{\text{Pl}}^2 t \approx 10^{38}\ \text{g}(t/\text{sec}) \approx 10^4\ \text{g}. \tag{7.27}$$

带有这样质量的原初黑洞原则上会被创造出来，它们的温度将会是 $T_{BH} = 10^9$ GeV. 对于 $N_{\text{eff}} \sim 100$，它们的寿命为

$$\tau_{\text{evap}} \sim 3 \times 10^{-15}\ \text{s}. \tag{7.28}$$

在此期间宇宙将会冷却到 $T \sim 10^4$ GeV. 从原初黑洞产生时刻到此的红移已经大约是 10^{10}. 如果黑洞的产率是每 10^{10} 哈勃体积内只创造一个黑洞，那么在产生的时刻它们的质量所占的比例为 10^{-10}，当它们蒸发的时候就会主导整个宇宙的能量密度并产生观测到的重子不对称. 正如上面提到的，这种原初黑洞的普朗克质量遗迹，如果稳定的话，可以是宇宙学上的暗物质，可参见文献[46].

如果今日重子不对称产生于经典(对比于量子)黑洞的蒸发，那么很自然地我们可以预期在量子小黑洞的衰变过程中重子荷守恒可能也会被违反，因为正如已经提到的，引力破坏了所有的整体对称性，而且在普朗克能标这些效应都应该被压低. 这些观点首先在文献[107, 108]中指出，即质子转化为最终衰变成的正电子和介子的虚黑洞，也正因为这样，质子必将衰变. 该进程的几率可以估计如下：考虑单个质子内部的进程，

$$q + q \to \bar{q} + l, \tag{7.29}$$

这可以通过一个虚黑洞来传递. 这里的 $q(\bar{q})$ 是一个夸克(反夸克)，而 l 是一个轻子. 该反应率等于

$$\frac{\dot{n}}{n} = n\sigma_{BH} = \sigma_{BH} \mid \psi(0) \mid^2, \tag{7.30}$$

其中 $n \sim m_p^3$ 是质子内部夸克的数密度，σ_{BH} 是它们通过形成虚黑洞而相互作用的散射截面. 由于相互作用来自量纲为 6 的算符，振幅因此含有因子 $1/M_{\text{Pl}}^2$，而散射截面可以估计为

$$\sigma_{BH} \sim \frac{m_p^2}{M_{\text{Pl}}^4}, \tag{7.31}$$

或者更简单地是散射截面等于引力半径的平方. 因此最终得到关于通过产生虚的量子黑洞而衰变的质子寿命为

$$\tau_p \sim \frac{M_{\text{Pl}}^4}{m_p^5}. \tag{7.32}$$

在方程(7.32)中插入普朗克质量 $M_{\text{Pl}} \sim 10^{19}$ GeV，我们预言质子的寿命将会是 10^{45} 年量级，这并不和当前的实验限制相矛盾.

在大额外推模型里，基本的引力能标为 $M_* \ll M_{\text{Pl}}$，将 M_{Pl} 替换成 $M_* \sim 1$ TeV，这导致一个非常短的质子寿命 $\tau_p \sim 10^{-12}$ s. 因此，为了避免和当前的实验限制相违背，要求 $M_* \geq 10^{16}$ GeV，远大于 TeV 能标[1]. 在文献[13]的工作中，假定比(有效的)普朗克质量更轻的黑洞

必须拥有为零的电荷和色荷以及零角动量，在经典的广义相对论下这是对的，并且假定这也适用于量子引力的情况. 如果这是对的，质子衰变率、中子-反中子震荡，以及轻子不守恒衰变将会被压低，以致低于现存的实验限制. 这甚至适用于大额外推 TeV 能标的引力. 因此和实验限制之间的不符合将可以被避免，并且原则上特别是在最小标准电弱理论下，成功的重子合成在 TeV 能标的引力框架下将不会被排除.

7.3.5 自发重子合成

$U(1)$对称性的自发破缺，可能与重子数守恒或者包含重子数在内的某些量子数的组合有关，将有可能违背重子荷守恒. 类似 Higgs 场的重子数可以被真空吸收，于是总的重子数在形式上是守恒的. 但是因为我们只观测到破缺相真空的激发态的粒子，这些粒子之间的相互作用会伴随着重子数的不守恒. 重子的不对称可以在对称性的破缺相产生，这类现象可以在一些具有许多 Higgs 场的电弱模型中实现，这些 Higgs 场对应的相扮演 Goldstone 或者 Nambu-Goldstone 玻色子的角色，出现在对称性的自发破缺中，具体解释如下：

一般地，自发整体对称性破缺的模型可以通过一个势能为

$$U(\phi) = \lambda(|\phi|^2 - v^2)^2 \tag{7.33}$$

的标量场理论来描述，其中 v 为一个常数. 在该势能能量最低的态(真空)，场的值 ϕ 不为零，$\phi = v\exp(\mathrm{i}\theta)$. 许多简并的真空态对应于不同的 θ 值，其特定的真空态导致对称性的自发破缺. 场 $\theta(x)$被称为 Goldstone 玻色子. 如果没有对称性的明显破缺，而是自发的，那么理论在变换

$$\theta(x) \to \theta(x) + 常数. \tag{7.34}$$

下是不变的. 这意味着场 θ 为无质量的，换句话说，方程(7.33)的势能 $U(\phi)$最小值处的曲线是平坦的，并且 θ 可以沿着这条曲线演化而不改变能量. 如果势能的底部是倾斜的，那么 θ 势能的简并消失，称其为明显对称性破缺，比如轴子(axion)的情况. 在该情况下，θ 场有典型地非零的质量，并变成赝 Goldstone 玻色子.

考虑一个标量场 ϕ 和两个费米场，“夸克”Q 以及轻子 L 的玩具模型. 该理论在重子的 $U(1)$变换下保持不变：$\phi \to \exp(\mathrm{i}\alpha)\phi$，$Q \to \exp(\mathrm{i}\alpha)Q$，并且 $L \to L$，其中 α 是一个常数相. 相应的拉氏量具有如下形式：

$$\mathscr{L} = (\partial\phi)^2 - U(\phi) + \mathrm{i}\,\overline{Q}\gamma^\mu\partial_\mu Q + \mathrm{i}\,\overline{L}\gamma^\mu\partial_\mu L + (g\phi\,\overline{Q}L + h.c.), \tag{7.35}$$

其中 $U(\phi)$由方程(7.33)给出. 在自发破缺相，当 $\phi = v\exp(\mathrm{i}\theta)$，拉氏量可以重新写成

$$\mathscr{L} = v^2(\partial\theta)^2 - V(\theta) + \mathrm{i}\,\overline{Q}\gamma^\mu\partial_\mu Q + \mathrm{i}\,\overline{L}\gamma^\mu\partial_\mu L + [gv\exp(\mathrm{i}\theta)\,\overline{Q}L + h.c.] + \cdots, \tag{7.36}$$

这里势能 $V(\theta)$描述了一个可能的对称性明显破缺，这在原始的拉氏量(7.35)中是不存在的，并且径向自由度应当非常重因此可以被忽略. 确实可以通过引入一个新的场 ζ，即所谓的径向激发 $\phi = (v+\zeta)\exp(\mathrm{i}\theta)$，来研究对称性破缺相真空态附近的扰动. 最终，$\zeta$ 的质量是$\sqrt{\lambda}v$，因此 ζ 不在低能下受到激发.

拉氏量(7.36)的另一个表述可能在考虑产生重子不对称的时候比较有用. 让我们考虑做旋转 $Q \to \exp(\mathrm{i}\theta)Q$ 之后新的夸克场，拉氏量因此变成

$$\mathscr{L} = v^2(\partial\theta)^2 + \partial_\mu\theta J^\mu_B - V(\theta) + \mathrm{i}\,\overline{Q}\gamma^\mu\partial_\mu Q + \mathrm{i}\,\overline{L}\gamma^\mu\partial_\mu L + (gv\,\overline{Q}L + h.c.), \tag{7.37}$$

其中 $J^{\mu}_{B}=\overline{Q}\gamma^{\mu}Q$ 为夸克的重子流. 在这个表达式里,θ 和物质场的相互作用是线性的. 不可避免地重子流 J^{μ}_{B} 并不守恒,否则相互作用项

$$\mathscr{L}_{\text{int}}=\partial_{\mu}\theta J^{\mu}_{B} \tag{7.38}$$

可以被积分掉. 这个重子流确实是不守恒的. 联合 Q 和 L 的运动方程,可以看到 $\partial_{\mu}J^{\mu}_{B}=\mathrm{i}gv(\overline{L}Q-\overline{Q}L)$.

对于均匀并且只依赖于时间的场 θ,相互作用拉氏量(7.38)可以写成 $\mathscr{L}_{\text{int}}=\dot{\theta}n_B$,其中 n_B 是重子荷的密度. 我们很容易将 $\dot{\theta}$ 等同于重子的化学势,正如文献[29, 30, 31]中所考虑的一样. 如果确实如此,那么当反应率足够快,同时 θ 在势能的底部时,仍没有达到 $\dot{\theta}=0$ 的动力学平衡,重子荷甚至在热平衡时也不为零. 当 $\dot{\theta}$ 很小时荷密度

$$n_B=\frac{1}{6}B_Q\dot{\theta}T^2, \tag{7.39}$$

其中 B_Q 是夸克 Q 的重子荷. 但并非如此,我们可以从场 θ 的运动方程中直接看出[43],

$$2v^2\partial^2\theta=-\partial_{\mu}J^{\mu}_{B}. \tag{7.40}$$

事实上这个方程只是总的重子流守恒定律,$\partial_{\mu}J^{\mu}_{\text{tot}}=0$,其中 J^{μ}_{tot} 是总的重子流,包含了来自标量场 ϕ 的贡献. 尽管对称性自发地破缺,但是理论仍"记得" 它原先是对称的. 当 $\theta=\theta(t)$ 不依赖于空间时,方程(7.40) 可以转化为 $2v^2\ddot{\theta}=-\dot{n}_B$. 简单地积分后得到,

$$\Delta n_B=-v^2\Delta\dot{\theta}, \tag{7.41}$$

这最终与式(7.39)不自洽. 我们应该相信方程(7.41)是正确的,因为这只是总的重子流守恒方程,不会受到热修正的影响. 接下来要细致地讨论 $\dot{\theta}$ 不能被解释成重子的化学势,以及方程(7.39)不正确的原因. 首先让我们考虑单纯的 Goldstone 以及赝 Goldstone 情况下产生的重子不对称. 我们已经看到 Goldstone 情况下重子荷密度由方程(7.41)给出. $\dot{\theta}$ 的初始值是由暴胀决定的,并依赖于对称性是在暴胀结束之前还是结束之后破缺. 我们假定为前者,那么 θ 场的动能为 $v^2(\partial\theta)^2\sim H_I^4$. 这是 de Sitter 时空的量子涨落幅度,正如所谓的 Gibbons-Hawking 温度所描述的[57],$T_{\text{GH}}=H/(2\pi)$. 因此 $\dot{\theta}\sim H_I^2/v$,其中暴胀期间的哈勃参数 H_I 可以通过将暴胀子的能量密度 $\rho_{\text{inf}}\sim H_I^2M_{\text{Pl}}^2$ 等同于重加热(reheating) 之后的能量密度 $\rho_{\text{reh}}\sim T_{\text{reh}}^4$ 来求出. 对比这些式子可以发现

$$\eta\sim\frac{n_B}{T^3}\approx\frac{vT_{\text{reh}}}{M_{\text{Pl}}^2}. \tag{7.42}$$

如果对称性破缺的能标 v 以及重加热的温度不远低于普朗克能标,那么重子不对称将足以解释观测到的值 $\eta\approx6\times10^{-10}$. 然而该模型出现了一个严重的问题. 我们知道暴胀期间所有的经典运动都以几何级数的形式被红移到零. 初始非零的 $\dot{\theta}$ 来自暴胀阶段的量子涨落. 带有明确符号的 $\dot{\theta}$ 的区域非常微小,$l_B^{\text{inf}}\sim H^{-1}$,甚至在经过红移 $z_{\text{reh}}+1=T_{\text{reh}}/3\ \text{K}$ 之后,它仍比正重子区域 $l_B>10$ Mpc 要小.

现在考虑当 θ 拥有一个非零的势能 $V(\theta)=\Lambda^4\cos\theta$ 的情况下赝 Goldstone 的例子. 如果 θ 接近这个势能的底部,它可以用质量项来近似表达为 $V(\theta)\approx-1+m^2v^2(\theta-\pi)^2/2$,其中 $m^2=\Lambda^4/v^2$. θ 的运动方程要求一个和势能有关的额外的项,

$$v^2\ddot{\theta}+3H\dot{\theta}+V'(\theta)=\partial_\mu J_B^\mu. \tag{7.43}$$

这里已经考虑了宇宙膨胀带来的哈勃阻力(Hubble friction). 假定θ起初偏离平衡值$\theta_{eq}=\pi$. 很自然地也假定θ等概率地分布于$(0,\ 2\pi)$之间. 在暴胀期间，当$H\gg m$，由于哈勃阻力$3H\dot{\theta}$很大，θ几乎为一个常数. θ为常数的区域以几何级数的形式暴胀，$l_B\sim l_i\exp(Ht)$，它有可能会大于重子区域大小的下限. 当暴胀结束、哈勃常数低于m，可以忽略哈勃阻力，场θ开始以符合方程

$$\ddot{\theta}+m^2\theta=-\partial_\mu J_B^\mu/v^2 \tag{7.44}$$

的方式振荡. θ场的振荡会产生正重子和反重子，但是因为重子流j_B^μ不守恒，所以两者的数密度不相同. 为了计算该不对称，在文献中人们采用如下的论据：考虑到产生的粒子的反作用，θ场的方程假定可以写成

$$\ddot{\theta}+m^2\theta+\Gamma\dot{\theta}=0. \tag{7.45}$$

这个方程包含了一个解，可以正确描述由于产生粒子而导致的θ振幅的减小，即

$$\theta=\theta_i\exp(-\Gamma t/2)\cos(mt+\delta). \tag{7.46}$$

对比方程(7.44)和(7.45)，可能会得出结论

$$\partial_\mu J_B^\mu=v^2\Gamma\dot{\theta}. \tag{7.47}$$

然而上面的等式并不正确.[43, 44]我们可以简单地看出，如果方程(7.47)是正确的，那么产生的粒子的能量会比其母场θ的能量密度还大. 这当然是不可能的. 如果表达式(7.47)确实正确，那么产生的重子的能量密度可以估计如下：频率为m的场的振荡产生的每个夸克的能量等于$m/2$. 产生的夸克的总的数密度为$n_Q+n_{\bar{Q}}$，大于重子的荷密度$n_B=n_Q-n_{\bar{Q}}$. 因此产生的重子的能量密度大于mn_B. 从方程(7.47)推出n_B线性地依赖于θ，而θ场的能量密度正比于θ的平方. 因此在θ很小的极限下，产生的粒子的能量将会大于其母场的能量. 这和能量守恒相矛盾，因此可以证明上面的等式是错误的. 事实上，方程的解的正确性并不一定意味着方程本身是正确的. 例如，我们可以通过下面的方程来描述一个衰变的场，

$$\ddot{\theta}+(m-\mathrm{i}\Gamma/2)^2\theta=0. \tag{7.48}$$

这个方程拥有相同的解(7.46)，但是我们却无法等到上面的那个等式(7.47).

在文献[43, 45]中，在单圈近似下，考虑了产生的费米子的反作用，我们推导了θ运动方程. 这是一个非局域的、非线性的方程，在θ的振幅很小的极限下，其解与方程(7.45)和(7.48)一样，但是无法得到那个错误的等式(7.47). 依赖于时间的场的粒子产生率的直接计算给出[44]

$$n_B\sim\eta^2\Gamma_{\Delta B}(\Delta\theta)^3, \tag{7.49}$$

其中Γ为重子荷不守恒的θ衰变的宽度，$\Delta\theta$为θ的初始值和最终值的差. 重子不对称正比于θ初始值的三次方而不是一次方，因为不对称随时间振荡，符号也随之不断改变，因此，由于对振幅衰减的振荡的积分的不完全抵销而导致净效应出现. 重子不对称在这种情况下可以被估计为

$$\eta=g^2(\Delta\theta)^3\frac{v^2m}{T^3}. \tag{7.50}$$

在这个模型下，正重子-反重子区域的大小 l_B，依赖于模型的参数，并在可观测范围内大于或者远小于今天的视界半径.

现在来考虑把 $\dot{\theta}$ 解释成重子化学势的可能性. 它以 $\mathscr{L}_\theta = \dot{\theta} n_B$ 的方式进入拉氏量，精确地以化学势应该有的方式进入哈密顿量. 然而，根据 $\mathscr{L}$ 和 $\mathscr{H}$ 的关系，

$$\mathscr{H} = \frac{\partial \mathscr{L}}{\partial \dot{\phi}} \dot{\phi} - \mathscr{L}, \tag{7.51}$$

来自 $\mathscr{L}_\theta$ 的贡献在形式上从哈密顿量里消失了. 通过正则动量 $P = \partial \mathscr{L} / \partial \dot{\theta} = 2v^2 \dot{\theta} + n_B$，哈密顿量依赖于 n_B. 因此，根据拉氏量里的动能 $v^2 (\partial \theta)^2$，可以得到 $\mathscr{H} = (P - n_B)^2 / 4v^2$. 如果场 θ 只是形式上的场(用大写字母记为 Θ)，拉氏量不含有它的动能项，并且 Θ 只以 $\dot{\Theta} n_B$ 的方式出现，那么 Θ 没有运动方程：它只是形式上的一个"常数". 在这种情况下，哈密顿量为 $\mathscr{H} = -\dot{\Theta} n_B$ 以及该 $\dot{\Theta}$ 为重子的化学势。在这种情况下，对于充分快的反应，重子荷将由式(7.39)给出.

对于动力学场 θ 来说，支配其行为的运动方程不允许 θ 成为一个可以相对于 $\Delta B \neq 0$ 的反应缓慢变化的绝热的变量. 重子荷的变化意味着 θ 也会有类似的变化，因此热平衡永远无法达到. 在单纯的 Goldstone 的情况下，情况稍微更复杂一些，但结论仍然相同. 考虑 θ 场存在的情况下夸克的狄拉克方程

$$(\mathrm{i}\gamma^\mu \partial_\mu - \dot{\theta}) Q = - g v L. \tag{7.52}$$

这里忽略了一个可能的质量项，因为它并不重要. 在扰动论下，因为方程的右边正比于一个很小的耦合常数 g，人们很容易就把它忽略掉，进而研究方程右边为零的狄拉克方程(Dirac equation)的谱. 这个方程的色散关系为 $E = p \pm \dot{\theta}$，其中符号"+"和"−"分别表示正夸克和反夸克. 因此正粒子和反粒子的能级位移了 $2\dot{\theta}$，并且在热平衡下它们的数密度也应该不同. 然而任何数目上的变化都伴随着同样速率的 θ 的变化，或者换句话说，产生 Q 和 $\overline{Q}$ 差异的重子流不守恒，正比于方程(7.40)在 Goldstone 的情况下决定 $\theta(t)$ 行为的相同的耦合常数 g. 在赝 Goldstone 的情况下，θ 的变化由势能项(7.43)决定. 因此，它有可能比在势能消失极限(Goldstone 极限)下改变(振荡)得更快，而且假定 $\theta(t)$ 为绝热变量本身并不严谨. 这种情况比在 Goldstone 情况下还要糟糕，因为重子荷的改变率比 θ 的改变要慢很多，系统因此也更远离热平衡.

参考"旋转"后的费米子表象下，$Q \to \exp(\mathrm{i}\theta) Q$，在有 θ-场的情况下费米子/反费米子的数量差异可能会比较有启发意义. 狄拉克方程的形式为

$$\mathrm{i}\gamma^\mu \partial_\mu Q = - g v L \exp(-\mathrm{i}\theta). \tag{7.53}$$

这个方程在 $g = 0$ 的极限下，正粒子和反粒子拥有相同的谱，$E = p$，但是数目可能会不同，这是因为方程右边的相互作用项导致能量不守恒. 假定 $\theta(t)$ 是一个随时间缓慢变化的函数，$\theta(t) \approx \dot{\theta} t$，在反应的过程中，夸克的能量增加了 $\dot{\theta}$，相比之下反夸克的能量减少同样的量. 我们可以从这个例子里看到，正粒子和反粒子的能量确实变得不同，但是产生差异的这个过程依赖于耦合常数 g.

7.3.6　标量重子凝聚的重子合成

超对称理论提供了重子合成新的可能性. 首先，在高能超对称模型中重子荷是不守恒的. 这通常发生在大统一能标以下. 其次，重子拥有重子荷不为零的标量伴生子，如夸克的超对称

伴生子(以下标记为χ). 这些场的势能通常拥有一个平的方向,沿着这个方向场不改变能量. 这意味着特别地χ场的质量为零.

已知在 de Sitter 背景下,一个无质量的标量场是红外不稳定的. 在 $m=0$ 的情况下,它的真空期望值是一个奇点[22],

$$\langle \phi_m^2 \rangle = \frac{3H^4}{8\pi^2 m^2}. \tag{7.54}$$

如果场严格地没有质量,那么它的涨落以$\langle \phi_0^2 \rangle = H^3 t/(2\pi)^2$ 的形式增长,正如文献[74, 103]所指出的(但是文献[47]给出了不同的结果). 如果质量很小但是不为零,当场的势能等于动能时,$U(\phi) \sim H^4$,场停止增长. 随着暴胀阶段空间的膨胀,量子涨落的波长也被指数地拉长,可以形成轻标量场"经典"的凝聚. 这些凝聚可能存有重子荷(如果场拥有重子荷,如χ),并且当暴胀结束时χ的衰变会产生重子的不对称. 由于下面的这些原因,实际图像要稍微更复杂一些. 首先,场χ不应该拥有任何守恒的量子数. 流守恒条件

$$D_\mu J^\mu = \partial_\mu J^\mu + 3Hj_0 = 0, \tag{7.55}$$

使得任何守恒的流密度以 $J^0 \sim \exp(-3Ht)$ 衰减并消失,因此只有无色并且电中性的场组合才有可能发生凝聚. 在某个对称性破缺之后,当平坦的方向发生弯曲(如质量 m_χ变为非零),宇宙膨胀率变得小于质量,$H < m_\chi$,场可以会落到机械平衡点$\chi=0$. 在到达$\chi=0$ 的弛豫过程中,重子数 B 很有可能守恒,场χ可以衰变成夸克,并把存储在凝聚态里的重子荷释放到夸克的重子荷里. 这是 Affleck-Dine 重子合成模型最基本的想法.[4]我们应该记住重子荷不是在标量重子场的振幅里累积的,而是在类似于力学里的角动量的相旋转,可参考下面的方程(7.59).

作为一个拥有这些性质的玩具模型,可以考虑具有如下自相互作用势能的标量重子χ,

$$U_\lambda(\chi) = (\lambda/2)(2|\chi|^4 - \chi^4 - \chi^{4*}) = \lambda|\chi|^4(1-\cos 4\theta), \tag{7.56}$$

其中 $\chi = |\chi|\exp(i\theta)$. 这个势能$\chi$的复平面沿着 $\cos 4\theta = 1$ 的方向共有 4 个方向,势能破坏了相旋转$\chi \to \chi\exp(i\alpha)$ 的对称性,这意味着χ的重子荷正如我们所预料的不守恒. 除了四次势能项(7.56),加入如下的质量项:

$$U_m(\chi) = m^2 |\chi|^2[1-\cos(2\theta+2\alpha)], \tag{7.57}$$

这里 α 为一个未知的相. 如果 $\alpha \neq 0$, C 和 CP 明显地破缺.

最初(在暴胀期间)由于上述讨论的量子扰动,χ远离原点;当暴胀结束,根据运动方程χ开始落到平衡点$\chi=0$. 对于一个均匀的χ,后者与牛顿力学中点状粒子的运动方程相同,

$$\ddot{\chi} + 3H\dot{\chi} + U'(\chi) = 0. \tag{7.58}$$

χ的重子荷为

$$B_\chi = \dot{\theta}|\chi|^2, \tag{7.59}$$

这与力学中的角动量相类似. 当χ衰变时,它的重子荷转移到 B 守恒进程里的夸克荷. 因此,可以不需要知道运动方程的解,便可以轻易地想象具体的过程.

对于无质量的χ,由垂直于峡谷的方向量子扰动诱导,B-荷在它的"旋转"运动中累积. 重子荷的空间平均值明显为零,其结果是产生了全局荷对称的宇宙. 领域的大小 l_B 带有确定的重子荷密度符号,是由带有确定符号的 $\dot{\theta}$ 决定的. 通常带有确定 $\dot{\theta}$ 的区域是很微小的,因此这

导致了非常小的 l_B. 如果暴胀期间哈勃参数恰巧大于势能 U_λ 在峡谷垂直方向的二阶导数,那么在指数膨胀期间场在垂直方向的运动将被“冻结”,带有确定 B 值区域的大小可能会足够大.

如果 $m\neq 0$,情形将会不同. 在这种情况下,初始角动量或者同样的χ的初始重子荷可以为零,但是旋转运动(或者重子荷)可能通过在χ很小的峡谷的不同方向产生. 对于大的χ,峡谷的方向是由 $U_\lambda(\chi)$决定的,方程(7.56)在小χ的时候二次项(7.57)将占主导.

如果方程(7.57)的 CP -奇异相为零,即 $\alpha=0$,但是 U_λ 沿着χ凝聚的平坦方向垂直于 U_m 的平坦方向,场χ可以有 50%的几率顺时针或者逆时针旋转,并创造正重子或者反重子的宇宙. 如果借助暴胀的帮助,这些区域会足够大. 这是没有明显 C 和 CP 破缺,并且没有区域墙(domain wall)问题的重子合成的例子.

如果 CP -奇异相 α 很小但是非零,当χ接近 m -峡谷时,它以不同的几率在不同的方向旋转. 因此,正重子和反重子区域都可能由二者之一统治. 正物质和反物质区域可能存在,但是对于全局 $B\neq 0$.

如果场χ以可重整的耦合项耦合到暴胀子[48],那么将会出现非常有趣的情况,

$$\mathscr{L}_{\chi\Phi}=\lambda|\chi|^2(\Phi-\Phi_1)^2. \tag{7.60}$$

在这种情况下,通往峡谷的“大门”只会打开很短暂的时间(即当暴胀场 Φ 接近 Φ_1 时). 隧穿到峡谷的几率因此很小,并且χ会获得一个很大的重子荷凝聚,给出一个很大的 η,在空间中很小的一部分会一直达到 $\eta\sim 1$. 这个模型会导致宇宙拥有很小的均匀的重子不对称($\eta=6\times 10^{-10}$),可以由上面描述的标准机制之一来产生,并给出相对少见的紧密的高- B 区域,依赖于具体的模型,高- B 区域可能相对于重子以及反重子是对称的,或者由二者之一占主导. 该模型将在下面的 7.4 节作更具体的讨论.

7.4 宇宙学的反物质

保罗·狄拉克基于狄拉克方程发现了一个解,其电荷与电子相反,于是正确地预言了反物质. 他起初假定这个带有相反电荷的“电子”为质子. 那时物理学家们很不情愿引入新的粒子,这一点与现在完全相反. 然而,Oppenheimer 对于该解释提出批评,指出在这种情况下氢原子将会非常不稳定. 这导致狄拉克在 1931 年断定这个“反电子”是一个新粒子(正电子),并且它的质量和电子相同. 之后很快在 1933 年 Carl Anderson 发现了正电子,狄拉克在他的发现之后立即就获得诺贝尔奖,而 Anderson 本人在 3 年之后的 1936 年也获得了诺贝尔奖.

1933 年 12 月 12 日,狄拉克在他的诺贝尔演讲《正负电子理论》中讲到,宇宙中的反物质“很有可能……这些恒星主要是由正电子以及负的质子组成的. 事实上,有可能有一般的恒星是这一类型的. 这两种恒星会发出精确相同的光谱,通过目前天文方法根本无法区分它们”. 然而我们还是有几种办法,并且能够通过地球上的天文观测,断定一颗恒星是否是由反物质组成的.

让人惊讶的是,在 1898 年(就是狄拉克发现正电子之前的 30 多年,以及 Thomson 发现电子的 1897 年之后的 1 年),另一位英国物理学家 Arthur Schuster 猜测有可能存在另一种电荷符号,他将其称为反物质,并且猜想也许存在由反物质组成的太阳系.[97] Schuster 大胆地猜想正物质和反物质会湮灭并产生能量,这个想法恰恰是巧妙而且正确的. 他还相信正物质和反物

质的重力相互排斥，因为根据他的猜想，反物质粒子拥有负的质量，与正物质粒子产生的重力相互排斥. 两个这样靠近接触的物体，其质量将会消失！ 正如我们现在所知道的这并不正确，正物质和反物质都产生互相吸引的重力.

当前人们普遍相信宇宙充满了正物质，而微量的反物质有其次级的起源. 正如本章开头所讨论的，尽管如此，不顾实验上对可能存在的反物质区域以及反物质物体的很强的限制，仍不排除宇宙甚至在离我们不远的星系中存在大量反物质的可能性. 基于这个原因，我们在使用许多实验仪器寻找宇宙中的反物质，如 BESS（Balloon Borne Experiment with Superconducting Solenoidal Spectrometer）[96]，PAMELA（Payload for Antimatter Matter Exploration and Light-nuclei Astrophysics）[16, 92]，以及 AMS（AntiMatter Spectrometer or Alpha Magnetic Spectrometer）.[5]一些新的探测器也正在探讨之中. 当前以及未来新的实验，要么排除掉，要么强烈地限制反物质物体（如反恒星）的生存空间. 如果足够幸运，我们可能会发现反太阳系，正如 Schuster 和狄拉克所设想的那样.

有许多理论模型提及，宇宙中会产生大量的反物质. 例如，假如 CP 不变性自发破缺[72]，宇宙会拥有等量的正物质和反物质. 至少有两个重子合成的模型，非常倾向于产生反世界，如在 7.3.5 和 7.3.6 中所讨论的. 这些模型的形式简单，被天体实验观测或者 BBN 以及 CMB 实验数据所严格限制.

下面简单地描述一个模型，当前的实验限制不适用或者限制很弱，甚至允许大量的反物质存在于星系中，几乎就在我们的附近. 该理论是基于 7.3.6 讨论的模型. 正如在 7.3.6 中所提到的，需要引入耦合项（7.60），在χ演化的大部分时间里关闭通往势能平坦方向的“大门”. 为了使得带有高（反）重子数密度的反物质领域或者类似恒星的物体具有天文学上足够的大小，这个“大门”需要在暴胀期间、但离暴胀结束不太远的时刻打开，使得该物体存在于我们今天宇宙的视界之内. 这是该模型唯一的微调. 可以稍作修改原始的χ势能（式（7.56）和式（7.57）），其中包含著名的 Coleman-Weinberg 修正[26]，即下面的方程（7.61）的最后一项，这是含有 4 次相互作用项的标量场理论的单圈图的总和，

$$U_\chi(\chi) = [(m_\chi^2 \chi^2 + h.c.) + \lambda_\chi(\chi^4 + |\chi|^4) + h.c.)] + \lambda_2 |\chi|^4 \ln \frac{|\chi|^2}{\sigma^2}. \tag{7.61}$$

除了该势能之外的耦合项（7.60）正依赖于时间的质量，因此它几乎一直保持通往峡谷“大门”的关闭，仅除了当 Φ 处于 Φ_1 附近非常短的一段时间.

χ有很小的机会会达到很大的值，并产生大量的重子不对称. 势能 $U_\chi(\chi)+U_{\text{int}}(\chi, \Phi)$ 在不同的有效质量 $m_{\text{eff}}(t)=\lambda[\Phi(t)-\Phi_1]^2$ 的行为显示见图 7.1. 势能从上方的曲线演化到下方，当 $\Phi=\Phi_1$ 达到后者，并在 Φ 小于 Φ_1 时回到更高的曲线. 场χ相应地落到更深的极小值，并随着极小值的演化而振荡回到原点，并开始沿着它旋转，如图 7.2 所示.

因为暴胀子只在很小的时间间隔里打开通往更深的极小值的“大门”，χ到达高值的可能性很小，因此空间大部分区域重子合成所产生的重子不对称非常小，但是在某些占据全空间很小一部分的“泡泡”，重子不对称可能很大.

在 QCD 相变之后，重子荷的差异转化成能量/质量密度的扰动，而且高 B 的“泡泡”可能会形成原初黑洞（或致密星体）. 这些高 B 的“泡泡”的质量分布拥有不依赖于模型的形状：

$$\frac{dN}{dM} = C_M \exp\left[-\gamma \ln^2 \frac{(M-M_1)^2}{M_0^2}\right], \tag{7.62}$$

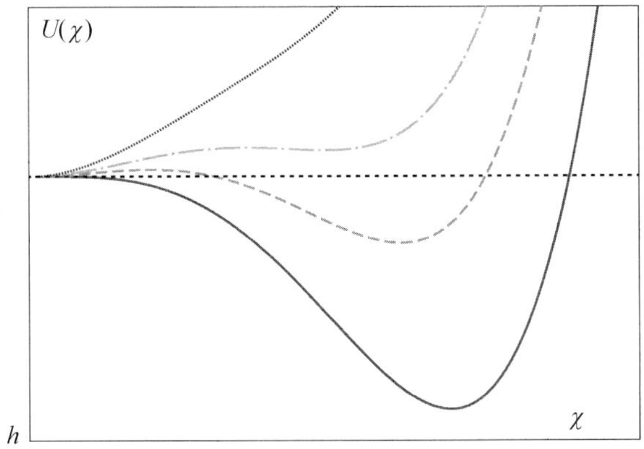

图 7.1　对于不同的 $m_{\mathrm{eff}}^2(t)$ 值 $U_\chi(\chi)$ 的行为（本图可参见彩图 8.）

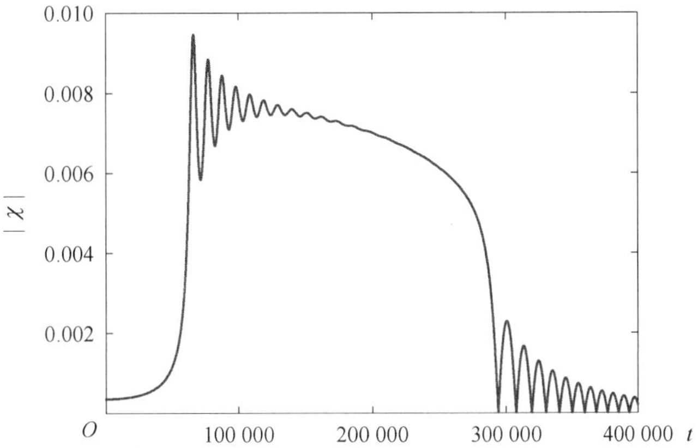

图 7.2　$|\chi|$ 随时间的演化

其中 C_M，γ，M_1 和 M_0 为依赖于模型的参数. 可以调节这些参数的值，使得在该分布的尾巴上形成足够多的存在于每一个大星系以及一些小星系内的超重的黑洞. 如此超重的原初黑洞，可以是星系形成的种子. 在标准物理学的框架下，还没有让人满意的机制可以产生如此超重的黑洞，但是这里所讨论的这个机制却可以成功地完成这个任务.

由于更高的 $\eta=n_B/n_\gamma$ 的值，早期类星体的化学演化可以或者至少在一定程度上解释为 BBN 期间更充足的产物. 标准的 BBN 本质上在 ^{4}He 合成后，就由于低 η 值而停止. 这里所考虑的模型，η 可以远大于典型的值，甚至接近或者大于 1. 在这种情况下，可以产生更重的原初元素. [79, 80, 81, 85] 有可能某些恒星从一开始就拥有比通常恒星更多的金属成分，于是今天它们看起来比实际更“老”，因为它们的年龄是由标准的核年表计算出来的，它们甚至比我们的宇宙都更老. 这个模型很容易解释难以甚至不可能产生于早期宇宙的很多类型的天体.

最近在银河系发现许多星体带有超出预期的高龄. 使用钍、铀和其他稳定元素丰度的对比，贫金属星体 BD+17°3248 的年龄在文献[33]中被估计为(13.8±4)Gyr. 作为对比，银河系内晕的估计年龄为(11.4±0.7)Gyr. [63] 银河系晕环中星体 HE 1523 - 0901 的估计年龄为 13.2 Gyr. [52] 工作中许多不同的精密时间计量，如 U/Th，U/Ir，Th/Eu 以及 Th/Os 的比例，被第一次使用于测量星体的年龄. 最令人困惑的是，太阳系附近的无金属高速度亚巨星 HD

140283，其年龄看起来是(14.46±0.31)Gyr.[17]如果 $H_0=67.3$ km/sec/Mpc，那么在 2 个标准差内，其年龄的中心值比宇宙年龄还要大. 如果 H_0 更大的话，正如直接的天文观测所指出的，$H_0=74$ km/sec/Mpc，那么这个星体的年龄在 6 个标准差下甚至比宇宙的年龄还长.

对于高红移 $z\sim10$ 处的星系，无法被普通的光学望远镜所观测，因为它对遥远的星体不灵敏. 幸运的是，引力透镜可以让我们"看到"它们，如果透镜正好在从星系到地球上的观测者之间的光路上. 以这种方式，一个在 $z\approx9.6$ 的星系被发现.[110]该星系在宇宙大约为 500 Myr 时形成. 更令人振奋的是，一个在 $z\approx11$ 的星系已经被观测到[27]，它在宇宙 0.41 Gyr 之前形成(如果 H_0 更大的话，或者甚至更早).

文献[82]中说道："哈勃望远镜对 WFC3/IR 的观测，以及引力透镜技术的使用，促进了远至 $z\sim10^{-12}$星系的发现，这是一个真正显著的成就. 然而，这些高红移星系的突然出现，仅在第三星族星转变为第二星族星之后的 200 Myr，看起来似乎和宇宙演化的标准图像相冲突. 这个问题让人联想到更著名的(并且可能有关联的)红移 $z\sim6$ 处超大质量黑洞早熟的外观. 很难理解质量为 $10^9\ M_\odot$ 的黑洞是如何在大爆炸之后迅速出现，而不需要非标准的吸积物理以及大质量的种子形成，其二者在宇宙中均未被观测到."一个 $z=7.085$ 的类星体被发现[84]，即它形成于 $t<0.75$ Gyr. 它的光度为 $6.3\times10^{13}L_\odot$，并且质量为 $2\times10^9\ M_\odot$. 类星体应该是超大质量黑洞，它们在如此短时间之内的形成，看起来很难用传统的机制进行解释.

一些很强的迹象表明每一个大星系以及一些相对较小的星系，中心包含一个超大质量黑洞. 在巨大椭圆形以及致密透镜状的星系，其中心黑洞的质量可能大于 100 亿 $M_\odot$，而在类似于银河系的螺旋星系，其质量大约是 $M_\odot$ 的几百万倍. 这类物体的质量通常占主星系核球质量的 0.1%，但是某些星系看起来拥有超大的黑洞. 例如，NGC 1277 拥有一个质量为 $1.7\times10^{10}M_\odot$ 的超大质量黑洞，对应于主星系核球 60%的质量.[18]另一个有趣的例子是极致密矮星系 M60 - UCD1 中可能存在的超大质量黑洞[99]，其质量大约是 2 千万 $M_\odot$，也就是星系总质量的 15%. 根据作者的结论，这么大的黑洞质量以及质量的比例，作者建议 M60 - UCD1 为星系裸露的核. 另一方面，作者观测到"M60 - UCD1 星体质量与它的光度是自洽的，暗示着许多其他极致密矮星系可能也有超大质量黑洞. 这暗示了大量之前未被注意到的超大质量黑洞". 对于星系中心靠吸积物质形成超大质量黑洞这一标准模型来说，这些事实产生许多严重的问题. 一个反过来的图像看起来似乎更有可能，即：当第一个超大质量黑洞形成并吸引物质作为接下来星系形成的种子. 最近发现的一个年龄超过 10 Gyr 的极致密矮星系[102]，富含金属，并且可能在其中心拥有一个大黑洞，这在标准的模型里看起来也很古怪. 这个星系的动力学质量为 $2\times10^8\ M_\odot$，它的半径为 $R\sim24$ pc，因此星系的密度极端地高. 它有一个变化的中心 X 射线源，其光度为 $L_X\sim10^{38}$ erg/s，这可能是一个与大质量黑洞或者低质量 X 射线双星有关的活跃星系核.

如果 GBRs 是早期超新星的话，高红移伽马射线暴(GBRs)的观测也暗示了高红移处超新星的高丰度. 观测到 GBR 的最高红移是 9.4[34]，并且在相对较小但仍是高红移处有更多的 GBRs. 用必要的恒星形成率来解释早期的 GBRs 与标准的恒星形成理论并不一致.

这个模型的一个自然的副产物是大量的反物质，因为χ 可以在两个不同方向旋转，正如 7.3.6节所解释的那样. 因为这种方式产生的反星体通常会非常致密，在 § 7.1 节中讨论了它们的上限被削弱很多，这也包括来自 BBN 和 CMB 方面的限制. 相似的反物质星体的唯象学在文献[12，15]中也有讨论.

习　　题

7.1　重粒子衰变产生的电荷不对称如何消失在热平衡里？一些文献中提到相反的衰变可以做到这一点. 然而，我们能看到这并非如此，因为根据 CPT，可以发现

$$\begin{aligned} \Gamma_{\overline{qq}\to\bar{X}} &= (1+\Delta_q)\Gamma_q,\ \Gamma_{ql\to\bar{X}} = (1-\Delta_l)\Gamma_l, \\ \Gamma_{qq\to X} &= (1-\Delta_q)\Gamma_q,\ \Gamma_{\bar{q}\bar{l}\to X} = (1+\Delta_l)\Gamma_l. \end{aligned} \tag{7.63}$$

因此，直接的和相反的衰变产生了同样符号的重子不对称.

参 考 文 献

[1] F. C. Adams, G. L. Kane, M. Mbonye, M. J. Perry, *Int. J. Mod. Phys.* A **16**, 2399 (2001) [hep-ph/0009154]

[2] P. A. R. Ade et al., *Planck collaboration. Astron. Astrophys.* **571**, A16 (2014) arXiv: 1303.5076 [astro-ph. CO]

[3] S. L. Adler, *Phys. Rev.* **177**, 2426 (1969)

[4] I. Affleck, M. Dine, *Nucl. Phys.* B **249**, 361 (1985)

[5] J. Alcaraz et al., AMS collaboration. *Phys. Lett.* B **461**, 387 (1999) [hep-ex/0002048]

[6] J. Ambjorn, T. Askgaard, H. Porter, M. E. Shaposhnikov, *Nucl. Phys.* B **353**, 346 (1991)

[7] N. Arkani-Hamed, S. Dimopoulos, G. R. Dvali, *Phys. Lett.* B **429**, 263 (1998) [hep-ph/9803315]

[8] P. B. Arnold, L. D. McLerran, *Phys. Rev.* D **36**, 581 (1987)

[9] K. R. S. Balaji, T. Biswas, R. H. Brandenberger, D. London, *Phys. Lett.* B **595**, 22 (2004) [hep-ph/0403014]

[10] K. R. S. Balaji, T. Biswas, R. H. Brandenberger, D. London, *Phys. Rev.* D **72**, 056005 (2005) [hep-ph/0506013]

[11] P. von Ballmoos, *Hyperfine Interact.* **228**, 91 (2014). arXiv: 1401.7258 [astro-ph. HE]

[12] C. Bambi, A. D. Dolgov, *Nucl. Phys.* B **784**, 132 (2007) [astro-ph/0702350]

[13] C. Bambi, A. D. Dolgov, K. Freese, *Nucl. Phys.* B **763**, 91 (2007) [hep-ph/0606321]

[14] J. S. Bell, R. Jackiw, *Nuovo Cim.* A **60**, 47 (1969)

[15] S. I. Blinnikov, A. D. Dolgov, K. A. Postnov. arXiv: 1409.5736 [astro-ph. HE]

[16] M. Boezio et al., *PAMELA collaboration. J. Phys. Conf. Ser.* **110**, 062002 (2008)

[17] H. E. Bond, E. P. Nelan, D. A. VandenBerg, G. H. Schaefer, D. Harmer, *Astrophys.* J. **765**, L12 (2013). arXiv: 1302.3180 [astro-ph. SR]

[18] R. C. E. van den Bosch, K. Gebhardt, K. Gultekin, G. van de Ven, A. van derWel, J. L. Walsh, *Nature* **491**, 729 (2012). arXiv: 1211.6429 [astro-ph. CO]

[19] W. Buchmuller, P. Di Bari, M. Plumacher, *New J. Phys.* **6**, 105 (2004) [hep-ph/0406014]

[20] W. Buchmuller, P. Di Bari, M. Plumacher, *Annals Phys.* **315**, 305 (2005a) [hep-ph/0401240]

[21] W. Buchmuller, R. D. Peccei, T. Yanagida, *Ann. Rev. Nucl. Part. Sci.* **55**, 311 (2005b) [hep-ph/0502169]

[22] T. S. Bunch, P. C. W. Davies, *Proc. Roy. Soc. Lond.* A **360**, 117 (1978)

[23] B. J. Carr, S. W. Hawking, *Mon. Not. Roy. Astron. Soc.* **168**, 399 (1974)

[24] M. C. Chen, (2007) hep-ph/0703087

[25] J. H. Christenson, J. W. Cronin, V. L. Fitch, R. Turlay, *Phys. Rev. Lett.* **13**, 138 (1964)

[26] S. R. Coleman, E. J. Weinberg, *Phys. Rev.* D **7**, 1888 (1973)

[27] D. Coe et al., *Astrophys.* J. **762**, 32 (2013). arXiv: 1211.3663 [astro-ph. CO]

[28] A. G. Cohen, D. B. Kaplan, *Phys. Lett.* B **199**, 251 (1987)
[29] A. G. Cohen, D. B. Kaplan, *Nucl. Phys.* B **308**, 913 (1988)
[30] A. G. Cohen, D. B. Kaplan, A. E. Nelson, Ann. *Rev. Nucl. Part. Sci.* **43**, 27 (1993) [hep-ph/9302210]
[31] A. G. Cohen, A. De Rujula, S. L. Glashow, *Astrophys. J.* **495**, 539 (1998) [astro-ph/9707087]
[32] R. Cooke, M. Pettini, R. A. Jorgenson, M. T. Murphy, C. C. Steidel, *Astrophys. J.* **781**, 31 (2014). arXiv: 1308.3240 [astro-ph. CO]
[33] J. J. Cowan et al. , *Astrophys.* J. **572**, 861 (2002) [astro-ph/0202429]
[34] A. Cucchiara et al. , *Astrophys. J.* **736**, 7 (2011). arXiv: 1105.4915 [astro-ph. CO]
[35] M. Dine, A. Kusenko, *Rev. Mod. Phys.* **76**, 1 (2003) [hep-ph/0303065]
[36] P. A. M. Dirac, *Proc. Roy. Soc. Lond.* A **117**, 610 (1928)
[37] A. D. Dolgov, *Sov. Phys. JETP* **52**, 169 (1980) [*Zh. Eksp. Teor. Fiz.* **79**, 337 (1980)]
[38] A. D. Dolgov, *Phys. Rev.* D **24**, 1042 (1981)
[39] A. D. Dolgov, *Phys. Rept.* **222**, 309 (1992)
[40] A. Dolgov, J. Silk, *Phys. Rev.* D **47**, 4244 (1993)
[41] A. D. Dolgov, (1997) hep-ph/9707419
[42] A. D. Dolgov, (2005). hep-ph/0511213
[43] A. D. Dolgov, *Phys. Atom. Nucl.* 73, 588 (2010). arXiv: 0903.4318 [hep-ph]
[44] A. Dolgov, K. Freese, *Phys. Rev.* D **51**, 2693 (1995) [hep-ph/9410346]
[45] A. D. Dolgov, S. H. Hansen, *Nucl. Phys.* B **548**, 408 (1999) [hep-ph/9810428]
[46] A. D. Dolgov, P. D. Naselsky, I. D. Novikov (2000). astro-ph/0009407
[47] A. Dolgov, D. N. Pelliccia, *Nucl. Phys.* B **734**, 208 (2006) [hep-th/0502197]
[48] A. Dolgov, K. Freese, R. Rangarajan, M. Srednicki, *Phys. Rev.* D **56**, 6155 (1997) [hep-ph/9610405]
[49] R. Duperray, B. Baret, D. Maurin, G. Boudoul, A. Barrau, L. Derome, K. Protasov, M. Buenerd, *Phys. Rev.* D **71**, 083013 (2005) [astro-ph/0503544]
[50] G. R. Dvali, G. Gabadadze, *Phys. Lett.* B **460**, 47 (1999) [hep-ph/9904221]
[51] J. R. Ellis, J. E. Kim, D. V. Nanopoulos, *Phys. Lett.* B **145**, 181 (1984)
[52] A. Frebel, N. Christlieb, J. E. Norris, C. Thom, T. C. Beers, J. Rhee, *Astrophys. J.* **660**, L117 (2007) [astro-ph/0703414]
[53] V. P. Frolov, I. D. Novikov, *Black Hole Physics: Basic Concepts and New Developments* (Kluwer Academic, Dordrecht, 1998)
[54] M. Fukugita, S. Yanagita, *Phys. Lett.* B **174**, 45 (1986)
[55] M. Gell-Mann, P. Ramond, R. Slansky, in *Supergravity*, eds. by D. Freedman, P. Van Niuwenhuizen (North Holland, Amsterdam, 1979)
[56] S. L. Glashow, in *1979 Cargése Lectures in Physics—Quarks and Leptons*, eds. by M. Lévy et al. (Plenum, New York, 1980)
[57] G. W. Gibbons, S. W. Hawking, *Phys. Rev.* D **15**, 2738 (1977)
[58] S. W. Hawking, *Nature* **248**, 30 (1974)
[59] S. W. Hawking, *Commun. Math. Phys.* **43**, 199 (1975) [Erratum-ibid. **46**, **206** (**1976**)]
[60] G. 't Hooft, *Phys. Rev. Lett.* **37**, 8 (1976a)
[61] G. 't Hooft, *Phys. Rev.* D **14**, 3432 (1976b) [Erratum-ibid. D **18**, 2199 (1978)]
[62] Y. I. Izotov, G. Stasinska, N. G. Guseva, *Astron. Astrophys.* **558**, A57 (2013). arXiv: 1308.2100 [astro-ph. CO]
[63] J. Kalirai, *Nature* **486**, 90 (2012). arXiv: 1205.6802 [astro-ph. GA]
[64] A. Kalweit, *Light hyper- and anti-nuclei production at the LHC measured with ALICE* (2014). https://indico.cern.ch/event/328442

[65] M. Y. Khlopov, A. D. Linde, *Phys. Lett.* B **138**, 265 (1984)
[66] D. A. Kirzhnits, *JETP Lett.* **15**, 529 (1972) [*Pisma Zh. Eksp. Teor. Fiz.* **15**, 745 (1972)]
[67] D. A. Kirzhnits, A. D. Linde, *Phys. Lett.* B **42**, 471 (1972)
[68] F. R. Klinkhamer, N. S. Manton, *Phys. Rev.* D **30**, 2212 (1984)
[69] M. Kobayashi, T. Maskawa, *Prog. Theor. Phys.* **49**, 652 (1973)
[70] V. A. Kuzmin, V. A. Rubakov, M. E. Shaposhnikov, *Phys. Lett.* B **155**, 36 (1985)
[71] L. D. Landau, *Nucl. Phys.* **3**, 127 (1957)
[72] T. D. Lee, *Phys. Rept.* **9**, 143 (1974)
[73] T. D. Lee, C. N. Yang, *Phys. Rev.* **104**, 254 (1956)
[74] A. D. Linde, *Phys. Lett.* B **116**, 335 (1982)
[75] G. Luders, *Kong. Dan. Vid. Sel. Mat. Fys. Med.* **28**N**5**, 1 (1954)
[76] G. Luders, *Annals Phys.* 2, 1 (1957) [*Annals Phys.* 281, 1004 (2000)]
[77] N. S. Manton, *Phys. Rev.* D **28**, 2019 (1983)
[78] N. Martin, ALICE collaboration. *J. Phys. Conf. Ser.* **455**, 012007 (2013)
[79] S. Matsuura, A. D. Dolgov, S. Nagataki, K. Sato, *Prog. Theor. Phys.* **112**, 971 (2004) [astro-ph/0405459]
[80] S. Matsuura, S. I. Fujimoto, M. A. Hashimoto, K. Sato, *Phys. Rev.* D **75**, 068302 (2007). 0704.0635[astro-ph]
[81] S. Matsuura, S. I. Fujimoto, S. Nishimura, M. A. Hashimoto, K. Sato, *Phys. Rev.* D **72**, 123505 (2005) [astro-ph/0507439]
[82] F. Melia, *Astron. J.* **147**, 120 (2014). arXiv: 1403.0908 [astro-ph. CO]
[83] P. Minkowski, *Phys. Lett.* B **67**, 421 (1977)
[84] D. J. Mortlock et al., *Nature* **474**, 616 (2011). arXiv: 1106.6088 [astro-ph. CO]
[85] R. Nakamura, M. a. Hashimoto, S. i. Fujimoto, N. Nishimura, K. Sato. arXiv: 1007.0466 [astro-ph. CO]
[86] K. A. Olive et al., Particle data group collaboration. *Chin. Phys.* C **38**, 090001 (2014)
[87] R. Omnes, *Phys. Rev. Lett.* **23**, 38 (1969)
[88] R. Omnes, *Phys. Rev.* D **1**, 723 (1970)
[89] D. N. Page, *Phys. Rev.* D **13**, 198 (1976)
[90] E. A. Paschos, *Pramana* **62**, 359 (2004) [hep-ph/0308261]
[91] W. Pauli, in *Niels Bohr and the Development of Physics* (McGraw-Hill, New York, 1955)
[92] P. Picozza, A. Morselli, *J. Phys. Conf. Ser.* **120**, 042004 (2008)
[93] A. Riotto, M. Trodden, *Ann. Rev. Nucl. Part. Sci.* **49**, 35 (1999) [hep-ph/9901362]
[94] V. A. Rubakov, M. E. Shaposhnikov, *Usp. Fiz. Nauk* **166**, 493 (1996) [*Phys. Usp.* **39**, 461 (1996)][hep-ph/9603208]
[95] A. D. Sakharov, *Pisma Zh. Eksp. Teor. Fiz.* **5**, 32 (1967) [*JETP Lett.* **5**, 24 (1967)]
[96] M. Sasaki et al., *Adv. Space Res.* **42**, 450 (2008)
[97] A. Schuster, *Nature* **58**, 367 (1898)
[98] J. S. Schwinger, *Phys. Rev.* **82**, 914 (1951)
[99] A. Seth et al., *Nature* **513**, 398 (2014). arXiv: 1409.4769 [astro-ph. GA]
[100] G. Steigman, *Ann. Rev. Astron. Astrophys.* **14**, 339 (1976)
[101] G. Steigman, JCAP 0810, 001 (2008). 0808.1122 [astro-ph]
[102] J. Strader et al., *Astrophys. J.* **775**, L6 (2013). arXiv: 1307.7707 [astro-ph. CO]
[103] A. Vilenkin, *L. H. Ford*, *Phys. Rev.* D **26**, 1231 (1982)
[104] C. S. Wu, E. Ambler, R. W. Hayward, D. D. Hoppes, R. P. Hudson, *Phys. Rev.* **105**, 1413 (1957)
[105] T. Yanagida, in *Proceedings of the Workshop on Unified Theories and Baryon Number in the*

Universe, eds. by O. Sawada, A. Sugamoto (KEK, Tsukuba, Japan, 1979)
[106] Y. B. Zeldovich, *Pisma. Zh. Eksp. Teor. Fiz.* **24**, 29 (1976a)
[107] Y. B. Zeldovich, *Phys. Lett.* A **59**, 254 (1976b)
[108] Y. B. Zeldovich, *Zh Eksp*, *Teor. Fiz.* **72**, 18 (1977)
[109] Y. B. Zeldovich, I. Y. Kobzarev, L. B. Okun, *Zh. Eksp. Teor. Fiz.* **67**, 3 (1974) [*Sov. Phys. JETP* **40**, 1 (1974)]
[110] W. Zheng et al., *Nature* **489**, 406 (2012). arXiv: 1204.2305 [astro-ph. CO]

第 8 章

大爆炸核合成

大爆炸核合成(BBN)是大爆炸发生后几分钟的早期宇宙产生轻元素(氘元素、氦-3、氦-4和锂-7)的过程,当时原初等离子体的温度大约在 1 MeV 和 10 keV 之间. 更重的元素由于时间不够而无法产生,因为温度降得很快. 今天宇宙中的重元素主要是在恒星形成过程以及超新星爆发时产生的.

原初轻元素的丰度是由 Friedmann 方程、粒子物理标准模型的物质部分、基本粒子尤其是中微子的性质,以及实验室内可测量的核反应率决定的. BBN 两个非常重要的特征是温度在 1 MeV附近弱相互作用的冻结,以及发生在温度为 $T\approx 70$ keV 附近并决定轻元素合成的氘瓶颈. 在这个框架下,当核合成结束时($e^- e^+$湮灭之后)计算得到氘丰度(X_D)、氦-3(X_3)、氦-4(Y_4),以及锂-7(X_7)为重子光子数密度比 η 的函数. 后者为标准 BBN 唯一的一个自由参数. 通过理论预言和观测数据的对比,有可能推断 η 值. 虽然对于不同的 η,轻元素的原初丰度可能会差好几个数量级,但所有这些数据都收敛到 $10^{-10}\sim 10^{-9}$ 范围内的同一个 η 值,支持了同一产生机制的假说. 这可以看作宇宙学标准模型的里程碑、理论框架的巨大成功. 今天,我们可以从 CMB 各向异性的研究中得到更精确的 η 值,其结果和来自 BBN 推论的相一致. BBN 还提供了存在非重子暗物质的第一迹象. 从对 η 的估计中,我们能决定当前重子和临界密度的比值 Ω_B. 可以发现 $\Omega_B\approx 0.05$,远低于由星系旋转曲线推断的产生引力物质的总贡献 $\Omega_m\approx 0.30$. 对此当前的解释是今天宇宙中大部分的物质,都是由超出粒子物理标准模型的相互作用很弱的重粒子组成的.

8.1 宇宙中的轻元素

正如 1.2.2 节所示,恒星内核反应只产生今天宇宙中很小一部分的氦-4. 大部分的氦-4 是由早期宇宙 BBN 产生的. 如果要测试宇宙学标准模型的预言,就有必要去测量氦-4 以及其他轻元素的原初丰度. 一般来讲这其实并不容易,因为核反应从 BBN 到现在一直在发生. 我们的策略是寻找其轻元素丰度能反映原初丰度的天体物理上特定的遗迹. 当前的情形可以总结如下:

(1) 氘可以在许多恒星进程中被燃烧掉,因此对它的丰度的测量可以考虑为原初丰度的下限. 看起来当前估计 X_D 最好的方法是类星体吸收谱线系统的测量,也就是所看到的类星体光线传播路径上的高红移云. 类星体发出的光线部分被云所吸收,对氘吸收谱线的测量可以让我们估计氘元素在高红移云中的丰度. 后者被认为与 BBN 之后的氘丰度很接近. 当前的天文观测建议,氘氢数密度大约为$(2\sim 4)\times 10^{-5}$[6]. 然而不同测量之间结果的分布常常和单个测量的误差范围并不一致. 这可以由云的本动速度来解释.

(2) 按照传统氦-4 的丰度可以表示成质量丰度,并标记为符号 Y_4,而其他轻元素则通常表示成核子数丰度. 氦-4 是非常稳定的核子,在恒星内部也能产生,因此对它的丰度的测量可以推断为其原初丰度的上限. 氦-4 的丰度通常在所谓的 HII 银河系外区域测量,那是一片大部分的氢都呈中性的银河系外区域. 该区域氦-4 的丰度随着金属丰度(即比氦-4 更重的元素的丰度)的增加而单调地增加. 金属丰度反映了恒星进程的活跃程度: 更低的金属丰度,意味着发生更少的核反应. 原初氦-4 的丰度可以通过从低金属丰度的 HII 银河系外区域外推到零金属丰度来推断得到. 当前的实验建议 $Y_4 \approx 0.25$. [1,5,9]

(3) 氦-3 和锂-7 的原初丰度的测量更不确定. 氦-3 的测量只来自高金属丰度区域,正因如此它们无法和 BBN 预言的丰度相比较. 锂-7 的测量则是基于对银河系扁球体中贫金属恒星观测. 金属丰度低于太阳金属丰度的 0.03 的恒星拥有相似的 X_7 值,这通常可以解释成它们的锂-7 丰度很接近于原初的丰度. 当前的估计建议 $X_7 \approx 2 \times 10^{-10}$. [8] 然而这些测量可能受到用于描述恒星大气模型系统效应的影响.

8.2 弱相互作用的冻结

在宇宙学标准模型里,随着宇宙的膨胀,原初等离子体的温度下降. 根据粒子物理标准模型,当等离子体的温度大约在 10 MeV,处于热平衡中的相对论粒子为光子、电子、正电子,以及所有的中微子和反中微子. 处于热平衡中的非相对论粒子为质子和中子,以及可能已经脱离热平衡的暗物质粒子. 可以预期非相对论粒子的能量密度是被指数压低的,正如 5.2.1 节所讨论的那样. 然而这并非事实. 由于宇宙中的重子不对称,质子和中子的密度比处于热平衡且化学势为零的质子要高很多. 这对于暗物质粒子也是如此,它们在更高的温度被冻结,参见5.3.2 节. 尽管如此,非相对论核素的能量密度在 BBN 时可以忽略,非相对论和相对论物质的能量密度比大约为 10^4,因此在红移为 $z \sim 10^9$ 时这个比值大约为 10^{-5}. 宇宙的能量密度主要由相对论粒子给出,即 $\rho \approx \rho_{\rm rel}$,因此第一个 Friedmann 方程可以写成

$$H = \sqrt{\frac{8\pi}{2M_{\rm Pl}^3}\rho_{\rm rel}} = \sqrt{\frac{8\pi}{3M_{\rm Pl}^2}\frac{\pi^2}{30}g_* T^4}, \tag{8.1}$$

其中 g_* 是有效的自由度数,T 是光子的温度. 对于 $T = 10$ MeV,粒子物理标准模型预言了

$$\begin{aligned} g_*^{\rm SM}(T = 10\ {\rm MeV}) &= g_\gamma + \frac{7}{8}[g_{e^-} + g_{e^+} + N_F(g_\nu + g_{\bar\nu})] \\ &= 2 + \frac{7}{8}[2 + 2 + 3(1+1)] = 10.75, \end{aligned} \tag{8.2}$$

其中 N_F 为轻子代数(generation number),并假定所有的中微子都很轻. 为了限制可能的来自新物理的额外自由度,如存在来自假定的第四代轻中微子/反中微子或者一些超出标准模型的轻粒子,写下

$$g_* = g_*^{\rm SM} + \frac{7}{4}\Delta N_\nu, \tag{8.3}$$

其中 ΔN_ν 表示额外中微子的有效种类数,但是它通常被用来表示任何一种粒子. ΔN_ν 可以看成一个能够改变轻元素原初丰度的自由参数,并需要由理论预言和实验数据的比较来确定其

数值.

尽管在 Friedmann 方程中质子和中子的能量密度可以忽略，它们在原初等离子体中的存在对于轻元素的形成非常重要. 中子和质子通过如下的进程与原初等离子体保持在(动态的)热力学平衡：

$$\begin{aligned} n + e^+ &\leftrightarrow p + \bar{\nu}_e, \\ n + \nu_e &\leftrightarrow p + e^-, \\ n &\rightarrow p + e^- + \bar{\nu}_e. \end{aligned} \tag{8.4}$$

从宇宙等离子体的电中性可以知道在 BBN 温度下电子和正电子的化学势可以忽略. 至于中微子，观测允许较高的值 $\mu_\nu/T \lesssim 0.1$，但是这要求比较奇怪的轻子合成机制. 因此下面也将忽略相对论粒子的化学势. 关于上面进程的热平衡暗示了 $\mu_n \approx \mu_p$. 由方程(5.10)可以发现中子和质子的数密度的比值为

$$\frac{n_n}{n_p} \approx e^{\Delta m/T}, \tag{8.5}$$

其中 $\Delta m = m_n - m_p = 1.29$ MeV 是中子和质子的质量之差. 中子和质子通过弱相互作用保持在热平衡方程(8.4). 前两个进程的反应率 $\Gamma \sim \sigma n v$，其中 $\sigma \sim G_F^2 T^2$ 为散射截面(见 3.5 节)，$n \sim T^3$ 是有关的相对论粒子的数密度，$v \sim 1$ 是粒子的速度. 弱相互作用被冻结的温度 T_f，可以通过将反应率 $\Gamma \sim G_F^2 T^5$ 等同于宇宙膨胀率 H 来得到. 可以发现

$$\left.\frac{\Gamma}{H}\right|_{T=T_f} = 1 \approx \sqrt{\frac{10.75}{g_*}}\left(\frac{T_f}{0.8\ \text{MeV}}\right). \tag{8.6}$$

在一个清楚定义的温度下瞬间冻结的假定很明显只是一个近似，但这个近似是很合理的. 更多精确的计算要求使用 5.2.2 节中的动态方程以及包含所有 3 个进程的碰撞积分(8.4). 在电子质量为零以及玻尔兹曼统计(Boltzmann statistics)的极限下，碰撞积分可以解析地计算，给出一个关于 n/p 比例的一阶微分方程，并允许一个近似的解析解，当然数值解也很容易. 精确的 n/p 比例的计算已经在没有任何近似的情况下完成了.

在弱相互作用被冻结之前的中子/重子数密度比由文献(8.4)给出，

$$X_n(t < t_f) = \frac{n_n}{n_p + n_n} = \frac{1}{n_p/n_n + 1} = \frac{1}{e^{\Delta m/T} + 1}, \tag{8.7}$$

它只是一个温度的函数. 在弱相互作用被冻结之后，中子和质子不再处于热平衡. 文献[4]中提到的进程也因此被冻结，除了自由中子的衰变. 基于这个原因，在晚期有

$$X_n(t > t_f) = \frac{e^{-t/\tau_n}}{e^{\Delta m/T_f} + 1}. \tag{8.8}$$

我们注意到冻结温度的变化，如由于新物理会很显著地改变 X_n，这是因为 $\Delta m/T_f \sim 1$.

8.3 正负电子湮灭

当宇宙的温度下降到 $m_e = 0.5$ MeV，电子和正电子变成非相对论性的，它们的丰度开始以指数的形式衰减. 正如 5.2.3 节中所讨论的，$e^\pm$ 能量密度被转移到宇宙等离子体. 然而在这

些温度下中微子不再处于热平衡，因此电子-正电子的湮灭只会加热光子. 在 e^+e^- 湮灭之后光子的温度变得比中微子的温度要高. 熵守恒让我们发现光子和中微子温度的关系(5.37)，

$$T_\gamma = \left(\frac{11}{4}\right)^{1/3} T_\nu, \tag{8.9}$$

正如 5.3.1 节中已经讨论过的. 由于中微子在正负电子湮灭中因得不到能量而温度更低，现在宇宙的膨胀率获得下面的这个 g_* 因子：

$$g_*^{\rm SM}(T = 100\ {\rm keV}) = g_\gamma + \frac{7}{8}\left(\frac{4}{11}\right)^{4/3} N_F(g_\nu + g_{\bar\nu}) = 3.36. \tag{8.10}$$

我们也注意到它会改变重子光子数的比例 η. 图 8.1 告诉我们作为宇宙温度的函数，重子光子数比的数值计算的结果.

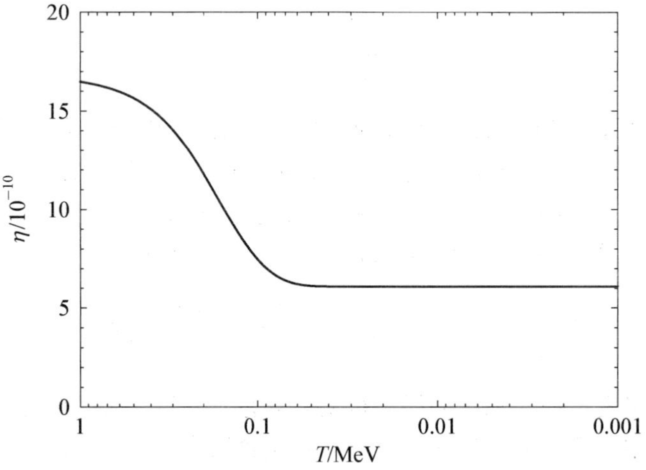

图 8.1 $\eta=6.1\times10^{-10}$ 情况下的重子光子数的比值作为原初等离子温度的函数.

8.4 氘瓶颈

合成轻元素的第一步是合成氘. 当反应 $n+p\leftrightarrow D+\gamma$ 处于热平衡，质子、中子以及氘的化学势的关系为

$$\mu_n + \mu_p = \mu_D + \mu_\gamma = \mu_D, \tag{8.11}$$

氘的数密度为

$$n_D = g_D\left(\frac{m_D T}{2\pi}\right)^{3/2} {\rm e} - m_D/T_{\rm e}(\mu_n + \mu_p)/T. \tag{8.12}$$

方程(8.12)可以重新写为

$$\begin{aligned} n_D &= n_n n_p \frac{n_D}{n_n n_p} = n_n n_p \frac{g_D}{g_n g_p}\left(\frac{m_D}{m_n m_p}\right)^{3/2}\left(\frac{2\pi}{T}\right)^{3/2} {\rm e}^{(m_n+m_n-m_D)/T} \\ &= n_n n_p \frac{g_D}{g_n g_p} 2^{3/2}\left(\frac{2\pi}{m_N T}\right)^{3/2} {\rm e}^{W/T}, \end{aligned} \tag{8.13}$$

其中 $m_N \approx m_n \approx m_p \approx m_D/2$ 是核子质量，$W = m_n + m_n - m_D = 2.225\ \mathrm{MeV}$ 是氘的结合能. 氘与重子数密度比因此为

$$X_D = \frac{n_D}{n_B} = \frac{n_n}{n_B}\frac{n_p}{n_B}n_B\frac{g_D}{g_n g_p}2^{3/2}\left(\frac{2\pi}{m_N T}\right)^{3/2}e^{W/T}, \tag{8.14}$$

其中 n_B 是重子数密度. 如果使用中子和重子数密度比 $X_n = n_n/n_B$，以及质子和重子数密度比 $X_p = n_p/n_B$，可以把 X_D 写成

$$X_D = X_n X_p \eta n_\gamma \frac{g_D}{g_n g_p}2^{3/2}\left(\frac{2\pi}{m_N T}\right)^{3/2}e^{W/T}, \tag{8.15}$$

这里 $\eta = n_B/n_\gamma$ 是重子和光子数密度比，是标准的 BBN 里唯一的一个自由参数. 因此 $g_D = g_n = g_p = 2$，$n_\gamma \approx 0.24T^3$，方程(8.15)变成

$$X_D \approx 8X_n X_p \eta\left(\frac{T}{m_N}\right)^{3/2}e^{W/T}. \tag{8.16}$$

当氘的丰度变得无法忽略时，氘的合成就开始了. 在第一级近似的情况下，可以要求方程(8.16)中 $X_D \sim X_n \sim X_p \sim 1$. 这决定了氘产物的温度

$$T_D \approx \frac{W}{-\ln\eta - \frac{3}{2}\ln\frac{T_D}{m_N}}. \tag{8.17}$$

对于 $\eta \approx 6\times10^{-10}$，温度为 $T_D \approx 70\ \mathrm{keV}$. 与数值计算的结果相比较，这个值大概正确. 我们注意到 $T_D \ll W$，这意味着氘的合成只有在等离子体的温度显著低于氘的结合能的情况下才有可能进行. 其原因是 $\eta \ll 1$，这意味着光子数远远大于重子数，因此甚至在等离子体的温度要低于氘的结合能的情况下，仍有大量的光子其能量高于 W，它们可以破坏氘核. 因此有必要等到光子的温度变得远低于 W，那时拥有这么高能量的光子将会很稀少，氘才会充分地形成.

8.5 原初核合成

轻元素的合成只会从温度 T_D 开始，即当氘的丰度变得无法忽略时. 氘的合成确实是合成更重元素的必要的第一步，因此 BBN 受到合成氘的困难的压制. 在温度低于 T_D 时，等离子体不再富含高能光子，氘的合成才开始变得充分. 然而氘很快被烧毁以形成更重的元素. 在第一级近似的情况下，可以假定所有的中子都存活到氘合成并最终形成氦-4，同时只有它们中的一小部分形成其他核. 在这个近似下，氦-4 的原初丰度为

$$Y_4 = \left.\frac{2n_n}{n_n + n_p}\right|_{T=T_D} \approx 0.25. \tag{8.18}$$

氦-4 非常稳定，是一个拥有两个质子、两个中子的双幻核(doubly magic nucleus). 此外，BBN 期间很难产生更重的元素，这是因为时间不够(宇宙的温度下降得非常快)，以及缺乏原子数处于 5 到 8 之间的稳定的核子. 例如，两个氦-4 的核子可能会形成铍-8，但是后者不稳定，

$$^{4}He + ^{4}He \to ^{8}Be \to ^{4}He + ^{4}He. \tag{8.19}$$

通过下面的反应

$$^{4}He + n \to ^{5}He \tag{8.20}$$

产生的氦-5同样是不稳定的，因为它的寿命为 $\tau \sim 10^{-23}$ s. 氦-3的量不多，因此产生锂-7的反应

$$^{4}He + ^{3}He \to ^{7}Be + \gamma \tag{8.21}$$

$$^{7}Be \to ^{7}Li + e^{+} + v_e \tag{8.22}$$

缺乏足够的效率.

除了氦-4，其他轻元素（氘、氦-3、锂-7）的丰度需要数值计算. 最后得到原初丰度作为重子光子数密度比 η 的函数，如图 8.2 所示. 氦-4 的原初丰度很微弱，仅仅只是“对数式”的依赖于 η. 相比之下，氘对于 η 就是“指数式”的敏感，在获得精确的 CMB 数据之前，氘丰度的测量是推断 η 的最好办法，这也是氘被称为“重子数计”的原因.

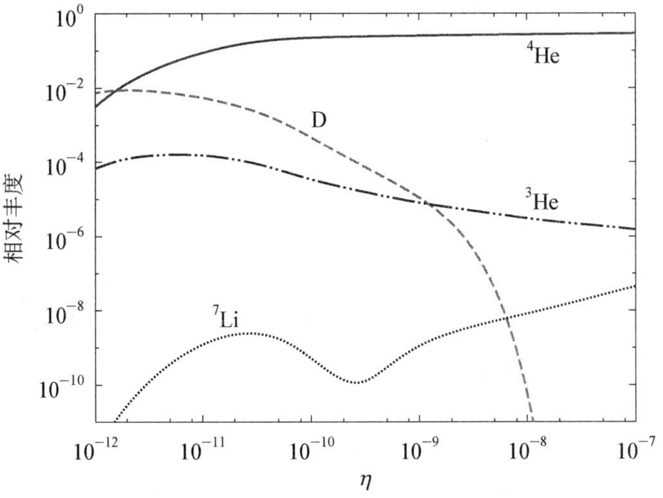

图 8.2 氦-4、氘、氦-3 和锂-7 的相对丰度作为重子光子数密度 η 的函数. 理论预言与实验观测所得到的原初元素的丰度比较，要求 $\eta \sim (5 \sim 7) \times 10^{-10}$. 这个值与 CMB 更精确的测量结果 $\eta = 6.1 \times 10^{-10}$ 相一致.（本图可参见彩图 9.）

所有的实验观测给出重子光子数比在 $\eta \sim (5 \sim 7) \times 10^{-10}$ 的范围内互相一致，这是标准 BBN 的伟大胜利，是宇宙学标准模型的一个里程碑. 今天 CMB 数据提供了对 η 更为精确的测量：所接受的值为 $\eta = 6.1 \times 10^{-10}$[10]，而这与 BBN 估计值一致.

图 8.3 显示氘、氚、氦-3、氦-4 和锂-7 的丰度是宇宙温度的函数. 正如我们可以看到的是，产生的一个元素是氘，并且只有当后者的含量相对富足之后才有可能产生其他的轻元素. 氚和铍-7 不稳定，并分别衰变为氦-3 和锂-7. 我们注意到图 8.3 指出 $\eta = 6.1 \times 10^{-10}$ 的情况下原初丰度的演化. 对于不同的 η 值，可能存在一些定性的区别. 例如，对于 $\eta = 6.1 \times 10^{-10}$，大部分的原初锂-7 来自铍-7 的衰变. 对于稍微小一点的 η 值，例如 $\eta = 2 \times 10^{-10}$，从铍-7 衰变到锂-7 的贡献就可以忽略不计.

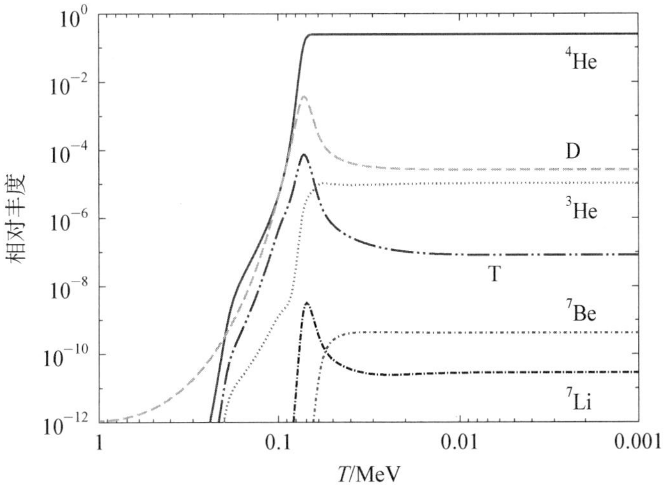

图 8.3　在 $\eta=6.1\times10^{-10}$ 的情况下，氦-4、氘、氦-3、氚、铍-7 和锂-7 的相对丰度作为原初等离子体的温度的函数. 氚和铍-7 不稳定，并最终分别衰变为氦-3 和锂-7.（本图可参见彩图 10.）

8.6 重子丰度

从 BBN 对 η 的测量，有可能推断出今天重子能量密度和临界能量密度之间的比值，$\Omega_B^0=\rho_B^0/\rho_c^0$. 当前的重子能量密度 ρ_B^0 由

$$\rho_B^0=m_N n_B^0=m_N\eta n_\gamma^0 \tag{8.23}$$

给出，其中 $n_\gamma^0\approx400$ 光子 /cm^3 为今天的 CMB 光子数. 假定从 BBN 时期到现在没有额外的能量注入 CMB，因此 $\eta=n_B^{\mathrm{BBN}}/n_\gamma^{\mathrm{BBN}}=n_B^0/n_\gamma^0$.

宇宙学标准模型预期没有额外的加热，但是如果有新物理的情况下将未必如此. 实验观测数据的分析表明没有这类迹象，因此可以给可能的新物理一个相对强的限制.

从第一个 Friedmann 方程，到今天临界密度值可以写成 $\rho_c^0=3M_{\mathrm{Pl}}^2H_0^2/(8\pi)$，因此

$$\Omega_B^0h_0^2=\frac{8\pi}{M_{\mathrm{Pl}}^2}\frac{m_N\eta n_\gamma^0}{30\,000\left(\dfrac{\mathrm{km}}{\mathrm{s\cdot M\,pc}}\right)^2}, \tag{8.24}$$

这里用到了方程(1.8). 采用 $\eta=6\times10^{-10}$，可以发现 $\Omega_B^0h_0^2\approx0.02$. h_0 的值由不同的实验测得，即 CMB Planck 数据、Ia 型超新星的研究，以及传统的天文学测量推断出 h_0 约为 0.7. 不同实验之间存在不一致，误差大约在小于 10%的水平.

使用这些结果，可以推断目前宇宙中重子物质的量为 $\Omega_B^0\approx0.04$. 它来自许多独立的天文观测数据，如星系的旋转曲线、引力透镜、成团星系的丰度、CMB 温度的角涨落、重子声学振荡，以及宇宙大尺度结构上一些其他的数据，表明所有产生引力的成团物质的总量 $\Omega_m^0\approx0.30$，而重子物质的量要远低于这个数值.

8.7 对新物理的限制

BBN 是限制新物理的一个有力工具，有时它还被称为清扫推广标准模型的“真空吸尘器”．理论上轻元素的原初丰度的预言依赖于宇宙学参数的大小，特别地有宇宙的膨胀率以及粒子和核物理的反应率．新物理会很轻易改变最后的结果．

BBN 提供了第一个证据，支持只有三代费米子，从这个意义上来讲，它对支持最小标准模型做出了重要的贡献．假如存在第四代，并且对应于新的带电荷的轻子的中微子是轻的，那么在 BBN 开始时它将是相对论的，有效的自由度数将为($\Delta N_\nu=1$)

$$g_*(T=10\ \mathrm{MeV})=10.75+\frac{7}{4}\Delta N_\nu=12.5. \tag{8.25}$$

这会改变宇宙的膨胀率，并因此改变 $p\to n$ 转化的弱相互作用的冻结温度(8.4)、参考方程(8.6)．带有轻中微子的第四代会增加 T_f，因此中子丰度 X_n 将会更高，最终 BBN 会产生更大量的氦-4．图 8.4 给出理论预言的原初氦-4 的丰度 Y_4 作为中子数 N_ν 的函数．从氦-4 的原初丰度的测量，可以认为只存在三代费米子，但是为了防止误解，我们要强调这个结论是基于假设新一代的中微子是轻的，并且和标准模型三代中微子的性质相似．[3] 尽管仍有来自 BBN 和 CMB 的迹象表明，中微子的有效种类数大于 3，但是在 1 个或者 2 个标准差的范围内，3 仍和实验数据相一致．

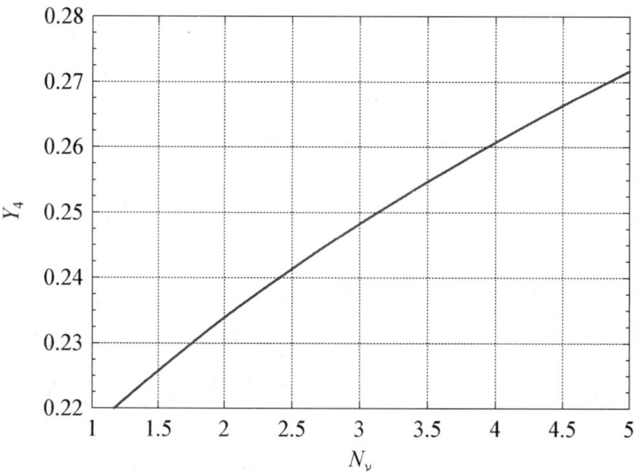

图 8.4 在 $\eta=6.1\times10^{-10}$ 的情况下，理论预言的氦-4 原初丰度 Y_4 作为中微子数目 N_ν 的函数．

我们可以用相同的想法来限制粒子物理最小标准模型所预言的其他轻粒子的丰度．如果这些粒子和普通物质的相互作用非常弱，它们的存在只会通过贡献 ΔN_ν 来改变宇宙的膨胀率．因为重子光子比可以通过 CMB 温度角涨落来精确地确定下来，所以理论预言和实验观测的比较可以被用来很好地限制 ΔN_ν．

在修改引力模型或者在大额外维模型下，BBN 期间宇宙的膨胀率也有可能偏离广义相对论的预言．例如，在额外维紧化为一个圈的情况下，4 维有效的第一个 Friedmann 方程拥有其形式[2]如下：

$$H^2 = \frac{8\pi}{3M_{Pl}^2}\rho(1+\frac{\rho}{2\sigma}), \tag{8.26}$$

其中 ρ 是膜上的普通物质的能量密度，而 σ 是膜的张力. 这里轻元素的原初丰度的研究给出了 σ 的下限.

BBN 可以限制甚至是排除掉的模型的清单很长. 所有超出粒子物理标准模型或者广义相对论的方案必须通过 BBN 的测试，才能被严肃地看作可行. BBN 还被用以限制基本常数时间的改变（许多修改引力模型都有这个特征）、轻子的不对称（包括轻子不为零的化学势）、可能衰变并破坏 BBN 期间核合成新粒子、BBN 期间的不均匀性，等等，请参考有关综述[4, 7].

习　题

8.1　在以下的几种情况中，氦-4 原初丰度的效应是什么？

（1）中子的寿命更长/更短；

（2）τ 中微子拥有质量 $m_{\nu_\tau} \approx 10$ MeV；

（3）氘的结合能更高/更低.

参 考 文 献

[1] E. Aver, K. A. Olive, R. L. Porter, E. D. Skillman, *JCAP* **1311**, 017 (2013). arXiv: 1309.0047 [astro-ph.CO]

[2] J. M. Cline, C. Grojean, G. Servant, *Phys. Rev. Lett.* **83**, 4245 (1999) [hep-ph/9906523]

[3] R. H. Cyburt, B. D. Fields, K. A. Olive, E. Skillman, *Astropart. Phys.* **23**, 313 (2005) [astro-ph/0408033]

[4] A. D. Dolgov, *Phys. Rept.* **370**, 333 (2002) [hep-ph/0202122]

[5] Y. I. Izotov, T. X. Thuan, G. Stasinska, *Astrophys. J.* **662**, 15 (2007) [astro-ph/0702072]

[6] D. Kirkman, D. Tytler, N. Suzuki, J. M. O'Meara, D. Lubin, *Astrophys. J. Suppl.* **149**, 1 (2003) [astro-ph/0302006]

[7] R. A. Malaney, G. J. Mathews, *Phys. Rept.* **229**, 145 (1993)

[8] J. Melendez, L. Casagrande, I. Ramirez, M. Asplund, W. Schuster, *Astron. Astrophys.* **515**, L3 (2010). arXiv: 1005.2944 [astro-ph.SR]

[9] K. A. Olive, E. D. Skillman, *Astrophys. J.* **617**, 29 (2004) [astro-ph/0405588]

[10] K. A. Olive et al., Particle data group collaboration. *Chin. Phys.* C **38**, 090001 (2014)

第9章

暗物质

在 1933 年 Fritz Zwicky 就已经意识到当前宇宙中的大部分物质不可能存在于恒星内部. 使用 Virial 定理,通过后发座星系团某些星系的运动,Zwicky 估计了其总质量. 他所测得的这个质量比从星系亮度估计出来的质量要大得多. 接下来的对星系以及星系团的研究,证实它们的质量主要来自一些不可见物质. 这是第一个证据,暗示宇宙中的大部分物质并不是由普通的重子物质构成的. 然而在那时人们对于宇宙的物质的能量密度比例 Ω_m 了解得很少.

现在我们知道 BBN 的数据确定了今天重子能量密度的成分是在 $\Omega_B \approx 0.05$ 的水平上,参见本书的第 8 章,而非相对论物质的总能量密度大概是目前的 5 倍,$\Omega_m \approx 0.3$,正如通过对宇宙大尺度结构以及 CMB 温度角涨落的分析所发现的那样. 这些数据给宇宙的大部分物质并非由通常的重子物质组成提供了强有力的支持.

在 20 世纪 90 年代初期,人们相信 $\Omega_{\text{tot}} < 1$,宇宙是开放的,这和暴胀所预言的三维平坦的宇宙相矛盾. 甚至还有人尝试去修改暴胀模型以自然地产生 $\Omega_{\text{tot}} < 1$,但是这些努力都不是很成功. 另一方面,越来越多的数据暗示了开放宇宙模型和低 Ω_{tot} 之间的矛盾. 特别是这些模型计算出来的宇宙年龄,要小于核合成年代学的估计值以及古老的恒星群年龄. 所有这些问题都在发现宇宙加速膨胀之后消失了. 现在大家普遍接受宇宙实际上是平坦的,并且 $\Omega_{\text{tot}} = 1$,其中必要的 0.7 来自非常神秘的能量形式,我们今天称其为暗能量.

这个话题的更多细节可以从文献[6]中找到,它是提供了暗物质的观测证据以及可能的探测方法的延伸性综述文章.

9.1 暗物质的观测证据

星系里物质的量可以通过研究星系周围气体云的旋转速度曲线推测出来. 速度 v 作为一个和星系中心径向距离 r 的函数,可以通过谱线的 Doppler 位移来测量. 在牛顿力学里,有

$$\frac{v(r)^2}{r} = \frac{G_{\text{N}} M(r)}{r^3} \Rightarrow v(r) = \sqrt{\frac{G_{\text{N}} M(r)}{r}}, \tag{9.1}$$

其中 $M(r)$ 是半径 r 内的总质量. 如果恒星贡献了星系的主要质量,在距离很大的情况下,在可视的星系之外,我们应该预期 $v \sim r^{-1/2}$. 然而这不是我们所观测到的在远距离下 $v \sim$ 常数,这表示 $M(r) \sim r$,意味着星系的实际半径比光学手段观测到的要更大.

20 世纪 70 年代开始对螺旋星系旋转曲线进行系统而精确的测量.[10] 螺旋星系是一类星系,包含中心的核球以及一个薄薄的盘. 在螺旋星系的情况下,我们发现 v 在小半径下线性地

增长，直至达到约为 200 km/s 的特征值，然后保持不变. 相比之下盘的表面亮度指数地衰减. 今天我们知道的几千个星系的旋转曲线，这些测量指出每一个星系都包围着暗物质晕，其质量 10 倍于盘内可见的恒星的质量. 值得注意的是，其他类型的星系看起来甚至包含了更多的暗物质成分. 螺旋矮星系就是这样的一个例子. 它们的旋转曲线远在发光的盘之外仍持续上升. 图 9.1 显示了属于当地星系群的星系 M33 的旋转曲线. v 并没有趋于一个常数，而是持续上升. 暗物质对整个星系质量的贡献要比普通的螺旋星系高. 严格地讲，这些方法只测量了局域的密度不均匀性. 此外，从观测上识别暗物质晕是很困难的. 最终，宇宙物质能量密度比例的估计暗示 $\Omega_m \approx (0.2 \sim 0.4)$. 对星系团的 virial 速度的研究也显示出相同的特征，并给出了相似的结果.

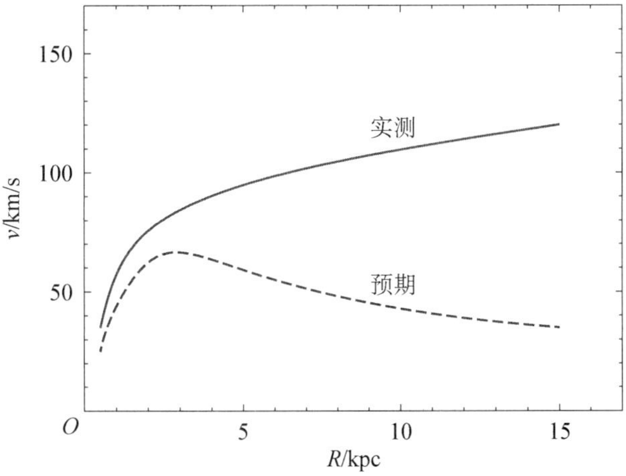

图 9.1　观测到的矮星系 M33 的 HI 旋转曲线(实线)的草图，以及恒星分布的预期(虚线).

通过星系旋转曲线的研究来推测 Ω_m，拥有许多相互独立结果的支持. 高红移的 Ia 型超新星的研究，给宇宙的加速膨胀提供了最强的证据. 如果假定宇宙只由非相对论物质以及一个非零的宇宙学常数组成，这些数据可以用来限制(Ω_Λ，Ω_m)图. CMB 各向异性的研究给出结论，宇宙几乎是平坦的，也就是 $\Omega_\Lambda + \Omega_m \approx 1$. 超新星和 CMB 数据的结合可以得到 $\Omega_m \approx 0.30$.

所有上述方法可以提供一个宇宙所有产生引力的物质的量的估计，但它们并不能告诉我们这些物质的本质. 恒星的贡献为 $\Omega_{stars} \sim (0.003 \sim 0.01)$，是 Ω_m 中很小的一部分. 更大的贡献来自星系间的气体以及不发光的星体. 正如第 8 章所示，原初轻元素的研究暗示了重子的比例是 $\Omega_B \approx 0.05$，而其他任何形式的产生引力的物质都不会对它产生贡献.

同时也有一些模型表明，在早期宇宙只有很小的一部分重子参与了核合成，它们绝对需要非常奇怪的机制. 最自然的解释是大部分的暗物质不是由重子组成的. 非重子的暗物质对于解释大尺度结构形成也是必须的(见本书第 12 章). 探测非常大尺度的 CMB 温度涨落的测量，以及探测相对小尺度的星系分布的功率谱的测量，这二者结合证明了非重子物质对于解释观测到的数据是很有必要的，因为重子和光子直到复合时期都是锁定在一起的，这防止了扰动过快增长.

存在非重子的暗物质的最直接证据可能来自子弹状星系团.[9]这是一个包含了 1.5 亿年

前穿过该星系团的子团的系统. 重点是这两个星系团的碰撞看起来导致了暗物质和重子物质组分的分离. 观测显示恒星、以气体形式存在的重子物质以及暗物质拥有不同的碰撞特性,并看起来排除了在 kpc 尺度上修改引力以解释暗物质的可能性. 使用光学观测,我们可以研究恒星的分布,星系团的碰撞对其影响不大. X 射线的测量追踪了热气体的分布,它代表重子物质的主要成分. 由于气体粒子之间的电磁相互作用,星系团的碰撞使得重子物质集中在系统的中心. 最近引力透镜研究了产生引力的物质的分布. 观测显示星系团里的大部分质量不受到碰撞的影响. 这个观测的解释是大部分的质量是由非常弱相互作用的暗物质组成,并且不像星系曲线,这不受牛顿引力定律在 kpc 尺度上修改的影响. 我们注意到过去关于星系团的初始下落速度存在争议,这看起来超出了宇宙学标准模型的预期. 如果确实如此,我们可能需要修改引力. 然而这些分歧在最近的研究中已经被解决.[11]

9.2 暗物质候选者

宇宙中大部分物质不发光,天文观测集中在搜寻类似于黑洞、中子星、微弱的老白矮星、行星以及类似的物体,它们被集中称为大质量致密晕天体(MACHOs). 在 20 世纪 70 年代,BBN 的研究指出重子物质($\Omega_B \approx 0.05$)和产生引力的物质($\Omega_m \approx 0.2$—0.4)的不一致,可以通过动力学的方法推断出来. 虽然存在这样的模型,在早期宇宙只有很少一部分重子参与了 BBN,但是它们确实需要一些非常奇怪的机制. 尝试寻找 MACHOs 的引力微透镜天文测量[3, 4, 17]成功地找到了这类质量大约是太阳质量的物体,但是它们的量实在太小,绝对不足以构成所有不可见的物质. 当前关于银河系晕内 MACHOs 丰度的数据如图 9.2 所示.

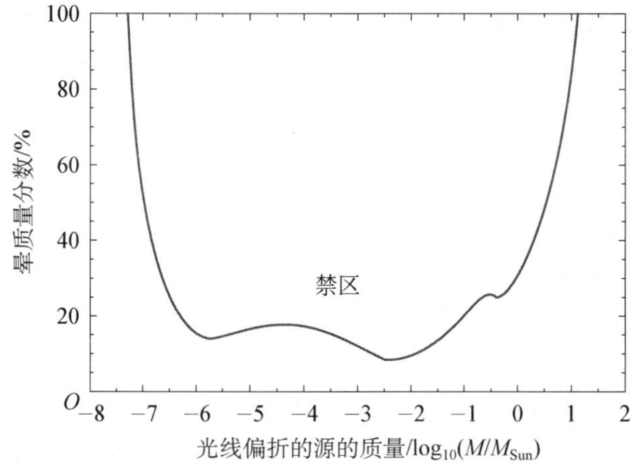

图 9.2 MACHOs 的晕质量比作为 MACHO 质量的函数的限制的草图.

暗物质的候选者可以被划为 3 类,即冷暗物质(CDM)、暖暗物质(WDM)和热暗物质(HDM). 归类的重点依赖于粒子在宇宙历史中旅行的距离. 根据定义,冷暗物质粒子的自由流动(free-streaming)距离远小于原星系的大小. 暖暗物质候选者的自由流动距离与原星系的特征长度是一个量级的,而在热暗物质情况下自由流动距离要远大于原星系的大小. 粒子的自由流动距离是结构形成理论中的一个重要参数,因为波长小于自由流动距离的原初密度涨落,会被从高密度区到低密度区的粒子运动所抹除.

早期宇宙处于热平衡的暗物质粒子的自由流动距离,是由它们的退耦温度及它们的质量比 T_f/m 所决定的.退耦的过程(或冻结)在第 5 章中已有论述.例如,中微子在 $T_f \sim 1$ MeV 退耦,所以直到它们变为非相对论性时,它们在 FRW 宇宙背景下通过的距离为

$$l_{fs} = a(t)\int_{t_f}^{t_{fs}} \frac{\mathrm{d}t'}{\mathrm{a}(t')} + (\mathrm{nonrel}) \approx 2t_{fs}, \tag{9.2}$$

其中第二项是中微子变成非相对论粒子之后传播的距离,数值很小到可以忽略.假定宇宙膨胀是相对论性物质主导的,因此有 $a(t) \sim \sqrt{t}$.积分的上限取作中微子变成非相对论的时刻,也就是温度下降到 $m_\nu/3$ 的时刻.

自由流动半径内的质量可以被估计为

$$M_{fs} = \frac{32\pi}{3}\rho t_{fs}^3 = M_{\mathrm{Pl}}^2 t_{fs}, \tag{9.3}$$

其中 ρ 是辐射为主时期的能量密度,$\rho = 3M_{\mathrm{Pl}}^2/(32\pi t^2)$.自由流动时间可以大概地估计为 $t_{fs} \sim 0.1\, M_{\mathrm{Pl}}/T^2 \approx M_{\mathrm{Pl}}/m_\nu^2$,参见方程(5.14).因此,最终对于在退耦时刻仍是相对论性的粒子(不一定是中微子),可以得到

$$M_{fs} \sim \frac{M_{\mathrm{Pl}}^3}{m_\nu^2} \approx 10^{18} M_\odot \left(\frac{\mathrm{eV}}{\mathrm{m}}\right)^2. \tag{9.4}$$

很明显中微子质量 $m_\nu < 1$ eV,自由流动质量远大于星系的质量,因此中微子一定是热暗物质.质量为 $m \sim 1$ keV 的粒子可能是暖暗物质,而更重的则可能是冷暗物质.

另一方面,非热力学过程产生暗物质粒子的模型也是可能的,如轴子(axion),在 9.2.2 节将进行简要的论述.尽管质量非常小,由于轴子在静止中产生,因此可以形成冷暗物质.

冷暗物质、暖暗物质和热暗物质预言了宇宙中大尺度结构的形成,即星系、星系团以及超星系团的形成.在冷暗物质的情况下,更小的结构先形成,然后聚集形成更大的结构.在热暗物质的情况下,小的密度扰动被抹掉,因此第一个结构会很大.接下来它会破碎、形成星系.观测上更倾向于冷暗物质候选者,因为往高红移可以看到星系先形成,而星系团和超星系团后形成.最近的证据也支持存在一部分的暖暗物质成分.

一类有趣的暗物质候选者是所谓的微弱相互作用大质量粒子(WIMPs).所有的候选者通过弱核力相互作用或者类似强度的力.它们和普通物质的相互作用非常微弱,但仍不致弱到无法探测的程度.此外,它们的质量可能在 GeV 或者 TeV 之间,这也让它们在我们周围的数密度不致太低而无法直接探测.这样的暗物质粒子可能会在加速器内产生,因为它们的质量并不太大.最后甚至是由于所谓的"WIMP 奇迹"而成为非常吸引人的候选者.如果考虑粒子带有质量 100 GeV~1 TeV,在原初等离子体里属于弱核力的范畴,可以看到它们应该在温度在 10 GeV 时退耦.有趣的是,它们今天的丰度与 $\Omega_m \sim 0.3$ 相一致,也就是今天观测所要求的数值.

9.2.1　最轻的超对称粒子

正如 3.4.1 节所讨论的,超对称主要是受等级问题(hierarchy problem)的启发,即保护 Higgs 的质量不受量子修正而变得很大.由于超对称模型的这个吸引人的特征,它成为非常好

的暗物质模型候选者.

粒子物理标准模型的最小超对称拓展,理论的拉氏量含有几个危险项,预言了重子和轻子数的不守恒.例如,这些项使得质子不稳定,而这就与实验的限制不一致.这个问题可以通过所谓的 R -宇称(R-Parity)来修正.带有这个对称性,最轻的超对称粒子(或者 LSP)是稳定的.如果 LSP 是电中性的,它可以是一个很好的暗物质候选者.在许多超对称模型里,LSP 是最轻的中性伴子(Neutralino),即超 B 子(Bino)、超 W 子(Wino)和中性超 Higgs 粒子(Higgsino)的叠加态.超 B 子是标准模型对应于 $U_Y(1)$场的规范玻色子的超对称费米伴随子,超 W 子是标准模型对应于 $SU_L(2)$场的电中性规范玻色子的超对称费米伴随子,而中性超 Higgs 粒子是超对称 Higgs 标量场的超对称费米伴随子.最轻的中性伴子常常被考虑为最好的暗物质候选者之一,尽管 LHC 上暂时还没有发现超对称粒子.

在其他模型中,LSP 暗物质候选者可能是超轴子(axino)、轴子的超对称伴随子或者超引力子(gravitono)、自旋为−3/2 的超引力模型引力子的超对称伴随子.在超引力模型里,引力被看成是超对称的.最轻的标量中微子(sneutrino,标准模型中微子的标量超对称伴随子)在标准模型的最小超对称拓展模型里并不是一个很好的暗物质候选者,因为它和核子有很大的散射截面,已经被实验所完全排除,然而在一些更复杂的模型里标量中微子仍是暗物质很好的候选者.

9.2.2 轴子

正如 3.4.4 节中简单提到的,QCD 里的强 CP 问题可以通过引入新的全局 $U(1)$对称性来解决,它在低能(约 100 MeV)下自发地破缺.理论预言存在自旋为零的粒子,称为轴子.在 QCD 相变的过程中胶子场(gluon fields)获得了一个真空期望值之后,它得到了一个非零的质量.在这个相变之上,轴子可以是无质量的 Goldstone 玻色子,简要的解释可参见 7.3.5 节,但是相变之下一个明显对称性破缺由凝聚引入,轴子由于非扰动 QCD 效应而因此获得一个很小的质量:

$$m_a \approx 0.62\left(\frac{10^7\ \mathrm{GeV}}{f_a}\right)\mathrm{eV}, \tag{9.5}$$

其中 f_a 是 $U(1)$对称性破缺能标.对轴子质量的限制来自实验室搜寻以及天体物质的观测(星体冷却和超新星动力学).[15]质量为几个 μeV 的轴子仍可能是可行的暗物质候选者.尽管有如此低的质量,它们仍可能是 CDM 粒子,因为它们可以在静止时产生,从来没有处于热平衡中.

9.2.3 超大质量粒子

在粒子物理的标准模型里,费米子、夸克以及一些规范玻色子在电弱对称性破缺之后得到了质量.通过这种方式产生的质量将会是在电弱对称性破缺能标上,大约有几百个 GeV,乘以一个和 Higgs 玻色子耦合的常数.特别地这是中间玻色子的质量(~100 GeV)的产生方式.与此相似,GUT 模型自然地预言了其质量为 GUT 能标 $M_{\mathrm{GUT}}\sim(10^{14}\sim10^{16})$GeV 的超大质量规范以及类 Higgs 玻色子.原则上也会有其他超大质量粒子,并且由于某些(准)守恒的量子数而是稳定的或很长寿.如果这些粒子没有长程的电磁作用以及强相互作用,它们可以是暗物质很好的候选者.直接或者间接探测它们可能会非常困难,假如不是不可能的话,因为它们的质量暗示了非常低的宇宙学数密度.此外,仍不清楚如此重的粒子在考虑引力衰变的情况下是否

稳定. 尽管还没有信得过的量子引力理论来描述在普朗克能标的粒子，但是通过富有启发性的论证，我们可以预期衰变通过寿命为

$$\tau \sim \frac{M_{\mathrm{Pl}}^4}{M_{\mathrm{GUT}}^5} \sim 10^{-13}\ \mathrm{s}, \tag{9.6}$$

的黑洞来实现的可能性[5]，参见 7.3.4 节末尾处的讨论. 该衰变可能会被某些还不知道的对称性所禁止，但是破缺的对称性和整体对称性都无法做到这一点，让这些粒子很难保持稳定.

9.2.4　原初黑洞

长期以来原初黑洞被考虑是暗物质的一个候选者. 它们可能在远早于第一颗恒星出现的早期宇宙，在一阶或者二阶等相变过程中，通过过密区域的坍塌、宇宙弦(cosmic string)或者领域墙(domain wall)的引力坍缩产生，参见文献[8]的综述. 在大多数模型里，量级为 1 的相对能量扰动停止膨胀，并在跨过宇宙视界之后重新坍缩. 在这种情况下，原初黑洞的最大质量被设为宇宙视界内的总质量，也就是 $M_{\mathrm{hor}}=M_{\mathrm{Pl}}^3/E^2$，其中 E 是原初黑洞形成时刻的能标. 可证明

$$M_{BH} \approx M_{\mathrm{Pl}}^2 t_{\mathrm{f}} \approx 5\times 10^{26}\ \frac{1}{\sqrt{g_*}}\left(\frac{1\mathrm{TeV}}{T_{\mathrm{f}}}\right)^2 \mathrm{g}, \tag{9.7}$$

其中 g_* 是在宇宙温度为 T_{f} 并形成原初黑洞的时刻 t_{f} 的有效相对论性的自由度数. 通过这种方式，M_{BH} 的分布可以从普朗克质量 M_{Pl}(对应于普朗克阶段形成的黑洞)，一直到 $M_\odot$(对应于在 QCD 相变过程中形成的黑洞). QCD 相变之后形成的原初黑洞可能拥有更大的质量，正如 7.4 节中方程(7.62)所论述.

低质量的黑洞为极致密天体. 例如，一个质量为 $M_{BH}=10^{15}$ g 的黑洞拥有的半径为 $r_g\approx 10^{-13}$cm. 因此，它们表现为一个超大质量的粒子，并且只进行引力相互作用. 这就让对它们可能的探测非常困难.

然而这只在经典物理的极限下才是如此. 在半经典的水平上，黑洞并不真的是黑而稳定的，而是会发出黑体谱的热辐射①，温度 $T_{BH}=M_{\mathrm{Pl}}^2/8\pi M_{BH}$，参见方程(7.24). 这个温度的表达式对于非旋转以及电中性的黑洞适用. 这个过程称为霍金辐射，辐射的时间尺度为 $\tau_{\mathrm{evap}}\sim M_{BH}^3/M_{\mathrm{Pl}}^4$，更精确的表达式可参见方程(7.26). 初始质量 $M_{BH}\sim 5\times 10^{14}$ g 的原初黑洞将拥有寿命为宇宙年龄那么长的寿命. 更大质量的原初黑洞可以存在到今天，并通过它们的霍金辐射被记录下来. 然而，黑洞温度随着黑洞质量的增加而迅速减小，宏观黑洞的霍金辐射完全可以忽略.

尽管原初黑洞仍可以代表一部分暗物质，它们的宇宙学丰度被很强地限制. 初始质量为 $M_{BH}\lesssim 5\times 10^{14}$ g 的原初黑洞应该已经都蒸发殆尽(τ_{evap}要短于宇宙年龄). 然而量子引力效应仍有可能使得质量为普朗克质量的黑洞稳定[1]，并且在这种情况下，它们可能形成整个宇宙的暗物质. 对于 $M_{BH}\sim(10^{15}\sim 10^{16})$ g，它们可能的丰度受到一个很强的、水平为 $\Omega_{BH}\lesssim 10^{-8}$ 的限制[12]，这是从观测到的 γ 射线背景强度推导出来的. 所以它们可能只对宇宙非相对论物质贡献了很小一部分. 质量为 $10^{17}\sim 10^{26}$ g 的原初黑洞可以通过对暗物质密集区域古老的中子星的

---

① 事实上谱并非真的是黑体谱，而是受到从视界发射出的粒子在黑洞引力场中传播的影响而变形. 更多的细节请参考 7.3.4 一节.

观测来限制.[13]对于更高的质量,$M_{BH}\gtrsim 10^{26}$ g,最强的限制来自搜寻 MACHOs.[3,4,17]

9.3 暗物质粒子的直接搜寻

直接搜寻实验寻找的是暗物质粒子穿过特殊设计的非常灵敏的探测时发出的信号.大多数这类实验的目标是探测 WIMPs 和探测器的核子的散射.实验室通常都位于很深的地下,以屏蔽背景宇宙线.表 9.1 中列出过去、现在和将来直接探测实验的部分清单.对于直接搜寻暗物质的近况,请参考综述[16].

表 9.1 直接探测实验的部分清单

实验	目标	地　址
ADMX	axion	华盛顿大学(华盛顿)
CDMS	WIMPs	苏丹地下实验室(明尼苏达州)
CoGeNT	WIMPs	苏丹地下实验室(明尼苏达州)
COUPP	WIMPs	费米实验室(伊利诺伊州)
CRESST	WIMPs	格兰萨索国家实验室(意大利)
DAMA	WIMPs	格兰萨索国家实验室(意大利)
DarkSide	WIMPs	格兰萨索国家实验室(意大利)
DEAP	WIMPs	斯诺实验室(加拿大)
DRIFT	WIMPs	博尔比地下实验室(英国)
EDELWEISS	WIMPs	摩丹地下实验室(法国)
EURECA	WIMPs	摩丹地下实验室(法国)
LUX	WIMPs	桑福德地下实验室(南达科他州)
PICASSO	WIMPs	斯诺实验室(加拿大)
PVLAS	axion	莱尼亚罗国家实验室(意大利)
SIMPLE	WIMPs	巴斯布韦地下实验室(法国)
WARP	WIMPs	格兰萨索国家实验室(意大利)
XENON	WIMPs	格兰萨索国家实验室(意大利)
ZEPLIN	WIMPs	博尔比地下实验室(英国)

WIMPs 和探测器的相互作用率主要依赖于质量和散射截面.由于这个原因,实验结果通常表示成对 WIMP 质量-散射截面图的约束.WIMP 的相互作用率为 $\Gamma=nv\sigma$,其中 n 是 WIMP 数密度,v 是 WIMP 的速度,以及 σWIMP 和核子的散射截面.局域暗物质能量密度估计为 $\rho\approx 0.4\ \mathrm{GeV/cm^3}$,因此 $n=\rho/m$ 依赖于未知的 WIMP 质量 m. WIMP 速度分布通常假定为麦克斯韦分布的形式,其平均速度接近于星系内恒星的移动速度,如太阳系大约为 200 km/s.散射截面可以划分为两类,即不依赖于自旋的散射截面和依赖于自旋的散射截面.理论上预言的 WIMPs 通常带有不依赖于自旋的散射截面,然而更一般地是依赖于自旋的散射截面仍无法被排除.

暗物质的一个可能观测信号是由于地球和 WIMPs 的相对速度引起的 1 年的调制信号.太阳系以相对于银河系参考系以 220 km/s 的速度移动,并且地球在 6 月时以相同方向移动,在 12 月时以相反方向移动. 作为结果,可以预期 WIMP 散射率的变化为 3%,在 6 月时达到最大值,在 12 月时达到最小值. 地球每天的旋转可能也会导致一个每天往前/往后的核子反冲方向的不对称性,这也可以用作实验信号. 另一个有趣的信号是测量碰撞粒子的传播方向. 在这种情况下,可以采用太阳对银河系的相对运动. 信号在太阳系运动方向上会更强,这应该可以从背景噪音中分辨出,因为噪音是由地球产生的,因此也应该是各向同性的.

图 9.3 显示了当前搜寻 WIMP 的状况. 大多数实验在质量-散射截面平面图上提供了 WIMP 探测的限制. 限制的形状很容易解释. 在低质量的情况下,探测器的灵敏度受到探测器能量阈值的限制. 对于 WIMP 质量处于 10 GeV 至 10 TeV 时,预期的核子反冲能量大约处于 1 ~ 100 keV. 在高质量的情况下,因为 ρ 是固定的,并且 $n = \rho/m$, WIMP 粒子通量减少,灵敏度也跟着减少.

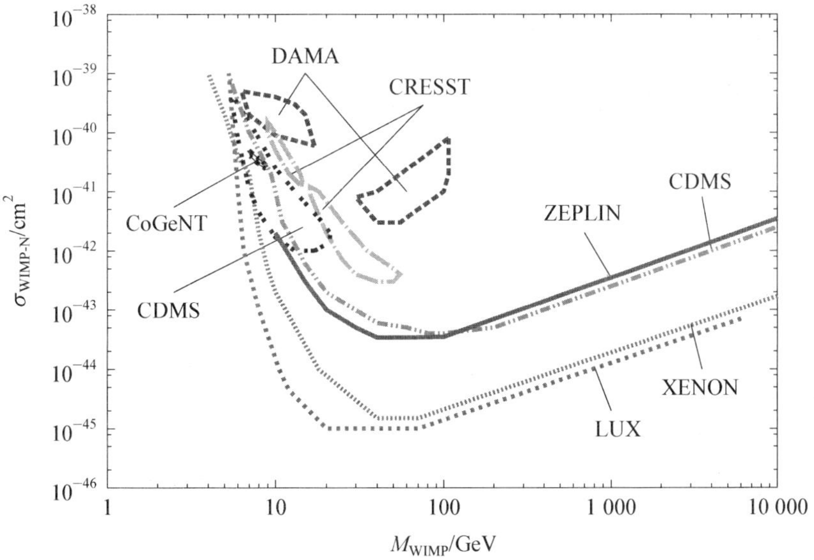

图 9.3 关于直接搜寻暗物质粒子当前实验上限的总结示意图:ZEPLIN(点状线),CDMS(双点虚线),XENON(灰色点状线)和 LUX(点状线),以及可能来自实验 DAMA(闭合虚线)的暗物质信号,CRESST(点状闭合虚线),CDMS(点状闭合曲线)和 CoGeNT(黑色闭合实线). 来自粒子物理最小超对称标准模型的暗物质候选者预计范围在 $M_{\text{WIMP}} \sim (100\ \text{GeV} \sim 1\ \text{TeV})$ 和 $\sigma_{\text{WIMP-N}} \sim (10^{-49} \sim 10^{-45})\,\text{cm}^2$,暂时还没有被探测过. 可能的暗物质信号发现于所谓的低质量 WIMP 区域,但是这和其他实验的结论不一致.(本图可参见彩图 11.)

不仅仅是上限,甚至还有一些实验宣称探测到 WIMP,然而这和其他实验所得到的否定结论并不一致. 其中有些判断来自 DAMA/LIBRA 合作组:他们已经观测了好几年周年调制信号,其事件率和 WIMPs 预言的结果相一致(参见图 9.4). 更近期的有 CDMS, CRESST 和 CoGeNT 合作组报告了探测器内可能的 WIMPs 证据,但是对这些结果的解释还没有一致的结论,并且这些结果也和其他实验得到的限制相矛盾.

对轴子暗物质的搜寻正在以一种完全不同的方式进行. 主要的想法是观测强磁场下轴子-光子变换,即 $a \to \gamma$. 唯一一个正在运行的实验是华盛顿大学西雅图校区的 ADMX,它正在给出质量为 μeV 级 $a\gamma\gamma$ 的耦合常数 $g_{a\gamma\gamma}$ 的上限.

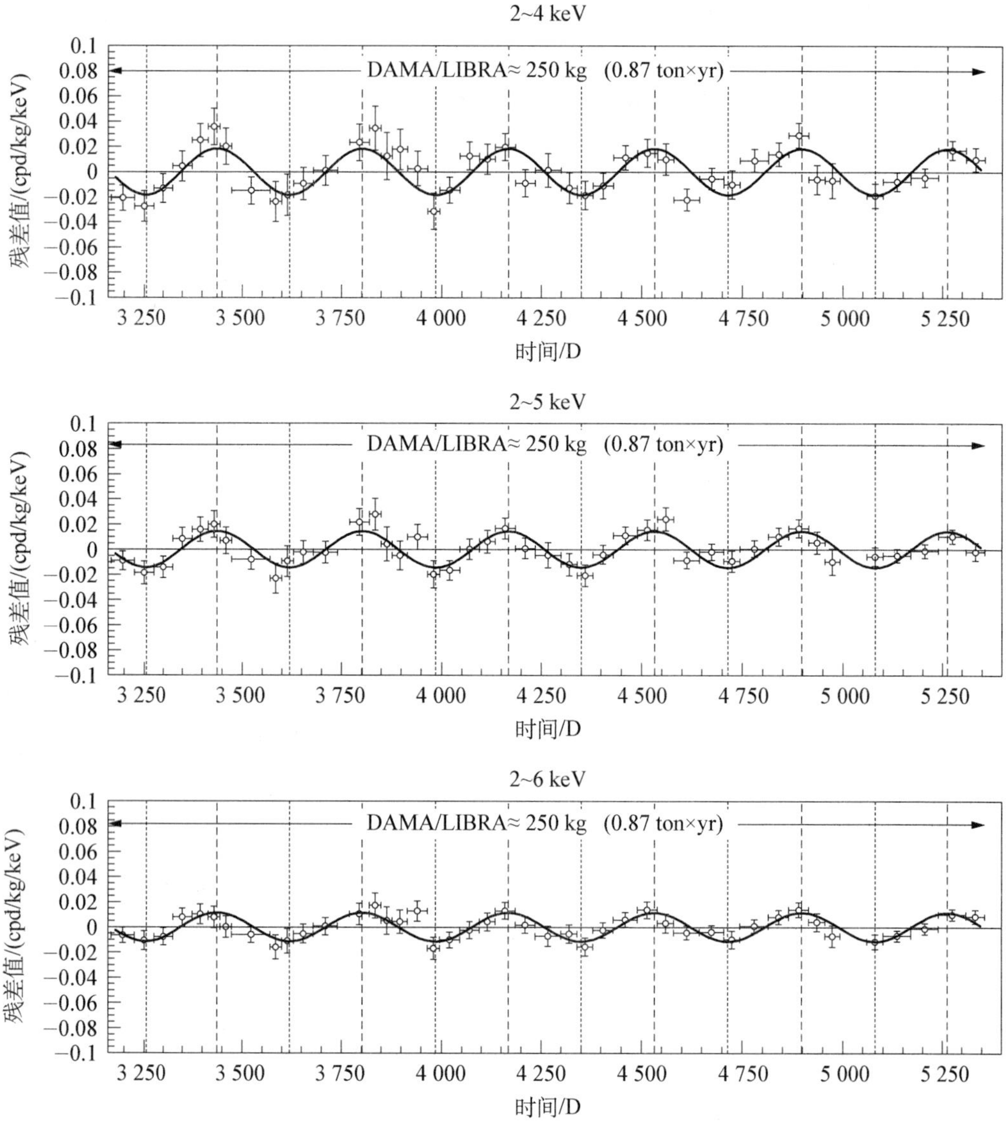

图 9.4 DAMA/LIBRA2～4，2～5 和 2～6 keV 能量间隔上测出的残余信号作为时间的函数(来自文献[7]).

9.4 暗物质粒子的间接搜寻

暗物质粒子的间接搜寻是通过对它们可能的湮灭或者衰变的天文观测来进行的. 例如，假若暗物质粒子和反粒子的能量密度相等，或者粒子和反粒子相同，正如某些模型所预期的，它们可能会湮灭，并产生 γ 射线或者 γ 射线与 $\bar{p}p$ 对. 然而在所谓的不对称暗物质的情况下，粒子远超出反粒子(或者反之)，因此该效应可以忽略.

γ 射线溢出、反质子、正电子或者背景宇宙线的高能中微子-反中微子，或者来自特殊源(如太阳或者银河系中心，暗物质的密度预计会更高)的观测，可能是暗物质的迹象. 这样的探测要求对天体物理的过程以及银河系里宇宙线的传播过程了解得很清楚，事实常常并非如此.

间接搜寻暗物质粒子可以看作和直接搜寻实验同时进行，因为它们可能测试参数空间的不同区域，暗物质粒子在这些区域拥有不同的质量和耦合常数.

一些天文观测可能已经记录了暗物质的信号，但是系统效应特别是来自天体物理过程的贡献，还无法很好地控制，因此对这些数据的解读仍无法达到一致. 在 2009 年 PAMELA 合作组报告了宇宙线中正电子在 10～100 GeV 范围的溢出(参见图 9. 5). [2]它们的测量结果已经被其他实验所证实. ATIC，FERMI/LAT 和 H. E. S. S. 合作组也报告了在 100～1 000 GeV 范围内正电子的溢出. 然而这些正电子的来源还不很清楚，而且该溢出所要求的散射截面与 WIMPs 的预言并不一致. 文献中还提出了一些特殊的 WIMP 模型来解释这些来源，看起来它们也已经被 FERMI/LAT 对高能光子通量的测量所排除. 相比之下，一些天体物理的解释(如银河系脉冲星产生正电子[14])听起来反而更有说服力.

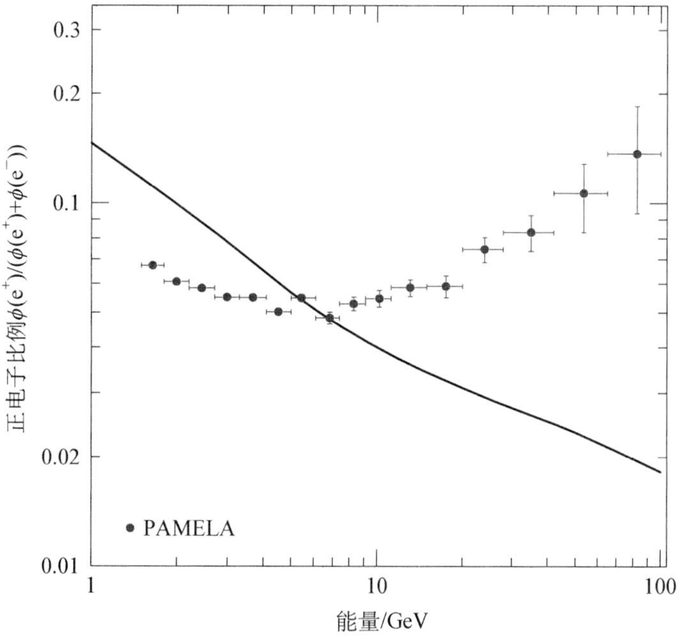

图 9. 5　PAMELA 正电子比例和理论模型(黑色实线)的比较(来自 Macmillan Publishers Ltd: O. Adriani et al.，*Nature* **458**，607 - 609，copyright 2009. http://www.nature.com/). (本图可参见彩图 12.)

习　　题

9. 1　太阳系内暗物质的能量密度估计约为 0. 4 GeV/cm^3. 假定暗物质包含粒子的质量为 100 GeV，并且它们只通过核弱力相互作用(交换 W -以及 Z -玻色子)，并且它们的特征速度 $v/c \sim 10^{-3}$.

(1) 估计地球上暗物质粒子的通量(粒子数的单位为 cm^2/s).

(2) 估计暗物质粒子和人体的反应率.

(3) 如果暗物质粒子拥有超大质量 10^{15} GeV，以上的估计将会如何修改?

参 考 文 献

[1] R. J. Adler, P. Chen, D. I. Santiago, *Gen. Rel. Grav.* **33**, 2101 (2001) [gr-qc/0106080]

[2] O. Adriani et al. , PAMELA collaboration. *Nature* **458**, 607 (2009). arXiv:0810.4995 [astro-ph]

[3] C. Afonso et al. , *EROS collaboration*. *Astron. Astrophys.* **400**, 951 (2003) [astro-ph/0212176]

[4] C. Alcock et al. , *MACHO collaboration*. *Astrophys. J.* **542**, 281 (2000) [astro-ph/0001272]

[5] C. Bambi, A. D. Dolgov, K. Freese, *Nucl. Phys.* B **763**, 91 (2007) [hep-ph/0606321]

[6] L. Bergstrom, *Rept. Prog. Phys.* **63**, 793 (2000) [hep-ph/0002126]

[7] R. Bernabei et al. [DAMA and LIBRA Collaborations], *Eur. Phys. J.* C **67**, 39 (2010). arXiv:1002.1028 [astro-ph. GA]

[8] B. J. Carr, *Lect. Notes Phys.* **631**, 301 (2003) [astro-ph/0310838]

[9] D. Clowe, A. Gonzalez, M. Markevitch, *Astrophys. J.* **604**, 596 (2004) [astro-ph/0312273]

[10] K. C. Freeman, *Astrophys. J.* **160**, 811 (1970)

[11] C. Lage, G. R. Farrar, arXiv:1406.6703 [astro-ph. GA]

[12] D. N. Page, S. W. Hawking, *Astrophys. J.* **206**, 1 (1976)

[13] P. Pani, A. Loeb, JCAP **1406**, 026 (2014). arXiv:1401.3025[astro-ph. CO]

[14] S. Profumo, *Central. Eur. J. Phys.* **10**, 1 (2011). arXiv:0812.4457 [astro-ph]

[15] G. G. Raffelt, in *Beyond the Desert 1997: Accelerator and Non-Accelerator Approaches* (Institute of Physics, London, 1998), pp. 808 - 815 [astro-ph/9707268]

[16] M. Schumann. arXiv:1501.0120 [astro-ph. CO]

[17] P. Tisserand et al. , *EROS-2 collaboration*. *Astron. Astrophys.* **469**, 387 (2007) [astro-ph/0607207]

第 10 章

宇宙微波背景

正如我们所知，原初等离子体的温度和密度随着宇宙膨胀而衰减. 大爆炸之后大约 37 万年，质子和电子结合在一起形成中性的氢原子. 于是带电的粒子在原初等离子体中消失，光子从物质中退耦并开始在整个宇宙中自由传播. 今天观测到的这些光子就是所谓的宇宙微波背景辐射(CMB). 这些辐射是大爆炸理论必然的预言. CMB 的发现是宇宙学标准模型建立过程中的一座里程碑. 在退耦时宇宙的温度大约是 3 000 K，但是宇宙的膨胀让这些光子红移，今天所观测到的 CMB 温度大约是 2.7 K. CMB 是由 Gamow 和他的合作者在 20 世纪 40 年代预言的，随后由一些其他合作组重复了他们的计算，由于当时对宇宙学参数了解甚少，他们得到了一个有争议的 CMB 温度.

1964 年 Penzias 和 Wilson 偶然发现了 CMB. 当时他们在新泽西贝尔实验室尝试进行某些卫星通信实验，观测到意外的各向同性的背景信号，其对应于温度为 3.5 K 的黑体谱. 因为这个发现，Penzias 和 Wilson 获得了 1978 年的诺贝尔奖.

COBE 卫星实验是 CMB 物理迈出重要一步的关键所在. COBE 卫星于 1989 年发射，用以高精度地测量 CMB 温度. 温度的各向异性在十万分之一的水平上被第一次探测到，这是现代宇宙学作为精确科学的开端. 接下来的一些气球实验，WMAP 卫星和更近期的 Planck 卫星做出了更精确的测量. 过去的 20 年是 CMB 物理的黄金时代，这得感谢这些实验将宇宙学参数精确地测量到误差百分之一的水平. 特别地有重要的证据证实所谓的 ΛCDM 模型，宇宙中有 5%的能量密度是普通的物质(质子、中子、电子)，大约 25%为非重子暗物质，以及 70%的暗能量. 后者可能是非常小，但却非零的正的真空能，或者本质上相同的宇宙学常数. 注意到 ΛCDM 模型今天遭遇到一些问题，可能需要我们来修改这个最小的标准模型.

CMB 物理技术非常复杂，在本书仅提供非常简单的概述. 有兴趣的读者可以在高级课程(如文献[3, 11])或者专门的综述(如文献[5, 12])中找到更多的细节描述.

10.1 复合与退耦

在 BBN 之后，原初等离子体主要包含光子、质子、氦-4 核子和电子. 其他轻元素的丰度还很低. 中子要么被束缚在核里，要么衰变. 当宇宙的温度大约是 1 MeV 时，中微子已经在弱相互作用冻结时从原初等离子体中退耦. 当时暗物质粒子大概也存在，但是它们和原初等离子体没有相互作用. 宇宙继续膨胀，温度继续下降. 电子和质子最终形成中性的氢原子，这个事件叫做复合(recombination). 电离部分的电子 X_e 作为等离子体温度 T 的函数，可以描述为 Saha 方程[9](与 BBN 时期相类似的方程(8.12)作比较)，

$$\frac{1-X_e}{X_e}=\frac{4\sqrt{2}\zeta(3)}{\sqrt{\pi}}\eta\left(\frac{T}{m_e}\right)^{3/2}\exp\left(\frac{E_{ion}}{T}\right),\tag{10.1}$$

其中 $\zeta(3)\approx 1.20206$ 是 Riemann zeta 函数，η 是重子光子比，$E_{ion}\approx 13.6$ eV 是氢原子电离能. Saha 方程在热平衡时并且只考虑反应

$$p+e^-\leftrightarrow H+\gamma.\tag{10.2}$$

时有效. 这只在复合时期前后才适用，而且在后期有必要考虑 2 个光子的反应 $p+e^-\rightarrow H^*+\gamma$ 以及 $H^*\rightarrow H+2\gamma$.

在宇宙学的标准模型里，出现在方程(10.1)的重子和光子比与 BBN 结束时的 η 是相同的，但是在标准理论的拓展模型里可能不一定如此. 在新物理的情况下，原初等离子体可能被新粒子的衰变/湮灭所重加热，如弱相互作用冻结之后，正负电子湮灭重新加热了光子，但并没有加热中微子.

复合的时刻可以定义为 $X_e=0.5$ 的时刻，但是精确的定义并不是很重要，因为从 $X_e\sim 1$ 到 $X_e\ll 1$ 的转变是很快的. 由方程(10.1)可以发现复合的温度 $T_{rec}\approx 0.26$ eV. 注意到 T_{rec} 比 E_{ion} 要小很多，因为 $\eta=6.1\times 10^{-10}\ll 1$. 在高温下，$E\gtrsim E_{ion}$ 的高能光子的数量仍非常多，这些高能光子会破坏中性氢原子. 在 §8.4 节轻元素的合成开始时可以发现更简单的情形. 因为今天 CMB 温度是 2.7 K，复合的红移是 $1+z_{rec}=T_{rec}/T_0\approx 1100$.

在复合之前，由于大的散射截面 $\sigma_{Th}=8\pi\alpha^2/3m_e^2\approx 7\times 10^{-25}\,\mathrm{cm}^2$，光子和物质通过光子和电子的弹性 Thomson 散射处于热平衡之中. 光子的相互作用率为 $\Gamma=\sigma_{Th}n_e$，其中 $n_e=X_e\eta n_\gamma$ 是自由电子的数密度，$n_\gamma\approx 0.24T^3$ 是光子的数密度. 退耦的温度通过条件 $\Gamma=H$ 来估算，或者等价为通过 Thomson 散射的光深(optical depth)，也就是光子从时刻 t 到今天的 Thomson 散射几率，可以估计为

$$\tau=\int_t^{t_0}n_e\sigma_{Th}\mathrm{d}t=\int_z^0 n_e\sigma_{Th}\left(\frac{\mathrm{d}t}{\mathrm{d}z}\right)\mathrm{d}z\approx 0.37\left(\frac{z}{1000}\right)^{14.25}.\tag{10.3}$$

复合之后，光深很快变大，因为光子和中性原子的散射截面远大于 Thomson 散射截面. 光子的退耦标志着宇宙从不透明 ($\tau\gg 1$) 到透明($\tau\ll 1$) 的转变. 复合和光子退耦的事件联系在一起，几乎同时发生，所以退耦的温度和红移分别为 $T_{dec}\approx T_{rec}$ 和 $z_{dec}\approx z_{rec}$，很弱地依赖于宇宙学模型，其包含在方程(10.3) 的 $\mathrm{d}t/\mathrm{d}z$. 当然这两个事件都不是瞬间的，它们持续的时间 $\Delta z_{rec}\approx\Delta z_{dec}\approx 100$，然而转变是很快的，在那之后 CMB 的光子开始自由地在宇宙中传播. 今天到达最后散射截面上退耦的 CMB 光子是一个位于 $z\approx 1100$ 的包围着我们的理想球面.

10.2 描述扰动的公式

CMB 在天空中几乎是理想的各项同性，拥有温度为 2.725 K 几乎精确的黑体谱. 然而精确的测量显示了温度很小的涨落和极化，因为这些涨落是在二维球面(也就是我们的天空)上看到的，它们通常被习惯地描述成球谐函数. 我们在方向 $\hat{\boldsymbol{n}}=(\theta,\phi)$ 定义温度的涨落，

$$\Theta(\hat{\boldsymbol{n}})=\frac{T(\hat{\boldsymbol{n}})-T_0}{T_0},\tag{10.4}$$

其中 $T_0 = 2.725$ K 是平均温度. Θ 可以用球谐函数展开为

$$\Theta(\hat{\boldsymbol{n}}) = \sum_{l=0}^{+\infty}\sum_{m=-l}^{l} a_{lm} Y_{lm}(\theta, \phi), \tag{10.5}$$

$$Y_{lm}(\theta, \phi) = \sqrt{\frac{(2l+1)}{4\pi}\frac{(l-m)!}{(l+m)!}} P_l^m(\cos\theta)\mathrm{e}^{im\phi}, \tag{10.6}$$

其中 a_{lm} 是相应球谐函数的振幅,Y_{lm} 和 P_l^m 是 Legendre 多项式. a_{lm} 可以通过采用单位球面上球谐函数 Y_{lm} 形成完备的正交基来确定,因此

$$a_{lm} = \int_0^{2\pi}\mathrm{d}\phi\int_{-\pi}^{\pi}\mathrm{d}\theta\cos\theta\,\Theta(\hat{\boldsymbol{n}})Y_{lm}^*(\theta, \phi). \tag{10.7}$$

因为 a_{lm} 是实数,$a_{lm}^* = a_{l-m}$. 我们也注意到任何一个多极 l 代表了天空中大约 π/l 的角度.

毫无疑问的是,我们今天在天空中所观测到的扰动的图像是一个依赖于我们的位置的随机函数的表象. 我们无法预言这样一个特殊表象的精确形式,只能描述在特定的宇宙学模型下它的统计性质. 假定各态历经的假说在这里是有效的,这意味着对在一个给定的表象下空间所有点的平均等价于对全体系综的平均,通常把这个平均记为$\langle\cdots\rangle$. 例如,$\langle a_{lm}\rangle = 0$. 宇宙学数据因此应该与所研究的宇宙学模型中适当的量进行比较. 假定一个各向同性的天空(没有特殊的方向)以及高斯型统计(不同模式之间没有关联),那么功率谱完全刻画了其各向异性. 温度涨落的功率谱或 TT 功率谱可由下式给出:

$$C_l = \frac{1}{2l+1}\sum_{m=-l}^{l}\langle | a_{lm} |^2\rangle, \tag{10.8}$$

我们已经对 m 进行了求和,因为没有特殊的方向. 考虑 TT 功率谱,C_l 有时可以表述成 C_l^{TT} 或者 $C_l^{\Theta\Theta}$. 典型的 TT 功率谱的形状和特征如图 10.1 所示,而当前的测量在图 10.2 中给出. 由于我们只有一个宇宙,在估计这些系数时存在一个内在的统计误差,可由下式给出:

$$\frac{\Delta C_l}{C_l} = \sqrt{\frac{2}{2l+1}}, \tag{10.9}$$

这被称为宇宙方差(Cosmic Variance). 宇宙学模型预言 C_l,而 C_l 可以通过 a_{lm} 对所有的 m 进行求和得出.

对大多数的理论模型,a_{lm} 是近于高斯型的场. 通过原初起源和一些后复合效应(如小尺度涨落的非线性增长),可以产生一些小的非高斯. 然而有些暴胀模型预言了很显著的非高斯性. 由于现在的实验和没有原初非高斯性的模型相符合,这些模型被排除或者被限制. 温度两点函数是天空中两点之间温度涨落的关联的期望值,与功率谱的关系是

$$C(\vartheta) = \langle\Theta(\hat{\boldsymbol{n}})\Theta(\hat{\boldsymbol{n}}')\rangle = \frac{1}{4\pi}\sum_{l=0}^{+\infty}(2l+1)C_l P_l(\cos\vartheta), \tag{10.10}$$

其中 $\cos\vartheta = \hat{\boldsymbol{n}}\cdot\hat{\boldsymbol{n}}'$,即 ϑ 是两个方向之间的角度. 注意到 $C(\vartheta)$ 只依赖于角度的间隔 ϑ,而不依赖于 $\hat{\boldsymbol{n}}$ 和 $\hat{\boldsymbol{n}}'$ 的方向,因为已经假定没有特殊的方向. 如果温度的涨落是高斯型的,所有的更多点关联函数消失. 过去的几年间,人们对于探测非高斯型的可能性兴趣非常大,但是目前的观测仅仅只是给出了一个上限. 一个比较流行的限制非高斯型的方法是通过温度的三点函数. 寻

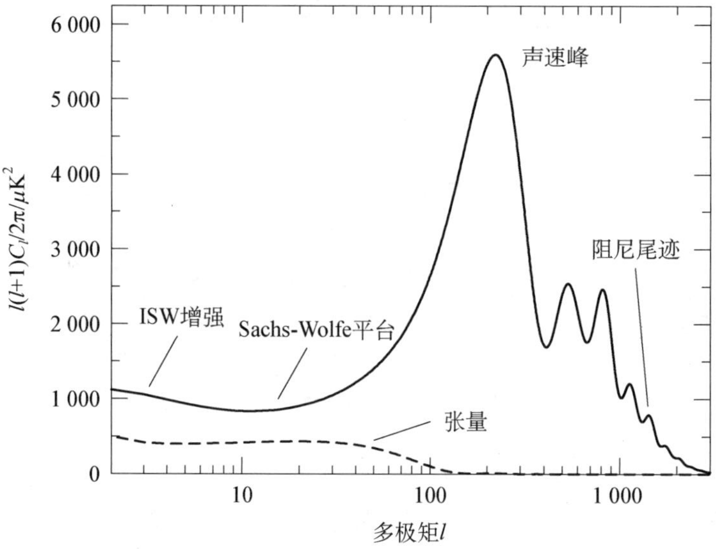

图 10.1 标准的 ΛCDM 模型的 TT 功率谱(该图来自文献[8]).

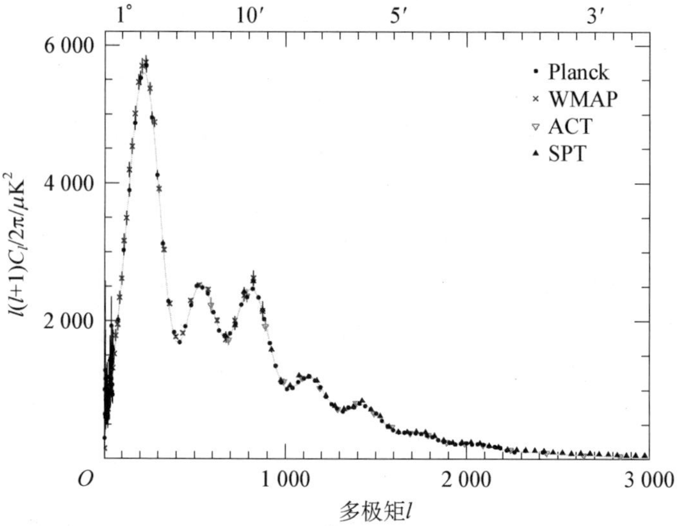

图 10.2 来自 Planck, WMAP, ACT(Atacama 宇宙学望远镜)和 SPT(南极望远镜)实验的 TT 功率谱(该图来自文献[8]).(本图可参见彩图 13.)

找原初非高斯型的兴趣来自从暴胀甚至是暴胀之前提取物理信息的可能性.

作为各向异性的辐射场 Thomson 散射的后果,CMB 在温度各向异性上有~5%的极化,对应于几个 μ K. CMB 极化场可以被分解成两类,通常称为 E 模和 B 模.[6, 13]它们通过极化振幅的二阶导数来定义,解释见下文.

2×2 极化密度矩阵(垂直于光子传播方向)可以展开成 2×2 矩阵的完全集,

$$\rho_{ij} = J(I/2 + \xi_k \sigma_k), \tag{10.11}$$

其中 I 是单位矩阵,$\sigma_k(k = 1, 2, 3)$ 是泡利矩阵(Pauli matrices),而系数 ξ_i 是所谓的 Stokes 参数. 这个矩阵拥有两个所熟知的代数不变量,等于(或者正比于)辐射强度的迹,

$$J = \delta_{ij}\rho_{ij} = |E_x|^2 + |E_y|^2, \tag{10.12}$$

以及螺旋度

$$V = \varepsilon_{ij}\rho_{ij}. \tag{10.13}$$

电磁作用的宇称守恒要求圆偏振(或者螺旋度消失),这意味着 $\xi_2 = 0$.

极化矩阵还有另外两个(微分)不变量:标量 $S = \partial_i\partial_j\rho_{ij}$(E 模)和赝标量 $P = \varepsilon_{ik}\partial_i\partial_j\rho_{jk}$(B 模). 对于纯的标量扰动,唯一可能的极化矩阵为

$$\rho_{ij} = (2\partial_i\partial_j - \delta_{ij}\partial^2)\Psi, \tag{10.14}$$

其中 Ψ 是一个标量的函数. 相应地有 $P=0$. $P\neq0$ 是超出标量扰动的一个表征.

除了标量之外,应该有下面 3 种扰动类型:

(1) 矢量扰动. 例如,(星系间的)磁化介质散射带来的磁场,

$$\rho_{ij} = \partial_i V_j - \partial_j V_i,\ P = \varepsilon_{ij}\partial^2\partial_i V_j. \tag{10.15}$$

(2) 张量扰动. 例如,有引力波存在,

$$\rho_{ij} \sim \partial^{-2}(\partial_i h_{3j} - \partial_j h_{3i}),\ P \sim \varepsilon_{ik}\partial_i h_{3k}. \tag{10.16}$$

(3) 二阶标量扰动. 例如,对于 $\Psi_2 = \partial_t\Psi_1$,

$$\rho_{ij} \sim \partial_i\Psi_1\partial_j\Psi_2 - \partial_i\Psi_2\partial_j\Psi_1,\ P = \varepsilon_{ik}\partial_i(\Delta\Psi_1\partial_k\Psi_2 - \Delta\Psi_2\partial_k\Psi_1). \tag{10.17}$$

所有这些扰动类型,都导致 $P \neq 0$,因此它们可以创造 B 模极化.

类似于温度涨落的功率谱,还可以引入温度和极化的交叉功率谱. 因为 E 模拥有 $(-1)^l$ 宇称,而 B 模拥有 $(-1)^{l+1}$ 宇称,一些交叉功率谱严格消失. 除了 TT 谱,非零的谱还有 TE-谱、EE 谱和 BB 谱. 它们的两点函数为

$$\begin{aligned} \langle \Theta E \rangle &= \frac{1}{4\pi}\sum_{l=0}^{+\infty}(2l+1)C_l^{TE}P_l(\cos\vartheta), \\ \langle EE \rangle &= \frac{1}{4\pi}\sum_{l=0}^{+\infty}(2l+1)C_l^{EE}P_l(\cos\vartheta), \\ \langle BB \rangle &= \frac{1}{4\pi}\sum_{l=0}^{+\infty}(2l+1)C_l^{BB}P_l(\cos\vartheta), \end{aligned} \tag{10.18}$$

这里的 E 和 B 分别表示 E 模和 B 模的极化涨落.

10.3 CMB 的各向异性

方程(10.5)中的温度涨落形式可以由球谐函数展开,从 $l=0$ 到 $l=+\infty$. 然而单极项($l=0$)只提供整个天空温度的平均,并且它受到宇宙方差的影响:我们可以测量所处位置的平均值,却无法对宇宙中所有位置的值做平均. 可以发现 $T_0 = (2.7255 \pm 0.0006)\mathrm{K}$[8],这意味着

$$
\begin{aligned}
n^0_{\mathrm{CMB}} &= 411\ \mathrm{photons/cm^3},\\
\rho^0_{\mathrm{CMB}} &= 4.64\times10^{-34}\,\mathrm{g/cm^3} = 2.60\times10^{-10}\,\mathrm{GeV/cm^3},\\
\Omega^0_{\mathrm{CMB}}h_0^2 &= 2.47\times10^{-5}.
\end{aligned} \tag{10.19}
$$

二极矩项（$l=1$）代表天空中量级为 π 的角度的温度涨落. 这里主要的贡献来自相对于 CMB 参考系所做的固有运动：光子在一端受到蓝移，而在另一端受到红移. 二极矩项的振幅为 $(3.355\pm0.008)\,\mathrm{mK}$，并且它对应于太阳系的速度 $v\approx370$ km/s. 最终宇宙学参数里的信息可以由功率谱从 $l=2$ 到某个 $l=l_{\max}$ 提取出来，其中 $l_{\max}$ 是由观测的分辨率决定的.

温度的涨落常常被分类为主要的和次级的. 主要的各向异性是在红移 $z\geqslant z_{\mathrm{dec}}$ 产生的，即位于或者早于最后散射截面，并且它们显然带有复合之前的宇宙信息. 次级的各向异性随后在红移为 $z<z_{\mathrm{dec}}$ 时产生，并且它们携带了宇宙复合之后的物理信息. 我们注意到产生原初扰动的机制可能会产生标量、矢量和张量模式. 然而矢量模式因为宇宙的膨胀而衰减. 张量模式在回到宇宙学视界之后开始衰减，因此对于尺度小于最后散射截面的模式，它们的贡献被强烈地压低，大约为 1°（参见图 10.1）. 张量模式可以由原初引力波产生，但是它们在 TT 功率谱上看起来不太可能探测到，因为它们的贡献很小，而且受到小 l 附近宇宙方差的影响. 但是张量却有可能在 BB 功率谱中被探测到.

10.3.1 原初各向异性

TT 功率谱的最主要特征是在 $l\gtrsim100$ 附近存在一个声学峰，正如图 10.1 中清楚所示. 它们是由光子-重子流体的声学振荡产生的. 在复合之前，光子紧密地耦合于光子-电子等离子体内. 由于暗物质组分造成引力场的扰动，重子组分倾向于不均匀的坍缩，而光子组分则提供压强阻止其坍缩. 这个结果就是光子-重子流体的振荡. 这些扰动的振幅很小，在 $\delta\rho/\rho\sim10^{-5}$ 的量级，因此它们线性地演化，并且每个模式都独立于其他模式. 当某个波长的不均匀性进入宇宙学视界之内，这样的振荡就开始了. 因为宇宙在第一级近似下是均匀各向同性的，同样波长的不均匀性在同一时间内进入宇宙学视界内，因此它们都处于同一个相内.

第一个声学峰（图 10.1 中最高的那个峰）是由光子退耦时进入宇宙学视界的扰动产生的. 第二以及更高阶的声学峰是由更早时期进入宇宙学视界内的扰动产生的. 对于原初扰动的平谱，参见 12.2.6 节，扰动模式进入宇宙学视界内时的振幅是相同的. 然而温度涨落所观测到的更高峰通常随着更大的 l 而下降，原因是由于膨胀造成的视界内振荡的红移.

当然复合之后就不再产生声学峰了，因为光子从物质中退耦出来，因此光子-重子流体的振荡变得不再可能. 这些声学峰的位置以及高度依赖于宇宙学参数，因此对前者的测量可以让我们知道后者. 第一个声学峰尤其重要. 第一个声学峰的高度可以被用来确定 Ω_B，而它的位置可以用来推断宇宙的几何（开放、平坦、闭合），因为

$$
l_{\mathrm{peak}}\approx\frac{220}{\sqrt{\Omega^0_{\mathrm{tot}}}}. \tag{10.20}
$$

当前 CMB 数据表明宇宙几乎是平坦的，即 $\Omega^0_{\mathrm{tot}}\approx1$. 第一个峰对宇宙几何的敏感性，可以用如下简单的论述来理解. 对应于第一个峰的物理波长，已经知道它等于复合时刻宇宙学视界半径（更精确地说是声学视界）. 今天在多大的角度观测到峰仍依赖于空间几何：在一个开放的几何，与闭合的几何相比，固定波长在更小的角度内被观测到. 第一个最高的峰所对应的角度在百分之一的精度上表明宇宙的几何是平坦的.

偶数的峰对应于欠密区域，一般比对应于过密区域的奇数峰要更矮(考虑到红移效应). 相邻峰的高度比可以用以确定宇宙学的重子光子比 η. 在声学"振荡"中，重子扮演质量的角色，而光子的压强类似于弹簧. 因此更大的光子密度会导致奇数峰受到的放大比偶数峰要大.

正如图 10.1 所示，在 $l \gtrsim 1\,000$ 声学峰被指数压低，这是由于所谓的 Silk 阻尼. 后者是光子扩散的后果，它造成相应的扰动回到视界之后，小尺度各向异性受到了压低. 光子的自有平均路径由 Thomson 散射决定，

$$l_\gamma = \frac{1}{\sigma_{\mathrm{Th}} n_{\mathrm{e}}}. \tag{10.21}$$

当电子的数密度急剧下降之后，扩散阻尼效应强烈地放大了退耦的持续时间(参见方程(10.3)之后的讨论).

10.3.2　次级各向异性

次级各向异性是在光子退耦之后产生的，因此它们携带了宇宙更低红移的信息. 对应于 Sachs-Wolfe 效应、重电离(reionization)和 Sunyaev-Zeldovich 效应的 3 个次级信号显得尤其重要.

Sachs-Wolfe 效应影响到的是大角度的温度涨落，例如 $l \lesssim 100$. 内禀 Sachs-Wolfe 效应是因为光子在最后散射截面上由于引力势能引起的红移/蓝移. 累积 Sachs-Wolfe 效应则是由于光子通过随时间变化的引力场势能引起的.

第一个恒星在红移为 $z \approx 10$ 时形成，并提供了更高能量的光子以分离束缚在中性氢原子内部的光子和电子. 基于这个原因，这个阶段被称为重电离. 新的自有电子重新打开了 CMB 光子 Thomson 散射的可能性. CMB 光子和自有电子的相互作用，不可避免地影响了复合之前小尺度的各向异性，以及在大角度上产生的极化各向异性.

Sunyaev-Zeldovich 效应是由 CMB 光子和热电子的逆 Compton 散射 $e^- + \gamma \rightarrow e^- + \gamma$ 引起的 CMB 谱的变形. 这个效应的大小不依赖于源的红移，使我们可以研究星系团的性质和测量宇宙学参数(特别是哈勃参数).

10.3.3　极化各向异性

E 模主要是由不均匀的等离子体的 Thomson 散射引起的. 它的大小正比于 CMB 的四极矩不对称性. E 模必然存在于标准的 CMB 理论中.

B 模是否存在还是个未知数，这也让问题变得非常有趣. B 模也有可能由 E 模的弱引力透镜或者引力波产生.

由于只有很小一部分的 CMB 辐射是极化的，因此对极化功率谱的测量就变得非常有挑战性. TE 和 EE 功率谱在 2002 年第一次由 DASI 实验探测到，现在它们已经被测量得更加精确. 这两个谱都显示出一系列退耦之前由原初光子-重子流体振荡产生的峰，如图 10.3 和图 10.4所示. BB 功率谱直接的测量由 POLARBEAR 和 BICEP2 实现，结果如图 10.5 所示. 最近对 B 模的研究成果来自 2014 年 3 月 BICEP2 合作组宣布发现 BB 功率谱中的原初引力波.[1]他们发现张量和标量扰动振幅的比 $r \approx 0.2$. 这个结果被强烈质疑，现在看来这个信号既不是来自原初引力波，也不是来自经透镜折射的 E 模，而是由星际介质中的尘埃产生的前景所引起的.[4]

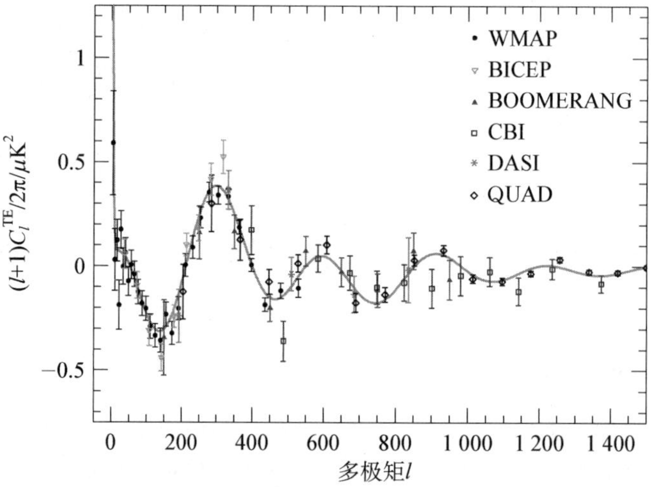

图 10.3 来自 WMAP，BICEP，BOOMERANG，CBI，DASI 和 QUAD 实验的 TE 功率谱数据(该图来自文献[8]).(本图可参见彩图 14.)

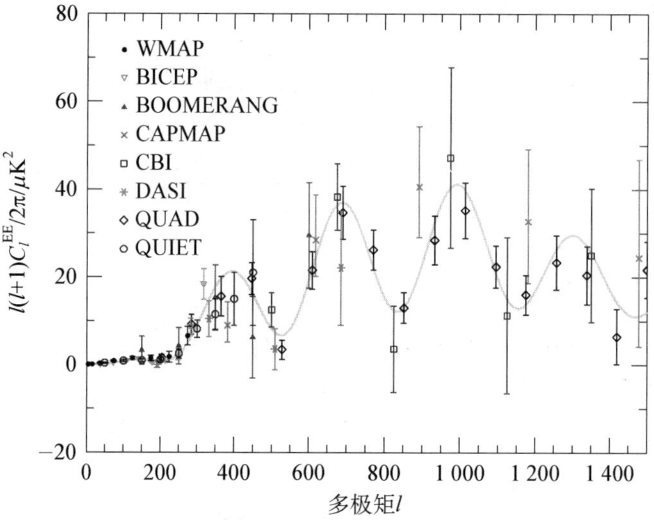

图 10.4 来自 WMAP，BICEP，BOOMERANG，CAPMAP，CBI，DASI，QUAD 和 QUIET 实验的 EE 功率谱数据(该图来自文献[8]).(本图可参见彩图 15.)

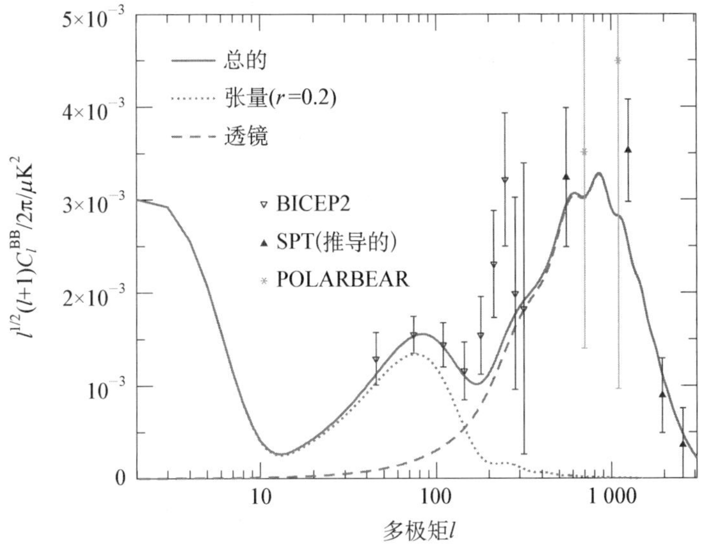

图 10.5　来自 BICEP，SPT 和 POLARBEAR 实验的 BB 功率谱数据(该图来自文献[8]). 在 SPT 的情况下，测量是由透镜关联分析得到的. 之前的测量仅仅只能够报道上限.（本图可参见彩图 16.）

10.4 原初扰动

原初扰动可以分解为标量、矢量和张量扰动. 标量模可以拥有不同的类型，而其中最重要的是绝热扰动(adiabatic perturbations)和等曲率扰动(isocurvature perturbations). 绝热密度扰动描述的是不改变共动系内单位质量的熵的扰动. 共动系内单位质量的熵可以表示为 $S \sim T^3/\rho_m \sim \rho_\gamma^{3/4}/\rho_m$，因为熵几乎完全是由光子和非相对论物质的质量来携带的. 在这种情况下，

$$\frac{\delta S}{S} = \frac{3}{4}\frac{\delta\rho_\gamma}{\rho_\gamma} - \frac{\delta\rho_m}{\rho_m} = 0. \tag{10.22}$$

如果 $\delta_\gamma = \delta\rho_\gamma/\rho_\gamma$ 是辐射组分的扰动，$\delta_m = \delta\rho_m/\rho_m$ 是物质组分的扰动，绝热扰动要求

$$\delta_m = \frac{3}{4}\delta_\gamma. \tag{10.23}$$

大多数的暴胀模型产生绝热扰动. 等曲率扰动对应于不改变局域空间曲率的涨落①，这是可能的. 例如，在一个组分 $\delta\rho_1$ 的扰动被另一个组分的扰动抵消时，即 $\delta\rho_2 = -\delta\rho_1$，总能量密度是没有扰动的. 因此，等曲率扰动可以看成总能量密度不变的化学成分的扰动，这样的扰动可以在不均匀的重子合成模型中产生. 如果原初扰动是由类似于宇宙弦之类的拓扑缺陷产生，它也可以是等曲率扰动.

原初扰动的性质可以通过 TT 功率谱上声学峰的位置来推断. 绝热扰动预言了一系列声学峰的 l 位置的比例为 1∶2∶3，而在等曲率扰动的情况下，这个比例为 1∶3∶5. CMB 数据很清楚地支持绝热的原初扰动，但是来自等曲率扰动的百分之几的贡献仍被允许，暴胀因此可能是产生原初扰动的机制. 含有宇宙弦的结构形成模型与观测不相符合. 预言了绝热扰动和等

① 空间曲率 ^3R 是由 3-度规 γ_{ij} 标量曲率，用 FRW 度规的线元表示为 $dS^2 = dt^2 - \gamma_{ij}dx^i dx^j$.

曲率扰动的混合的多场暴胀模型也可以被排除，或者至少被强限制.

在理想绝热扰动的情况下，共动曲率扰动 $\mathcal{R}$ 不随时间而改变. 这些扰动可以在傅里叶空间表示为

$$\Delta_{\mathcal{R}}^2 = \frac{1}{2\pi^2}\int \mathcal{P}_{\mathcal{R}}(k)k^2\,\mathrm{d}k. \tag{10.24}$$

功率谱 $\mathcal{P}_{\mathcal{R}}(k)$ 通常写成下面的形式：

$$\mathcal{P}_{\mathcal{R}}(k) = A_s\left(\frac{k}{k_0}\right)^{n_s-1}, \tag{10.25}$$

其中 A_s 以及 n_s 分别为标量扰动的振幅和谱指数，而 k_0 为参考波长. 所谓的 Harrison-Zeldovich 谱或者标度不变谱，有 $n_s = 1$，可参见第 12 章. 如果原初扰动是暴胀产生的，A_s 和 n_s 的测量可以用来限制暴胀势能 $V(\phi)$.

张量扰动可以用相同的方式来讨论. 相应的功率谱 $\mathcal{P}_h(k)$ 可以写成张量振幅 A_t 和张量谱指数 n_t. 由于看起来不太可能得到高质量的数据来测量 n_t，我们常常简化图像，不去考虑宇宙学参数 n_t 和 A_t，而是用在某个较小 k 值上的张量标量功率谱之比 r 来拟合数据.

10.5 确定宇宙学参数

现有对 TT 功率谱出色的测量，能够让我们确定一些基本的宇宙学参数，其精度在百分之一的量级. 一些其他功率谱也已被测量或存在改善这些数据的可能，这是近期很有希望的研究领域. 宇宙学参数影响这些功率谱，因为它们出现在 FRW 背景线性扰动的演化方程里. CMBFAST①[10] 以及 CAMB②[7] 是两个可以在大范围的宇宙学参数内对 CMB 温度和极化功率谱进行数值计算的开放的源代码.

理论预言与 CMB 数据进行对比，可以用来测量一些决定各向异性演化的宇宙学参数. 这些“基本”的参数集包含了标量扰动振幅 A_s、标量扰动谱指数、张量标量扰动比 r、无量纲的哈勃常数 h_0、宇宙的重子密度 $\Omega_B^0 h_0^2$、宇宙的冷暗物质的密度 $\Omega_{\mathrm{CDM}}^0 h_0^2$、宇宙的总密度 Ω_{tot}^0 和重电离的光深 τ. 然而宇宙学参数集可能会随着我们要探索的物理世界的改变而改变. 例如，可以设 $\Omega_{\mathrm{tot}}^0 = 1$，并且从 $\Omega_\Lambda^0 = 1 - \Omega_m^0$ 来推断宇宙学常数的贡献，其中 $\Omega_m^0 = \Omega_{\mathrm{CDM}}^0 + \Omega_B^0$. 来自辐射的贡献 Ω_γ^0 通常被忽略，因为当前辐射的能量密度非常小. 当然仍有可能考虑其他的宇宙学自有参数，例如为了导出中微子更精确的能量上限而考虑来自中微子的贡献 $\Omega_\nu^0 h_0^2$，或者暗能量的物态方程 w_{DE}.

最终，通过 CMB 的研究可以发现宇宙学标准模型工作得非常好. 发生在 $z_{\mathrm{rec}} \approx 1\,100$ 的复合以及宇宙在 $z_{\mathrm{rei}} \approx 10$ 被第一颗恒星所重电离. 宇宙几乎是平坦的，即 $\Omega_{\mathrm{tot}}^0 \approx 1$，带有一小部分的重子物质、一大部分的冷暗物质，以及占统治地位的神秘的真空能，它在宇宙学上非常显著，但是在粒子物理的标准下这个真空能其实非常小，参见 11.2 节. 原初扰动几乎是高斯型且是纯绝热的，这支持暴胀的图像，而没有探测到等曲率扰动，强烈地限制了拓扑缺陷的存在，其作为结构形成的机制也已经被排除. 当前的数据支持标准的 ΛCDM 模型[2]，并且

① http://lambda.gsfc.nasa.gov/toolbox/tb_cmbfast_ov.cfm.

② http://camb.info/.

$$\Omega_B^0 \approx 0.05, \Omega_{CDM}^0 \approx 0.27, \Omega_\Lambda^0 \approx 0.68. \tag{10.26}$$

无量纲的哈勃常数为 $h_0 \approx 0.67$,尽管 CMB 的 Planck 数据和传统的天文学数据之间仍然有一些分歧. 同时有重要的证据表明 $n_s < 1$, 这也是一部分暴胀模型所预言过的.

习　　题

10.1　推导方程(10.19)中的 n_{CMB}^0, ρ_{CMB}^0 和 Ω_{CMB}^0.

10.2　计算光子退耦时期的 n_{CMB}, ρ_{CMB} 和 Ω_{CMB}.

参 考 文 献

[1] P. A. R. Ade et al. [BICEP2 Collaboration], *Phys. Rev. Lett.* ***112***, 241101(2014a). arXiv: 1403.3985 [astro-ph. CO]

[2] P. A. R. Ade et al. [Planck Collaboration], *Astron. Astrophys.* ***571***, A16(2014b). arXiv: 1303.5076 [astro-ph. CO]

[3] S. Dodelson, *Modern Cosmology*, 1st edn. (Academic Press, San Diego, 2003)

[4] R. Flauger, J. C. Hill, D. N. Spergel, *JCAP* ***1408***, 039 (2014). arXiv: 1405.7351 [astro-ph. CO]

[5] W. Hu, S. Dodelson, *Ann. Rev. Astron. Astrophys.* ***40***, 171(2002). [astro-ph/0110414]

[6] M. Kamionkowski, A. Kosowsky, A. Stebbins, *Phys. Rev.* D ***55***, 7368 (1997). [astro-ph/9611125]

[7] A. Lewis, A. Challinor, A. Lasenby, *Astrophys. J.* ***538***, 473 (2000). [astro-ph/9911177]

[8] K. A. Olive et al., Particle data group collaboration. *Chin. Phys.* C ***38***, 090001 (2014)

[9] M. N. Saha, *Roy. Soc. London Proc. Series* A ***99***, 135 (1921)

[10] U. Seljak, M. Zaldarriaga, *Astrophys. J.* ***469***, 437 (1996). [astro-ph/9603033]

[11] S. Weinberg, *Cosmology*, 1st edn. (Oxford University Press, Oxford, 2008)

[12] M. J. White, D. Scott, J. Silk, *Ann. Rev. Astron. Astrophys.* ***32***, 319 (1994)

[13] M. Zaldarriaga, U. Seljak, *Phys. Rev.* D ***55***, 1830 (1997). [astro-ph/9609170]

第11章 暗能量

11.1 宇宙加速膨胀

在过去约 20 年间，天文学中最令人印象深刻的发现是一些逐渐积累起来的证据，这些证据表明宇宙膨胀没有减速的迹象，这与物质为主体系的引力动力学行为并不相容. 相反的是，膨胀速度增加，并且这种增长开始于一个较近的宇宙学时期，其相关的红移大约为 1. 如果利用下面并不十分精确的类比，便可以更好地理解这个发现所带给我们的震惊. 考虑一块从地球表面垂直扔上去的石头，正如每个人所知道的，这块石头以不断减小的速度运动，那么在某个阶段这块石头会停下来，然后开始以不断增加的速度下落. 如果石头的初始速度比某个固定值要大，那么它将不会落回来，但其运动速度依然会越来越小. 这幅图像非常贴切地描述了宇宙膨胀的特征. 然而最近建立起来的宇宙膨胀特征却与下面的这幅图像更为贴近，在这幅图像中，石头初始阶段作减速运动，随后作加速运动，就像开启了一个在它上面的火箭引擎一样. 无论石头的初始速度如何，它都将不会再回来. 在宇宙学中，石头较小的初始速度对应于一个几何上闭合的宇宙，而允许石头运动到无穷远的较大速度则对应着一个开放的宇宙.

人们直到最近也总是认为宇宙的最终密度与它的三维几何之间严格相关. 一个开放的宇宙会永远膨胀下去，一个带有三维区域几何的闭合宇宙将会在将来某个时刻停止膨胀，并且开始收缩为一个热奇点，就像一块具有较小初始速度的石头那样. 有了暗能量，宇宙就表现得像一块装了火箭的石头那样，无论具有怎样的几何结构都绝不会坍缩. 然而要知道暗能量状态方程的改变是可能的，并且它有可能会恢复原来的宇宙密度与几何结构之间的一一对应关系.

抛石头与宇宙膨胀之间的类比，可以进一步延伸到初始推动方面. 实际上人们建立起宇宙在极早期的加速膨胀非常有可能是由暴胀场诱导的观点，这产生了可以与当前暗能量相类比的想法，只不过是在高得多的能量尺度上与短得多的时间中进行的. 在这个初始推动后，无论是石头，还是宇宙膨胀，随后的运动都变为惯性运动.

另一方面，按照广义相对论的观点，反引力膨胀并不是不合理的. 根据第二 Friedman 方程(4.11)式，

$$\frac{\ddot{a}}{a} = -\frac{4\pi}{3M_{\mathrm{Pl}}^2}(\rho + 3P), \tag{11.1}$$

不仅仅能量密度可以导致加速膨胀，压强也可以. 若压强为负值，在 $P < -\rho/3$ 的条件下，宇宙膨胀加速度会变为正. 当然如果允许能量密度为负，诱导加速膨胀的反引力可能也会增加，但

是具有 $\rho < 0$ 的理论是病态的，一般不予以考虑.

注意到只有通过这样一种由负压诱导的反引力，生命才成为可能，原因在于若不存在反引力，宇宙将绝不会膨胀，而是保持非常小的状态，其曲率的数量级为 Planck 值的量级. 在牛顿理论中，不允许有反引力存在，故生命不可能产生. 所以我们需要反引力在宇宙开始时产生初始推动(暴胀)，但是"谁下令在现在出现反引力呢"?

为了避免误解，需要注意到在广义相对论中，只有无限大的物体才有可能产生反引力. 任何具有正能量密度的有限大物体，只能产生引力吸引. 这基本上是广义相对论中著名的 Jebsen-Birkhoff 理论结果.[21, 7] 然而在红外修正理论中(将在 11.1.3 节讨论)，有限大物体也可以产生引力排斥作用.

如果暗能量状态方程在将来不改变，那么对于任何一种三维几何，加速膨胀将永远持续下去. 这与暴胀理论对非加速宇宙后期行为的预言形成鲜明对比. 暴胀理论声称，我们这部分宇宙最终将坍缩回一个奇点，因为随着宇宙尺度不断增长，密度扰动 $\delta\rho/\rho$ 将不可避免地导致 $\Omega > 1$，因此宇宙的这一部分(可能远在我们当前视野之外)将会是几何闭合的，也可以这样说，是宇宙加速膨胀将我们从烧焦的命运中解救了出来，或许这就是它存在的理由. 至于产生加速膨胀的源头是什么，此问题依然未知. 人们主要讨论了 3 种机制. 第一种可以称为具有负压的暗能量，P 具有足够大的绝对值，即 $|P| > \rho/3$，从而有 $\ddot{a} > 0$；另一种暗能量的可能形式是真空能(相同的说法还有宇宙学常数或 Λ 项)，其状态方程为 $P = -\rho$；第 3 种是准常数标量场 ϕ，与支配暴胀的情况相似，在这种情况中，宇宙黎明时期的指数膨胀，与今天的膨胀只在能量与时间尺度上不同，但是这种差别却非常大.

真空能量密度在宇宙膨胀过程中保持为常数. 因此，若暗能量是某种真空能的话，膨胀对于任何一种三维几何都会持续下去，正如上文所提到的那样. 然而若暗能量是某种极轻标量场的能量或带有极平势的场的能量，那么在一个遥远的将来，当哈勃参数下降到可以与场的质量或场的势的斜率相比较时，膨胀将会再一次减速，并且由于宇宙学红移与极轻或无质量粒子的产生，场将会演化为零. 所以宇宙命运最终又会由它的几何结构决定，就像在一个较好的旧 FRW 宇宙学中那样.

如果在小曲率上修改引力相互作用，同样也可以产生加速膨胀效应. 人们将通常的广义相对论作用量(该作用量是关于标量曲率 R 的线性函数)替换为一个新的作用量，该作用量包含一个额外的非线性项，所以拉格朗日量变为 $L \to R + F(R)$. 原则上也可以考虑更复杂的标量，例如，用 Ricci 或 Riemann 张量的平方($R_{\mu\nu}R^{\mu\nu}$，$R_{\mu\nu\alpha\beta}R^{\mu\nu\alpha\beta}$)构建的或更为复杂的不变量. 由于拉格朗日量的非线性特征，将要引出的方程会具有更高阶，并且可能会具有快子或鬼解，其解也有可能极其不稳定或具有奇性. 添加 $F(R)$ 项的理论版本可以做到安全无误，但是必须根据解的稳定和/或不能具有奇性的条件，对 $F(R)$ 的形式施加一些强制的限制，可参见 11.1.3 节.

11.1.1 天文数据

从现象学上来说，状态方程为 $P = w\rho$($w = -1.10^{+0.08}_{-0.07}$)的负压物质可以描述暗能量.[25] 存在几种相互独立的观测数据，它们基于完全不同的宇宙学和/或天体物理学现象，并证明了膨胀速度可能在红移 $z_{\text{acc}} \approx 0.65$ 时开始增长. 证明宇宙加速膨胀的观测数据具体包括：

(1) 宇宙年龄危机发生于 20 世纪 80 年代. 在 $H_0 \geqslant 70$ km/s/Mpc 的条件下，宇宙将太过年轻，$t_{\text{U}} < 10$ Gyr，然而恒星演化与原子核年代学要求 $t_{\text{U}} \geqslant 13$ Gyr. 暗能量的必要性可以从宇宙年龄的表达式中看出，该表达式可以通过计算第一 Friedmann 方程(4.9)式的积分获得，

$$t_{\mathrm{U}}=\frac{1}{H}\int_{0}^{1}\frac{\mathrm{d}x}{\sqrt{1-\Omega_{\mathrm{tot}}^{0}+\Omega_{m}^{0}x^{-1}+\Omega_{r}^{0}x^{-2}+x^{2}\Omega_{\Lambda}^{0}}},\tag{11.2}$$

其中利用符号 $\Omega_m^0=\Omega_{\mathrm{CDM}}^0+\Omega_{\mathrm{B}}^0$ 代表非相对论物质的密度，Ω_Λ^0 代表真空能（$w=-1$）的密度或类真空能（$w\approx-1$）的密度，Ω_r 代表相对论物质的密度. 所有参数采用当前时刻的值，正如用上指标“0”标出的那样. 对于 $\Omega_{\mathrm{tot}}^0=1$，$\Omega_m^0\approx0.3$ 和 $\Omega_\Lambda^0\approx0.7$，计算出来的宇宙年龄与观测推理所得值很好地保持一致. 如果半相对论性中微子的质量不为零且比 1.6×10^{-4} eV 大，那么也会有它们的一部分贡献. 根据中微子振荡数据，至少有两种中微子质量本征态具有那么大的质量，但是中微子对 t_{U} 的影响是比较小的.

(2) 物质密度参数的最低值 $\Omega_m^0=0.3$. 这可以由几种独立的方法测量得到，如通过星系的质光比、远距离天体的引力透镜、星系团演化（不同红移 z 的星系团数目）、CMB 的角涨落能谱等.

(3) 在另一方面，暴胀预测 $\Omega_{\mathrm{tot}}^0=1$，并且它实际上被 CMB 角涨落能谱第一峰值的位置所证明. 第一峰值的位置相当精确地显示出 $\Omega_{\mathrm{tot}}^0=1\pm0.03$.

(4) 如果 $\Omega_\Lambda^0\approx0.7$，那么大尺度结构形成和 CMB 角涨落的数据与理论符合得很好. 在一个加速膨胀宇宙中，大尺度上物质密度与温度的涨落被抑制且可以清楚地观测到这种效应.

(5) 最后但并非最不重要的是，通过高红移 Ia 型超新星的变暗规律，可以直接测量出膨胀加速度. 存在具有说服力的证据表明，这些超新星是所谓的标准烛光（即光度可知的光源）. 如果这是正确的，那么这些超新星更暗表明它们比预计的在正常减速膨胀的宇宙中的距离更远. 故一个可能的结论是宇宙比预计膨胀得要快. 这种变暗可以由光吸收效应产生，即在从超新星到观测者的路程中存在未知原因的光吸收. 然而观测到的对 z 的非单调依赖性排除了这种变暗的解释. 实际上如果是加速膨胀导致了变暗，那么应当在高 z 值观测到变暗减弱，原因在于 $\rho_m\sim1/a^3$ 而 $\rho_\Lambda=$ 常数，并且宇宙学排斥力与吸引力在 $z\approx0.65$ 处达到平衡，而在更大的 z 处通常是吸引力在起作用. 因此，超新星在这些更高 z 值处的观测亮度应当回到标准减速膨胀宇宙学中的预计值. 如果以某种吸收媒介来解释这种变暗效应，那么可以很明显地发现这种变暗效应会随着 z 值的增加而增加，但是并没有观测到这种现象.

由于这种关键效应的发现，Saul Perlmutter，Brian Schmidt 和 Adam Riess 三人获得了 2011 年诺贝尔物理学奖. 正如颁奖词中所说的那样，“表彰他们通过观测远距离超新星而发现了宇宙加速膨胀现象”.

11.1.2 标量场导致加速膨胀

满足一定要求的标量场可以描述暗能量的最简单形式，该标量场具有正则动力学项，一个非常小的质量，或者更精确地说具有一个变化非常缓慢的势. 这样一种场满足式(6.12)，此式在物质分布均匀的限制下（即 $\phi=\phi(t)$ 独立于空间坐标），可以简化为

$$\ddot{\phi}+3H\dot{\phi}+U'(\phi)=0.\tag{11.3}$$

这与带有势 $U(\phi)$ 和流体摩擦项 $H\dot{\phi}$ 的牛顿力学中的类点体运动方程等价. 如果哈勃参数较大，就像在下文指出的那样，可以忽略牛顿“加速度” $\ddot{\phi}$，并且式(11.3)简化为一阶方程

$$\dot{\phi}=-\frac{U'(\phi)}{3H}.\tag{11.4}$$

这就是所谓的慢滚近似，也可以参见 § 6.3 节中这种近似对于暴胀的描述. 如果宇宙能量密度被一个缓慢变化的 ϕ 支配，那么 $\rho(\phi) \approx U(\phi)/2$，如式(6.13) 所示，并且根据式(4.9) 有 $H^2 = 4\pi U/3M_{\mathrm{Pl}}^2$. 注意到对于一个缓慢变化的 ϕ，类真空条件 $P = -\rho$ 是近似满足的. 正如所知，这种状态方程会导致准指数的加速膨胀.

如果 $\ddot{\phi} \ll 3H\dot{\phi}$ 且 $\dot{\phi}^2 \ll 2U(\phi)$，慢滚近似便是有效的. 若 $U''/U \ll 8\pi/3M_{\mathrm{Pl}}^2$，这些条件都可以实现，反过来要求 ϕ 具有非常大的量级. 例如，对于谐振势 $U = m^2\phi^2/2$，ϕ 的振幅应当比普朗克质量要大：$\phi^2 > (4\pi/3)M_{\mathrm{Pl}}^2$. 如果要求 ϕ 的能量密度具有当前宇宙能量密度的数量级，那么 ϕ 的质量应当极小，$m_\phi < 1/t_{\mathrm{U}} \approx 10^{-42}\,\mathrm{eV}$.

人们通常假定场 ϕ 缓慢下降. 一个等于常数值 ϕ_0 的 ϕ 场若满足 $U(\phi_0) \neq 0$，则等价于宇宙学常数，被视为宇宙加速膨胀驱动力可行的候选者，但是这种具有标量场的准动力现象学观点产生了某些不止是平凡真空能扣除常数的这类问题. 势 $U(\phi)$ 通过构造可以选为这样一种形式：它在平衡点为 0，即在平衡点 $U' = 0$. 这个条件消除了平凡真空能. 有些许迹象暗示 $U(\phi)$ 在 $\phi \to \pm\infty$ 时趋于零. 对于此种势，在此极限下 U' 自动地变为 0. 简单的例子为 $U \sim 1/\phi_q$ 或 $U \sim \exp(-\phi/\mu)$，其中 μ 是一个具有质量量纲的常数参数.[23, 28] 这些势是专门为描述加速膨胀的现象而引入的. 它们存在的基本缘由，解释起来却相当含糊.

在这种势中 $\phi(t)$ 的运动与那些在 $\phi = \phi_0$ 处取极小值的势中的运动相当不同，例如，$U(\phi) = m_\phi^2(\phi - \phi_0)^2/2$ 或 $U(\phi) = \lambda(\phi - \phi_0)^4/4$. 在量子场论中，这些势是十分自然的，因为它们可以导出可重整化的理论. 当 ϕ 与 ϕ_0 足够接近时，哈勃参数的平方会变得小于或者接近于 m_ϕ^2 和 $\lambda(\phi-\phi_0)^2$，准指数加速膨胀转变为原来的减速膨胀. 在这个阶段开始时，ϕ 开始围绕着它的最小值振荡，产生无质量基本粒子，并且使膨胀进入一个减速阶段. 另一种情形的势，如指数势，宇宙学尺度因子将按照下述规律演化：

$$a \sim t^{16\pi\mu/M_{\mathrm{Pl}}}, \tag{11.5}$$

并且对于 $\mu > M_{\mathrm{Pl}}/16\pi$，膨胀将总是加速的.

11.1.3　修改引力论

对加速膨胀现象的完整描述，可能需要在大尺度上修改引力理论. 正如已经提到的，这可以通过向通常的爱因斯坦-希尔伯特作用量中增加 1 个关于曲率的非线性函数项完成，

$$S = \frac{M_{\mathrm{Pl}}^2}{16\pi}\int \mathrm{d}^4x\,\sqrt{-g}\,[R + F(R)] + S_m, \tag{11.6}$$

其中 S_m 是物质作用量. 函数 $F(R)$ 可以用这样的方式选择：要求其运动方程(取代了爱因斯坦方程)的引力运动方程具有一个即使在没有物质的情况下也会导致加速的类 de Sitter 解，该解带有常曲率 R. $F(R)$的选择绝不是唯一的，并且有文献探讨了多种可能的选择方式.

此种理论的运动方程具有以下形式：

$$(1+F')R_{\mu\nu} - \frac{1}{2}(R+F)g_{\mu\nu} + (g_{\mu\nu}\nabla_\alpha\nabla^\alpha - \nabla_\mu\nabla_\nu)F' = \frac{8\pi}{M_{\mathrm{Pl}}^2}T_{\mu\nu}, \tag{11.7}$$

其中 $F' = \mathrm{d}F/\mathrm{d}R$，并且$\nabla_\mu$是协变导数算符. 只考察方程(11.7)通常是足够的，

$$3\nabla^2 F'_R - R + RF'_R - 2F = \frac{8\pi}{M_{\mathrm{Pl}}^2}T_\mu^\mu, \tag{11.8}$$

其中 $\nabla^2 \equiv \nabla_\mu \nabla^\mu$ 是协变达朗贝尔算符. 当作用量是关于 R 的线性函数时,经典爱因斯坦理论中只会出现关于度规的二阶方程. $F(R)$ 为非线性函数的性质,则会导致更高阶运动方程的出现. 这种方程对想要获得的理论可能会引起一些不希望得到的结果,如鬼、快子、解的奇性行为的出现、不稳定性等,所以应当特别注意避免这些问题.

在第一批以修改引力的方式描述加速膨胀的文献中, $F(R)$ 采用的形式为 $F(R) = -\mu^4/R$. 然而 Dolgov 等人的工作[15] 表明,一个相类似的 $F(R)$ 在没有物质的情况下,会导致指数不稳定性的产生,所以通常的引力相互作用会被强烈地扭曲. 为了避免这个"疾病",人们提出更进一步的修正.[31, 20, 5] 有几种具有相似特征的 $F(R)$ 建议. 例如,Starobinsky 的建议[31]是

$$F(R) = \lambda R_0 \left[\left(1 + \frac{R^2}{R_0^2} \right)^{-n} - 1 \right] - \frac{R^2}{6m^2}, \tag{11.9}$$

增加最后一项是为了避免宇宙在过去有一个奇点. Frolov, Arbuzova 和 Dolgov 发现在能量/质量密度不断增加的系统中,它也可以避免宇宙将来出现一个奇点.[17, 1]

修改引力论的观点具有一些奇怪的特征. Arbuzova 和 Dolgov, Arbuzova 等人发现,在质量/能量密度不断增加的系统中,可能会诱导出高频和振幅较大的曲率振荡.[1, 2, 3] 这些振荡可以导致基本粒子产生,并可以在高能宇宙射线的功率谱中观察到. 在这种振荡解的背景下,有限大天体之间的引力排斥是有可能的.[6] 这种排斥可能能够解释观察到的宇宙巨洞(void)的形成机制.

11.2 真空能的问题

真空能问题是一个相当独特的理论预期与观测数据不相符的例子,两者之间相差 50～100 个数量级. 这个故事基本上是在一个世纪前就开始的,当时爱因斯坦在他的方程中引入额外的一项,该项与度规张量成正比[16],

$$R_{\mu\nu} - \frac{1}{2} g_{\mu\nu} R - \Lambda g_{\mu\nu} = \frac{8\pi}{M_{Pl}^2} T_{\mu\nu}. \tag{11.10}$$

系数 Λ 必须为常数,以满足广义协变原理与能动张量守恒的限制,即 $\nabla^\mu G_{\mu\nu} = 0$, $\nabla^\mu g_{\mu\nu} = 0$ 和 $\nabla^\mu T_{\mu\nu} = 0$(参见第 2 章). Λ 通常被称为宇宙学常数. 很明显可以看出 Λ 项等于真空的能动张量,

$$T_{\mu\nu}^{(\text{vac})} = \rho^{(\text{vac})} g_{\mu\nu}. \tag{11.11}$$

理论上有好几种可能的 $\rho^{(\text{vac})}$ 的来源,这里介绍其中的一种,它不仅是理论结果,还是实验事实. 这种贡献不是最大的,但也很可观,它比宇宙能量密度高出 45 个数量级. 有许多关于这个问题的综述与解决建议,可参见文献[34, 12, 13, 6, 29, 35, 18, 33, 27, 32, 26, 22, 8, 24]. 这些解决方案到目前为止并不特别成功,所以我们不准备进入细节,而只是描述一下这个有趣的对 $\rho^{(\text{vac})}$ 产生贡献的机制. QCD 无疑显现出在真空中会发生某些非同寻常的事情. u 夸克与 d 夸克产生质子($\mathrm{p} = uud$)与中子($\mathrm{n} = udd$). 但是夸克的质量很小,大约为 5 MeV. 所以,核子质量应当为 15 MeV 减去它的结合能,而不是 940 MeV 的近似值. QCD 理论提出这个问题的解决方案是真空实际上"不空",其中充满了夸克与胶子的凝聚[19, 30], $\langle \bar{q} q \rangle \neq 0$ 与 $\langle G_{\mu\nu} G^{\mu\nu} \rangle \neq 0$, 它们一起贡献出负的真空能,

$$\rho_{\text{vac}}^{(\text{QCD})} \approx -0.01\ \text{GeV}^4 \approx -10^{45}\rho_0, \tag{11.12}$$

其中 ρ_0 是当前宇宙的能量密度. 真空凝聚态会在夸克周围被摧毁,结果导致质子质量变为

$$m_{\text{p}} = 2m_u + m_d - \rho_{\text{vac}}^{(\text{QCD})} l_{\text{p}}^3 \sim 1\ \text{GeV}, \tag{11.13}$$

其中 l_{p} 是质子尺寸,其值为几个 GeV^{-1} .

式(11.12)的夸克与胶子凝聚体真空能量值实际上可以通过实验确定. 为了将总真空能量密度调整到观测到的数量级($\sim 10^{-47}\text{GeV}^4$),必须存在另一种对真空能相反的贡献,并且与之抵消的精确度要高达10^{45}. 这种新的场不能与夸克和胶子之间具有任何显著的相互作用,否则它便会被实验直接探测到. 虽然它和 QCD 没有任何关系,但是它又必须具有与上面提到的凝聚一样的真空能密度. 这是自然界最大的谜团之一.

可以确定真空能问题与暗能量问题必然紧密相关,如果不解决真空能问题,对暗能量本质的理解几乎毫无希望. 另外还存在另一个谜团,即在宇宙膨胀的进程中支配物质与真空演化的规律是不同的($\rho_m \sim 1/t^2$ 与 $\rho_{\text{vac}} =$ 常数),但为什么今天物质与真空的能量密度会如此接近? 所有这些问题可以通过动力学调整机制得到解决,但人们至今还没有发现一个令人满意的模型,可以参考文献[11]、综述[34, 12, 13, 6, 29, 35, 18, 33, 27, 32, 26, 22, 8, 24]或者讲座[14].

参考文献

[1] E. V. Arbuzova, A. D. Dolgov, *Phys. Lett.* B ***700***, 289 (2011). arXiv: 1012.1963 [astro-ph.CO]

[2] E. V. Arbuzova, A. D. Dolgov, L. Reverberi, *Eur. Phys. J.* C ***72***, 2247 (2012). arXiv: 1211.5011 [gr-qc]

[3] E. V. Arbuzova, A. D. Dolgov, L. Reverberi, *Phys. Rev.* D ***88***(2), 024035 (2013). arXiv: 1305.5668 [gr-qc]

[4] E. V. Arbuzova, A. D. Dolgov, L. Reverberi, *Astropart. Phys.* ***54***, 44(2014). arXiv: 1306.5694 [gr-qc]

[5] S. A. Appleby, R. A. Battye, *Phys. Lett.* B ***654***, 7(2007). arXiv: 0705.3199 [astro-ph]

[6] P. Binetruy, *Int. J. Theor. Phys.* ***39***, 1859(2000)[hep-ph/0005037]

[7] G. D. Birkhoff, *Relativity and Modern Physics* (Harvard University Press, Cambridge, 1923)

[8] C. P. Burgess, *Ann. Phys.* ***313***, 283(2004)[hep-th/0402200]

[9] S. Capozziello, S. Carloni, A. Troisi, *Recent Res. Dev. Astron. Astrophys.* ***1***, 625(2003)[astro-ph/0303041]

[10] S. M. Carroll, V. Duvvuri, M. Trodden, M. S. Turner, *Phys. Rev.* D ***70***, 043528 (2004) [astro-ph/0306438]

[11] A. D. Dolgov, in *The Very Early Universe*, ed. by G. Gibbons, S. W. Hawking, S. T. Tiklos (Cambridge University Press, Cambridge, 1982)

[12] A. D. Dolgov, in *Proceedings of the XXIVth Rencontre de Moriond*, eds. J. Adouse, J. Tran Thanh Van (Les Arcs, France, 1989)

[13] A. D. Dolgov, in *Fourth Paris Cosmology Colloquium*, ed. by H. J. De Vega, N. Sanchez (World Scientific, Singapore, 1998)

[14] A. D. Dolgov, *Phys. Atom. Nucl.* ***71***, 651(2008)[hep-ph/0606230]

[15] A. D. Dolgov, M. Kawasaki, *Phys. Lett.* B ***573***, 1(2003) [astro-ph/0307285]

[16] A. Einstein, Sitzgsber. *Preuss. Acad. Wiss.* ***1***, 142(1918)

[17] A. V. Frolov, *Phys. Rev. Lett.* ***101***, 061103 (2008). arXiv: 0803.2500 [astro-ph]
[18] Y. Fujii, *Grav. Cosmol.* ***6***, 107(2000)[gr-qc/0001051]
[19] M. Gell-Mann, R. J. Oakes, B. Renner, *Phys. Rev.* ***175***, 2195 (1968)
[20] W. Hu, I. Sawicki, *Phys. Rev.* D ***76***, 064004 (2007). arXiv: 0705.1158 [astro-ph]
[21] J. T. Jebsen, *Norsk Matematisk Tidsskrift* (*Oslo*) ***3***, 21(1921)
[22] J. E. Kim, *Mod. Phys. Lett.* A ***19***, 1039(2004) [hep-ph/0402043]
[23] F. Lucchin, S. Matarrese, *Phys. Rev.* D ***32***, 1316 (1985)
[24] J. Martin, *C. R. Phys.* ***13***, 566 (2012). arXiv: 1205.3365 [astro-ph. CO]
[25] K. A. Olive et al., [Particle Data Group Collaboration], *Chin. Phys.* C ***38***, 090001 (2014)
[26] P. J. E. Peebles, B. Ratra, *Rev. Mod. Phys.* ***75***, 559 (2003) [astro-ph/0207347]
[27] V. Sahni, *Class. Quant. Grav.* ***19***, 3435 (2002) [astro-ph/0202076]
[28] V. Sahni, H. Feldman, A. Stebbins, *Astrophys.* J. ***385***, 1 (1992)
[29] V. Sahni, A. A. Starobinsky, *Int. J. Mod. Phys.* D ***9***, 373 (2000) [astro-ph/9904398]
[30] M. A. Shifman, A. I. Vainshtein, V. I. Zakharov, *Nucl. Phys.* B ***147***, 385 (1979)
[31] A. A. Starobinsky, *JETP Lett.* ***86***, 157 (2007). arXiv: 0706.2041 [astro-ph]
[32] N. Straumann, astro-ph/0203330 (2002)
[33] A. Vilenkin, hep-th/0106083 (2001)
[34] S. Weinberg, *Rev. Mod. Phys.* ***61***, 1 (1989)
[35] S. Weinberg, astro-ph/0005265 (2000)

第12章

密度扰动

Jeans 首先在非相对论牛顿引力理论中研究了自引力系统的不稳定性行为[14]，这一研究随后被 Lifshitz 推广到广义相对论中.[15]目前，此理论在宇宙学中被广泛地用于宇宙扰动增长的研究.该研究的理论计算与天文观测数据之间的对比，是检验标准宇宙学模型的强有力的工具.[25, 19, 23, 12]

12.1 牛顿引力理论下的密度扰动

原始的 Jeans 计算方法是从泊松方程出发，此方程将牛顿势 Φ 与物质密度 ρ 联系起来，

$$\Delta\Phi = \frac{4\pi}{M_{\mathrm{Pl}}^2}\rho. \tag{12.1}$$

在自引力场中物质密度 ρ、压力 P、速度 $\boldsymbol{v}$ 的演化由两个流体动力学方程所支配，即 Euler 方程与连续性方程，分别由下面两式给出：

$$\partial_t(\rho\boldsymbol{v}) + \rho(\boldsymbol{v}\nabla)\boldsymbol{v} + \nabla P + \rho\nabla\Phi = 0, \tag{12.2}$$

$$\partial_t\rho + \nabla(\rho\boldsymbol{v}) = 0. \tag{12.3}$$

到目前为止，我们有 3 个方程和 4 个未知数(ρ, P, $\boldsymbol{v}$ 与 Φ).为了获得另外一个必须的方程，我们需要一个物理输入(即关于物质特性的信息)，在下文将通过状态方程(12.5)进行详细说明.

假定在已知背景量中存在无限小涨落的条件下，这组方程通常可以用扰动法求解：

$$\rho = \rho_b + \delta\rho,\ \boldsymbol{v} = \boldsymbol{v}_b + \delta\boldsymbol{v},\ P = P_b + \delta P,\ \Phi = \Phi_b + \delta\Phi. \tag{12.4}$$

结果得到 3 个关于扰动 $\delta\rho$, δP, $\delta\boldsymbol{v}$, $\delta\Phi$ 的线性微分方程.为了求解该方程组，人们通常增添一个“声学”状态方程，

$$\delta P = c_s^2\delta\rho, \tag{12.5}$$

其中 c_s 是声速.

在 Jeans 理论中，假定背景物质密度均匀且不依赖时间，还假定背景压力与背景速度为零，即 $P_b = 0$, $\boldsymbol{v}_b = 0$.但是立即可以看出这些假定并不是自洽的.根据式(12.2)可以得出，背景势必须为空间常数 $\nabla\Phi_b = 0$，但是这一点与第零阶(即背景量)泊松方程相矛盾.

Zeldovich 和 Novikov[25]讨论了这个问题，他们认为在一个时间依赖但空间上为常数的背景 $\rho_b(t)$中，该理论可以用自洽的方式表达出来.实际上这种情况在宇宙学中得以实现.

另一方面，为了在平直时空中克服这个缺点，Mukhanov[19]建议增加一种假想的额外反引力物质（如类真空能），它可以抵消背景的引力吸引作用. 由于这种方式，式(12.1)可以在零阶得到满足. Eingorn 等人提出了另一种可替代的解决方式[11]，即认为背景密度为零，所以式(12.1)成为一阶量之间的关系.

我们注意到相对论宇宙学中不会出现这种问题，其中零阶背景方程得到满足，可参见 Zeldovich 和 Novikov、Gorbunov 和 Rubakov 的工作.[25, 12]与平直时空中的扰动情况相反，宇宙学中的背景量是运动方程在零阶近似下的解. 如果忽略此问题，并且假定背景能量/质量密度是均匀的，与时间独立的，而且背景引力势为 0 或者是一个常数，便可以得到经典 Jeans 结果. ρ_b=常数和 Φ_b=常数这两个条件很明显与式(12.1)①相矛盾. 尽管如此，仍可以进一步地由傅立叶变换～$\exp(-\mathrm{i}\mu t+\mathrm{i}\boldsymbol{kr})$，并且将式(12.1)至式(12.3)按照 δ 量的傅立叶波幅展开至一阶，如 $\delta\rho_k$ 等.（为了简化记号，在下文中将不再把下标 k 写出）.

$$-k^2\delta\Phi=\frac{4\pi}{M_{\mathrm{Pl}}^2}\delta\rho, \tag{12.6}$$

$$-\mathrm{i}\mu\rho_b\delta\boldsymbol{v}+\mathrm{i}\boldsymbol{k}c_s^2\delta\rho+\mathrm{i}\boldsymbol{k}\delta\Phi=0, \tag{12.7}$$

$$-\mathrm{i}\mu\delta\rho+\rho_b(\boldsymbol{k}\delta\boldsymbol{v})=0. \tag{12.8}$$

这个方程组可以化简为一个关于 $\delta\rho$ 的方程，

$$\delta\rho\left(-\mu^2+k^2c_s^2-\frac{4\pi}{M_{\mathrm{Pl}}^2}\rho_b\right)=0, \tag{12.9}$$

它有非平凡解的条件是

$$\mu=\pm\sqrt{k^2c_s^2-\frac{4\pi}{M_{\mathrm{Pl}}^2}\rho_b}. \tag{12.10}$$

如果 $k^2c_s^2>4\pi\rho_b/M_{\mathrm{Pl}}^2$，压力与引力相比将会处于支配地位，密度扰动振荡以声波的形式传播. 在相反的情况下，引力更强，密度扰动呈指数增长，

$$\delta\rho/\rho_b\sim\exp\left[t\sqrt{\frac{4\pi}{M_{\mathrm{Pl}}^2}\rho_b-k^2c_s^2}\right]. \tag{12.11}$$

Jeans 波矢

$$k_J=\frac{\sqrt{4\pi\rho_b}}{M_{\mathrm{Pl}}c_s} \tag{12.12}$$

为区分声学振荡的扰动与增长型扰动的波数临界值.

相应的波长 $\lambda_J=2\pi/k_J$ 称为 Jeans 波长. Jeans 半径 λ_J 范围内的质量为

$$M_J=\frac{4\pi\rho_b\lambda_J^3}{3}=\frac{4\pi^{5/2}c_s^3M_{\mathrm{Pl}}^3}{3\rho_b^{1/2}}, \tag{12.13}$$

这就是所谓的 Jeans 质量. 具有 $M>M_J$ 的天体继续坍缩，直到状态方程变得更加刚性为止. 如果这种情况不会发生的话，它将会转变为一个黑洞.

---

① ρ_b=常数的假定在技术上十分关键，因为它可以将支配扰动演化的微分方程简化为傅立叶展开后的代数方程. 对于时间依赖的 $\rho(t)$，正如宇宙学中的那样，人们既可以找关于 $\delta\rho_k(t)$的微分方程的解析解，也可以数值上求解.

我们可以提出一种更精确的处理这一问题的方法，其中背景的零阶方程是得到满足的.[7]我们考虑一块球对称粒子云的例子，其初始压力与初始速度为零，并且在牛顿引力论中探讨经典非相对论 Jeans 问题. 我们不将讨论限制在一个时间独立的背景中，反而考虑时间依赖的情况. 将初始条件设定为物质呈均匀分布，即在半径为 r_m 的球体内部，$\rho_b(t=0)\equiv\rho_0=$ 常数，而球体外 $\rho=0$. 粒子速度与压力的初始值认定为零，并且 $t=0$ 时的初始势 Φ 应当为泊松方程(12.1)的解，

$$\Phi_b(t=0,\ r>r_m)=-\frac{M}{rM_{\mathrm{Pl}}^2},$$
$$\Phi_0\equiv\Phi_b(t=0,\ r<r_m)=\frac{2\pi}{3M_{\mathrm{Pl}}^2}\rho_0 r^2+C_0, \tag{12.14}$$

其中引力范围内的总质量为

$$M=\frac{4\pi}{3}\rho_0 r_m^3, \tag{12.15}$$

并且 $C_0=-2\pi\rho_0 r_m^2/M_{\mathrm{Pl}}^2$，目的在于使势函数在 $r=r_m$ 处连续(C_0 值并不重要).

在下面的论述中，我们对 $r<r_m$ 的内解更感兴趣. 对于较小的时间 t，可以得出背景量 ρ，$\boldsymbol{v}$，P 随时间的演化规律. 由式(12.2)可得

$$\boldsymbol{v}_b(r,\ t)=-\nabla\Phi_0 t=-\frac{4\pi}{3M_{\mathrm{Pl}}^2}\rho_0 t\boldsymbol{r}. \tag{12.16}$$

根据连续性方程，可以得到

$$\rho_b(t,\ r)=\rho_0+\rho_1=\rho_0\left(1+\frac{2\pi}{3M_{\mathrm{Pl}}^2}\rho_0 t^2\right). \tag{12.17}$$

ρ 以空间上保持为常数的方式随时间增长的现象非常有趣. 由于 ρ 的均匀性，压力始终为零，$P_1=0$. 利用式(12.1)可以得出背景势随时间的变化，

$$\Phi_b(r,\ t)=\Phi_0+\Phi_1=\frac{2\pi}{3M_{\mathrm{Pl}}^2}r^2\rho_0\left(1+\frac{2\pi}{3M_{\mathrm{Pl}}^2}\rho_0 t^2\right). \tag{12.18}$$

现在可以开始研究依赖时间背景中的扰动演化规律. 先写出 $\rho=\rho_b(r,\ t)+\delta\rho$，$\Phi=\Phi_b(r,\ t)+\delta\Phi$，$\boldsymbol{v}=\boldsymbol{v}_1(r,\ t)+\delta\boldsymbol{v}$ 与 $\delta P=c_s^2\delta\rho$，其中 c_s 为声速. 这里所有 δ 量都为无穷小，并且只保留一阶. 在第一步中，可以忽略无穷小 δ 量与次级小量的乘积，如 $\rho_1=2\pi\rho_0^2 t^2/(3M_{\mathrm{Pl}}^2)$ 与 $\delta\rho$ 的乘积项，假定其经过的时间足够小，可以得到下面的结果：

$$\Delta(\delta\Phi)=\frac{4\pi}{M_{\mathrm{Pl}}^2}\delta\rho, \tag{12.19}$$

$$\partial_t\delta\boldsymbol{v}+\nabla\delta\Phi+\frac{\delta\rho}{\rho_0}\nabla\Phi_b+\frac{\nabla\delta P}{\rho_0}=0, \tag{12.20}$$

$$\partial_t\delta\rho+\rho_0\nabla(\delta\boldsymbol{v})=0. \tag{12.21}$$

在这种近似下，依赖时间的系数消失了. 随后我们再向背景中引入依赖时间的修正.

通常利用傅立叶变换量来研究扰动演化的问题，这种方法可以将包含时间与空间导数的偏微分方程组化为仅以时间作为自变量的常微分方程组. 除此以外，如果后者方程中的系数为

常数，那么进行对时间的傅立叶变换后，就可以得到一个代数方程组，如上文提到的标准 Jeans 分析时那样.

式 (12.20) 包含$(\delta\rho/\rho_0)\ \nabla\Phi_b$ 项，该项通过背景势$\nabla\Phi_b=(4\pi/3)r\rho_0/M_{\rm Pl}^2$ 直接依赖于坐标 $\boldsymbol{r}$. 所以严格说来，对于傅立叶振幅来说，由空间傅立叶变换不会得出关于时间的常微分方程组，例如，$\delta\rho_k(t)$ 的系数代数依赖于波数 $\boldsymbol{k}$. 包含 r_j 项的傅立叶变换为

$$\int \mathrm{d}^3 r r_j \mathrm{e}^{i\boldsymbol{kr}}\delta X(\boldsymbol{r}) = -\mathrm{i}\frac{\partial\delta X(\boldsymbol{k})}{\partial k_j}, \tag{12.22}$$

其中 δX 是任意无穷小扰动. 最终获得一个包含对 k 导数的微分方程，这不会比坐标空间中原来的方程要简单些. 然而在两种极限(非常小的 r 与非常大的 kr)下，傅立叶变换是有意义的，并且实际上可以将方程化简为坐标独立的情况.

为了看出这些项是否重要，需要将式(12.20)最后一项的傅立叶变换

$$\int \frac{\mathrm{d}^3 k}{(2\pi)^3}\frac{\nabla\delta P}{\rho_0}\mathrm{e}^{-i\lambda t+i\boldsymbol{kr}} \sim kc_s^2\frac{\delta\rho(\lambda,\ \boldsymbol{k})}{\rho_0}, \tag{12.23}$$

与第三项相比较. 换句话说，我们必须比较 kc_s^2 与$\nabla\Phi_b=(4\pi/3)r\rho_0/M_{\rm Pl}^2$，如式(12.18)所示. 对于一个物质均匀分布、半径为 r_m 的球体，$\nabla\Phi_b$ 项等于

$$\frac{4\pi r\rho_0}{3M_{\rm Pl}^2} = \frac{r_g r}{2r_m^3}, \tag{12.24}$$

其中 $r_g=2M/M_{\rm Pl}^2$ 是引力半径，$M=(4\pi/3)\rho_0 r_m^3$ 为所考虑的球体云团的总质量. 对于 $r<2c_s^2 r_m^3 k/r_g$，$\nabla\Phi_b$ 项不占主导.

应该记住波数 k 不能是任意小的. 对于尺寸为 r_m 的物体，这种处理对波长比 r_m 小的情况有效，这意味着 $k>2\pi/r_m$. 如果像通常 $r_g\ll r_m$ 那样，依然会有相当大的参数空间.

我们也应当检验 Jeans 波长是否满足 $\lambda_j<r_m$ 的条件. 如果

$$\frac{3c_s^2}{8\pi^2}\frac{r_g}{r_m}<1, \tag{12.25}$$

那么该条件便会得到满足.

在此参数范围内，与$\nabla\delta P/\rho_0$项相比较，可以忽略依赖 r 的项$(\delta\rho/\rho_0)\ \nabla\Phi_b$. 在此近似下，方程组(12.19) 至(12.21) 与经典方程组(12.1) 至(12.3) 相一致，因此可以得到一般的 Jeans 结果，这也证明原来的方法是有效的. §12.3考察了对 $\boldsymbol{r}$ 的依赖不可忽略的情况(这出现在 $\boldsymbol{r}$ 较大的情况中)，以及修改引力论中扰动的演化.

现在来估计背景势、速度、能量密度随时间演化的效应. 小扰动的特征增长时间具有 $(4\pi\rho_0/M_{\rm Pl}^2)^{-1/2}$ 的量级. 它与 ρ_1 的经典特征增长时间(见式(12.17)) 相同，因此背景量随时间的变化将显著地改变扰动的演化规律. 利用绝热近似，可以估计扰动增长过程中背景能量密度增加产生的影响，即用下述积分代替式(12.11) 的指数：

$$\frac{\delta\rho_{J1}}{\rho_0} \sim \exp\left\{\int_0^t \mathrm{d}t\left[\frac{4\pi}{M_{\rm Pl}^2}\rho_b(t,\ r) - k^2 c_s^2\right]^{1/2}\right\}, \tag{12.26}$$

其中 $\rho_b(t,\ r)$由式(12.17)给出. 对于小 k 值，估计上述积分，可以发现在时刻 $t=t_{\rm grav}$后增强因子 $\delta\rho_{J1}/\delta\rho_J$ 等于 1.027，其中 $t_{\rm grav}=M_{\rm Pl}/\sqrt{4\pi\rho_0}$. 对于 $t=2t_{\rm grav}$，该值为 1.23；对于 $t=3t_{\rm grav}$，该

值为 1.89；对于 $t=5t_{\mathrm{grav}}$，该值为 11.9. 这里 $\delta\rho_J$ 是时间独立背景式(12.11)中的经典 Jeans 扰动. 注意为了导出式(12.11)与式(12.26)，假定 $t\leqslant t_{\mathrm{grav}}$，所以不应当将这些因子视为精确的数值. 然而我们还是可以将它理解为扰动的实际增长比通常的 Jeans 模型要快的迹象. 为了估计得更精确，可以在时间依赖的背景中数值求解那些傅立叶变换后的常微分方程.

12.2 广义相对论下的密度扰动

本节内容将考察广义相对论下标量扰动的演化. 我们在 FRW 背景中研究球对称且渐近平直时空的扰动增长问题. 首先，写出必须的关于度规、曲率张量与物质能动张量的表达式，其中假定能动张量具有理想流体的形式. 然后，讨论坐标依赖背景中扰动的规范选择问题，进而研究球对称且渐近平直的时空中的扰动增长，它可能既依赖于时间，又依赖于空间坐标. 此为考虑广义相对论后经典 Jeans 问题的推广. 在这里我们遵循作者之一的论文.[7] 最后，描述 FRW 背景中的密度演化过程. 更多关于宇宙扰动演化的细节问题，可以参见文献[12, 25].

12.2.1 度规和曲率

正如 §12.1 考虑一个球对称物质云团，在边界半径 $r=r_m$ 内具有初始恒定的能量密度. 选择各项同性坐标系，其中线元可以表示为

$$ds^2=A\mathrm{d}t^2-B\delta_{ij}\,\mathrm{d}x^i\,\mathrm{d}x^j, \tag{12.27}$$

函数 A 与 B 可以依赖于 r 与 t. 相应的克氏符为

$$\begin{gathered}\Gamma^t_{tt}=\frac{\dot{A}}{2A},\ \Gamma^t_{jt}=\frac{\partial_jA}{2A},\ \Gamma^j_{tt}=\frac{\delta^{jt}\partial_kA}{2B},\ \Gamma^t_{jk}=\frac{\delta_{jk}\dot{B}}{2A},\\ \Gamma^k_{jt}=\frac{\delta^k_j\dot{B}}{2B},\ \Gamma^k_{lj}=\frac{1}{2B}(\delta^k_l\partial_jB+\delta^k_j\partial_lB-\delta_{lj}\delta^{kn}\partial_nB).\end{gathered} \tag{12.28}$$

对于里奇张量的值，将 Γ 中各项的平方包括进来，于是得到

$$R_{tt}=\frac{\Delta A}{2B}-\frac{3\ddot{B}}{2B}+\frac{3\dot{B}^2}{4B^2}+\frac{3\dot{A}\dot{B}}{4AB}+\frac{\partial^jA\partial_jB}{4B^2}-\frac{\partial^jA\partial_jA}{4AB}, \tag{12.29}$$

$$R_{tj}=-\frac{\partial_j\dot{B}}{B}+\frac{\dot{B}\partial_jB}{B^2}+\frac{\dot{B}\partial_jA}{2AB}, \tag{12.30}$$

$$\begin{aligned}R_{ij}=\delta_{ij}\Big(&\frac{\ddot{B}}{2A}-\frac{\Delta B}{2B}+\frac{\dot{B}^2}{4AB}-\frac{\dot{A}\dot{B}}{4A^2}-\frac{\partial^kA\partial_kB}{4AB}+\frac{\partial^kB\partial_kB}{4B^2}\Big)-\\ &\frac{\partial_i\partial_jA}{2A}-\frac{\partial_i\partial_jB}{2B}+\frac{\partial_iA\partial_jA}{4A^2}+\frac{3\partial_iB\partial_jB}{4B^2}+\frac{\partial_iA\partial_jB+\partial_jA\partial_iB}{4AB}.\end{aligned} \tag{12.31}$$

此处以及下文中的空间上指标是由 Kronecker δ 函数上升而得，即 $\partial^jA=\delta^{jk}\partial_kA$. 曲率标量为

$$R=\frac{\Delta A}{AB}-\frac{3\ddot{B}}{AB}+\frac{2\Delta B}{B^2}+\frac{3\dot{A}\dot{B}}{2A^2B}-\frac{\partial^jA\partial_jA}{2A^2B}-\frac{3\partial^jB\partial_jB}{2B^3}+\frac{\partial^jA\partial_jB}{2AB^2}. \tag{12.32}$$

爱因斯坦张量 $G_{\mu\nu}=R_{\mu\nu}-1/2g_{\mu\nu}R$ 为

$$G_{tt}=-\frac{A\Delta B}{B^2}+\frac{3\dot{B}^2}{4B^2}+\frac{3A\partial^jB\partial_jB}{4B^3}, \tag{12.33}$$

$$G_{tj} = R_{tj}, \tag{12.34}$$

$$G_{ij} = \delta_{ij}\left(\frac{\Delta A}{2A} + \frac{\Delta B}{2B} - \frac{\dot{B}}{A} + \frac{\dot{B}^2}{4AB} + \frac{\dot{A}\dot{B}}{2A^2} - \frac{\partial^k A \partial_k A}{4A^2} - \frac{\partial^k B \partial_k B}{2B^2}\right) - \\ \frac{\partial_i \partial_j A}{2A} - \frac{\partial_i \partial_j B}{2B} + \frac{\partial_i A \partial_j A}{4A^2} + \frac{3\partial_i B \partial_j B}{4B^2} + \frac{\partial_i A \partial_j B + \partial_j A \partial_i B}{4AB}. \tag{12.35}$$

12.2.2 能动张量

能动张量采用无耗散修正的理想流体的形式，

$$T_{\mu\nu} = (\rho + P)U_\mu U_\nu - Pg_{\mu\nu}, \tag{12.36}$$

其中 ρ 和 P 分别是流体的能量密度与压强，流体四速为

$$U^\mu = \frac{\mathrm{d}x^\mu}{\mathrm{d}s},\ U_\mu = g_{\mu\alpha}U^\alpha. \tag{12.37}$$

无穷小物理(或固有)距离为 $\mathrm{d}l^2 = B\mathrm{d}r^2$. 因此可以定义物理速度矢量 $\boldsymbol{v}^j = \sqrt{B}\,\mathrm{d}\boldsymbol{r}/\mathrm{d}t$. 我们假定 3 -速非常小，从而可以忽略 $\boldsymbol{v}$ 的平方项，结果为

$$U_j = -\frac{Bv_j}{\sqrt{A}\ \sqrt{1-\boldsymbol{v}^2/A}} \approx -\frac{Bv_j}{\sqrt{A}}, \tag{12.38}$$

其中 $v_j = v^j$. 根据条件

$$1 = g^{\mu\nu}U_\mu U_\nu = \frac{1}{A}U_t^2 - \frac{1}{B}\delta^{kj}U_k U_j \approx \frac{1}{A}U_t^2, \tag{12.39}$$

可以发现 $U_t \approx \sqrt{A}$ 并写出

$$T_{tt} = (\rho + P)U_t^2 - PA \approx \rho A, \tag{12.40}$$

$$T_{jt} = (\rho + P)U_t U_j \approx -(\rho + P)v_j B/\sqrt{A}, \tag{12.41}$$

$$T_{ij} = (\rho + P)U_i U_j - Pg_{ij} \approx PB\delta_{ij}. \tag{12.42}$$

12.2.3 规范选择

在宇宙学中，空间平直 FRW 度规仅依赖于时间，而不依赖于空间坐标，

$$\mathrm{d}s_{\mathrm{cosmo}}^2 = \mathrm{d}t^2 - a^2(t)\mathrm{d}\boldsymbol{r}^2. \tag{12.43}$$

正如经典教科书[19, 23, 12]中所讲，可以在扰动后的度规中施加牛顿规范条件. 对于标量扰动，线元采取以下形式：

$$\mathrm{d}s_{\mathrm{pert}}^2 = (1 + 2\Phi)\mathrm{d}t^2 - a^2(t)(1 - 2\Psi)\delta_{ij}\,\mathrm{d}x^i\mathrm{d}x^j, \tag{12.44}$$

其中 Φ 与 Ψ 是度规扰动，或者说宇宙背景度规的随机偏离，其线元(参见 Lightman 等人相关著作[16]中第 16 章或本书的 § 12.3)

$$\mathrm{d}s_{\mathrm{sph}}^2 = A\mathrm{d}t^2 - B\delta_{ij}\,\mathrm{d}x^i\mathrm{d}x^j, \tag{12.45}$$

其中 A 与 B 以下面的形式作为时间与空间的函数：

$$A(t, r) = 1 + A_1(t)r^2,\ B(t, r) = 1 + B_1(t)r^2. \tag{12.46}$$

如果假定与 *Mink owski* 度规的偏离足够小，并且可以从中得到 $A \approx 1$ 和 $B \approx 1$，那么便可以大大简化计算. 当人们试着施加牛顿规范条件时，背景对空间坐标的依赖产生严重的问题，正如将在下文说明的那样.

对于标量涨落，扰动后度规的一般形式为

$$\mathrm{d}s^2_{\text{scalar}} = (A + 2\Phi)\mathrm{d}t^2 + (\partial_j C)\mathrm{d}t\mathrm{d}x^j - [(B - 2\Psi)\delta_{ij} - \partial_i\partial_j E]\mathrm{d}x^i\mathrm{d}x^j. \tag{12.47}$$

牛顿规范条件暗示 $C = E = 0$，通过选择合适的坐标系，可以很容易实现这一点. 在坐标变换 $\widetilde{x}^\alpha = x^\alpha + \xi^\alpha$ 下，度规张量变换为

$$\widetilde{g}_{\alpha\beta}(\widetilde{x}) = g^b_{\alpha\beta}(\widetilde{x}) + \delta g_{\alpha\beta} - g^b_{\alpha\mu}\partial_\beta\xi^\mu - g^b_{\beta\mu}\partial_\alpha\xi^\mu, \tag{12.48}$$

其中 $g^b_{\alpha\beta}$ 是点 $\widetilde{x}$ 处原来的背景度规系数，$\delta g_{\alpha\beta}$ 是度规的涨落. 新度规附近的涨落定义为 $\delta\widetilde{g}_{\alpha\beta} = \widetilde{g}_{\alpha\beta}(\widetilde{x}) - g^b_{\alpha\beta}(\widetilde{x})$. 将 $g^b_{\alpha\beta}(\widetilde{x}) = g^b_{\alpha\beta}(x) + (\partial_\mu g^b_{\alpha\beta})\xi^\mu$ 考虑进来，最终发现

$$\delta\widetilde{g}_{\alpha\beta} = \delta g_{\alpha\beta} - (\partial_\mu g^b_{\alpha\beta})\xi^\mu - g^b_{\alpha\mu}\partial_\beta\xi^\mu - g^b_{\beta\mu}\partial_\alpha\xi^\mu. \tag{12.49}$$

这给出了

$$\delta\widetilde{g}_{00} = \delta g_{00} - (\xi^t\partial_t A + \xi^k\partial_k A) - 2A\partial_t\xi^t, \tag{12.50}$$

$$\delta\widetilde{g}_{0j} = \delta g_{0j} - A\partial_j\xi^t + B\delta_{jk}\partial_t\xi^k, \tag{12.51}$$

$$\delta\widetilde{g}_{ij} = \delta g_{ij} + \delta_{ij}(\xi^t\partial_t B + \xi^k\partial_k B) + B(\delta_{kj}\partial_i\xi^k + \delta_{ki}\partial_j\xi^k). \tag{12.52}$$

对于标量扰动，我们将讨论限制在“纵向”坐标改变，即

$$\xi^i = \partial^i\zeta = -\left(\frac{\partial_j\zeta}{B}\right). \tag{12.53}$$

为了消除 $\delta\widetilde{g}_{0j}$，必须施加下面的条件：

$$\partial_j C - A\partial_j\xi^t - B\partial_t\left(\frac{\partial_j\zeta}{B}\right) \equiv \partial_j\left[C - B\partial_t\left(\frac{\zeta}{B}\right) - A\xi^t\right] + \partial_j B\partial_t\left(\frac{\zeta}{B}\right) + \xi^t\partial_j A = 0. \tag{12.54}$$

如果选择

$$\xi^t = \frac{B'}{A'}\partial_t\left(\frac{\zeta}{B}\right), \tag{12.55}$$

此式最后两项之和为零. 其中“′”代表是对 r 的导数. 很明显方括号中的项可以通过选择合适的 ζ 而消掉.

现在需要将式(12.47)中的梯度项消掉，即施加下述条件：

$$\partial_i\partial_j E - 2\partial_i\partial_j\zeta + \frac{\partial_i B}{B}\partial_j\zeta + \frac{\partial_j B}{B}\partial_i\zeta = 0. \tag{12.56}$$

这个方程不可能得到满足. 首先，为了消去 g_{ij}，已经用了所有的自由度；其次，式中的项可以分

为两类，头两项纯粹是纵向的，后两项则既包括横向贡献，又包括纵向贡献，从而不可能只用一个关于 ζ 的函数将两者都消掉.

我们注意到随着“标量”坐标改变，将会出现矢量与张量度规扰动，原因在于背景度规函数依赖于空间坐标. 这是一个人为选择的坐标. 如果考虑一个“横向”坐标变换 $\xi^j = \xi^j_\perp + \partial^j\zeta$，这些矢量与张量模可能会被消掉. 我们不将这个问题扩展很远，并且在下文中假定(如上文)背景度规与平直度规的偏离非常小，从而使得 $A \approx B \approx 1$. 在这一近似下不会出现关于规范方面的问题.

12.2.4 渐近平直时空中的扰动演化

人们通常在弱场极限下使用相对论方程，所以里奇张量的表达式中与 Γ^2 成正比的项被忽略. 把 G_{tt} 的表达式对时间微分、G_{jt} 的表达式对 x^j 微分，可以从中导出连续性方程；若将 G_{jt} 的表达式对时间求导、G_{ij} 的表达式对 x_i 求导，便可以得到欧拉方程. 然而如果在里奇张量中将讨论限制在 Γ 的一阶项中，将不能够得到一组自洽的方程，所以 $R_{\mu\nu}$ 中的二阶项是必要的，并且根据这一步骤导出连续性方程与欧拉方程. 另一方面，人们也可以采取一种更简单的方式，从条件 $\nabla_\mu T^\mu_j = 0$ 和 $\nabla_\mu T^\mu_t = 0$ 中，导出欧拉方程与连续性方程. 由于有 4 个未知量，还需要两个方程. 可以采纳爱因斯坦张量的 tt 分量 G_{tt} 和非对角 ij 分量 G_{ij} 对 Γ 的线性展开部分. 这也意味着只需要保留 A 和 B 导数项的线性阶，其中背景部分取 $A = B = 1$.

根据爱因斯坦张量 $G_{\mu\nu} = R_{\mu\nu} - g_{\mu\nu}R/2$，写出的爱因斯坦方程具有以下形式：

$$G_{\mu\nu} = \frac{8\pi}{M_{\mathrm{Pl}}^2} T_{\mu\nu} \equiv \widetilde{T}_{\mu\nu}, \tag{12.57}$$

在其中引入 $\widetilde{T}_{\mu\nu}$，可以方便以后的讨论. 关于 G_{tt} 的方程与关于 G_{ij} 的 $\partial_i\partial_j$ 分量的方程为

$$-\Delta B = \widetilde{\rho}, \tag{12.58}$$

$$\partial_i\partial_j(A + B) = 0. \tag{12.59}$$

连续性方程与欧拉方程分别为

$$\dot{\rho} + \partial_j[(\rho + P)v^j] + \frac{3}{2}\rho\dot{B} = 0, \tag{12.60}$$

$$\rho\dot{v}_j + \partial_j P + \frac{1}{2}\rho\partial_j A = 0. \tag{12.61}$$

假定背景度规作为空间与时间的函数而缓慢改变，并且在背景量附近考察小的涨落：$\rho = \rho_b + \delta\rho$, $\delta P = c_s^2\delta\rho$, $\boldsymbol{v} = \delta\boldsymbol{v}$, $A = A_b + \delta A$, $B = B_b + \delta B$. 相应的无穷小扰动线性方程分别为

$$-\Delta\delta B = \delta\widetilde{\rho}, \tag{12.62}$$

$$\partial_i\partial_j(\delta A + \delta B) = 0, \tag{12.63}$$

$$\delta\dot{\rho} + \rho\partial_j\delta v^j + \frac{3}{2}\rho\delta\dot{B} = 0, \tag{12.64}$$

$$\rho\delta\dot{v}_j + \partial_j\delta P + \frac{1}{2}\rho\partial_j\delta A = 0. \tag{12.65}$$

方程(12.62)至(12.65)与 Weinberg, Mukhanov, Gorbunov 和 Rubakov 对于静态宇宙

(即 $a(t)=1$, $H=0$) 得出的相应方程一致. 注意到我们之前所做的定义: $\delta A\equiv 2\Phi$, $\delta B\equiv -2\Psi$.

我们要寻找一种具有 $\sim\exp[-\mathrm{i}\lambda t+\mathrm{i}\boldsymbol{k}\times\boldsymbol{x}]$ 形式的解,并且对于频率本征值,可以得到下述表达式:

$$\lambda^2=\frac{c_s^2k^2-\widetilde{\rho}/2}{1+3\widetilde{\rho}/(2k^2)}. \tag{12.66}$$

此结果几乎与牛顿结果式(12.11)一致. 分母中额外的一项是由相对论体积变化诱导出来的,并且对于 $k\sim k_J$,该项非常小.

12.2.5 宇宙学扰动演化

宇宙学中扰动的描述比之前的情况要简单,因为背景度规与能量密度不依赖于空间坐标 x^i(在三维平直度规中),并且背景量满足零阶方程. 下面我们基本上是利用具体形式的度规和 ρ_b 再次完成前面所考虑的内容.

扰动后的度规写为

$$g_{\mu\nu}=g_{\mu\nu}^{(b)}+h_{\mu\nu}, \tag{16.67}$$

其中 $g_{\mu\nu}^{(b)}$ 代表平直 FRW 背景.

$$g_{tt}^{(b)}=1,\ g_{tj}^{(b)}=0,\ g_{ij}^{(b)}=-a^2(t)\delta_{ij}, \tag{12.68}$$

$h_{\mu\nu}$ 描述小的扰动. 事实证明,任何扰动可以被分解为独立演化的 3 个部分,分别为标量、矢量与张量扰动. 下面将考虑标量扰动. 它是最简单且在宇宙学中最令人感兴趣的情况.

在三维空间中度规扰动的时间-时间分量是一个标量,将它写为

$$g_{tt}=1+2\Phi \text{ 或 } h_{tt}=2\Phi, \tag{12.69}$$

我们发现 Φ 在非相对论极限下将变为牛顿势. 度规的空间-时间分量组成一个 3-矢量,因此作为任何矢量的分量,它们可以写为梯度与一个横向矢量求和的形式,

$$h_{tj}=a(t)(\partial_j f+W_j), \tag{12.70}$$

出于方便而将因子 $a(t)$ 提至括号外,f 是一个标量函数,并且根据横向矢量的定义,$\partial_j W_j=0$. 此处以及下文中的指标缩并由 δ_{ij} 完成. 由于我们只对标量扰动感兴趣,下文中将不再考虑 W_j. 度规的空间-空间分量可以写为

$$g_{ij}=-a^2(t)[\delta_{ij}(1-2\Psi)+\partial_i\partial_j S+\partial_i Q_j+\partial_j Q_i+Y_{ij}], \tag{12.71}$$

如下文所示,Ψ 在非相对论极限下与牛顿势 Φ 相一致,S 是一个标量函数,Q_j 是一个横向矢量(即 $\partial_j Q_j=0$),Y_{ij} 是一个对称的、横向的无迹张量(即 $Y_{ij}=Y_{ji}$, $\partial_j Y_{ij}=0$, $Y_{ii}=0$). 矢量 Q_j 与张量 Y_{ij} 分别描述了矢量与张量扰动,在下文中将不予考虑.

利用坐标系选择的自由性,可以施加条件 $f_j=0$ 与 $S=0$ (参见 12.2.3 节),所以标量扰动导致扰动后的度规为

$$g_{tt}=1+2\Phi,\ g_{tj}=0,\ g_{ij}=-a^2\delta_{ij}(1-2\Psi). \tag{12.72}$$

这就是所谓的牛顿规范. 在宇宙学中,有时会选用所谓的同步规范,在其中施加条件 $g_{tt}=1$,

$g_{tj}=0$ 和 $S\neq 0$ 以代替式(12.72),或者采用规范不变性的方法.[19,20]

正如式(12.42)所示,能动张量的空间-空间分量与 δ_{ij} 成正比,所以 G_{ij} 的方程(12.35)中具有导数∂_i 与∂_j 的项必须为 0,从而获得了

$$\Phi=\Psi. \tag{12.73}$$

根据 G_{tt} 的方程(12.33),利用度规系数的表达式(12.44)或(12.72),以及 T_{tt} 的方程(12.41),可以发现

$$\frac{\Delta\Psi}{a^2}-3H\dot{\Psi}-H^2\Psi=-\frac{1}{2}\delta\widetilde{\rho}. \tag{12.74}$$

上式是泊松方程(12.1)的宇宙学对应物. 当然,若 $a\equiv 1$ 时,两者相一致.

此时有两个方程与 4 个未知量: Ψ, Φ, $\delta\rho$ 与 $\boldsymbol{v}$. 为了使方程组完备,我们可以用上欧拉方程与连续性方程. 它们可以由 Bianchi 恒等式 $\nabla_\mu T^\mu_\nu=0$,分别令 $\nu=j$ 和 $\nu=t$ 导出. 在这些方程的导出过程中,应当牢记与非相对论问题不同,背景压强不一定必须为零. 用克氏符(12.28)将 $T_{\mu\nu}$ 的协变守恒表达式写出,发现流体动力学连续性方程为

$$\delta\dot{\rho}+(\rho_b+P_b)\frac{\partial_k v_k}{a}+3H(\delta\rho+\delta P)-3\dot{\psi}(\rho_b+P_b)=0. \tag{12.75}$$

以相同的方式可从 $\nabla_\mu T^\mu_j=0$ 中获得欧拉方程,并且发现

$$a\partial_t[v_j(\rho+P)]+4Hav_j(\rho_b+P_b)+\partial_j P+(\rho_b+P_b)\partial_j\Phi=0. \tag{12.76}$$

由于讨论的是标量扰动,速度矢量应当为某个标量速度势的梯度,即 $\boldsymbol{v}_j=\nabla\sigma$. 除了具有零波数的模以外,此性质可以从式(12.76)中消去导数∂_j. 这将在下面的式(12.92)中利用共形时间完成.

虽然已经建立所有必须的方程,但是用爱因斯坦张量的空间-空间分量 G_{ij} 的方程替换上述方程中的一个,将会使求解变得更加容易. 更准确地说,考察与式(12.35)中 δ_{ij} 成正比的部分,

$$\frac{\Delta A}{2A}+\frac{\Delta B}{2B}-\frac{\ddot{B}}{A}+\frac{\dot{B}^2}{4AB}+\frac{\dot{A}\dot{B}}{2A^2}=B\widetilde{P}, \tag{12.77}$$

其中忽略了与$\partial^k A\partial_k A$ 和$\partial^k B\partial_k B$ 成正比的项,因为它们属于扰动二阶项. 根据展开

$$\begin{aligned}A&=A_b(1+2\Phi)=1+2\Phi,\\ B&=B_b(1-2\Psi)=a^2(t)(1-2\Psi),\\ P&=P_b+\delta P,\end{aligned} \tag{12.78}$$

在一些简单却非常冗长的代数运算后,发现背景压强的表达式为

$$\widetilde{P}_b=-3H^2-2\dot{H}, \tag{12.79}$$

并且一阶扰动方程为

$$\ddot{\Psi}+4H\dot{\Psi}+(3H^2+2\dot{H})\Psi=\frac{1}{2}\delta\widetilde{P}, \tag{12.80}$$

其中用到 $\Phi=\Psi$.

下面的讨论在共形时间中写出所有方程将非常方便. 共形时间中空间平直 FRW 度规采取下述简单形式:

$$ds^2 = a^2(\eta)(d\eta^2 - d\boldsymbol{r}^2), \tag{12.81}$$

其中共形时间定义为

$$d\eta = \frac{dt}{a(t)}. \tag{12.82}$$

在共形时间中,背景度规满足第一 Friedmann 方程,

$$H^2 = \frac{8\pi}{3M_{\rm Pl}^2}\rho, \tag{12.83}$$

上式在形式上与式(4.9)相同,但是这里的哈勃参数为

$$H = \frac{a'}{a^2}. \tag{12.84}$$

此处及下面的"$'$"代表是对 η 求导数.

根据上面的讨论,我们也需要背景爱因斯坦张量的 ij 分量方程. 在共形时间中,此方程为

$$\frac{(a')^2}{a^2} - \frac{2a''}{a} = \frac{8\pi a^2 P_b}{M_{\rm Pl}^2}. \tag{12.85}$$

对于共形时间中典型宇宙学情景下的膨胀规律,已经在§6.5 节中讨论过,这里再次写出是为了使本章相对独立.

$$\text{在辐射统治阶段}, a(\eta) \sim \eta, \tag{12.86}$$

$$\text{在物质统治阶段}, a(\eta) \sim \eta^2, \tag{12.87}$$

$$\text{在 de Sitter 阶段}, a(\eta) \sim -1/\eta. \tag{12.88}$$

式(12.73)至(12.76)支配着密度扰动,并且可以用共形时间写为下面的形式:

$$\Phi - \Psi = 0\text{(与前述相同)}, \tag{12.89}$$

$$\Delta\Psi - 3\frac{a'}{a}\Psi' - 3\left(\frac{a'}{a}\right)^2\Psi = \frac{1}{2}a^2\delta\tilde{\rho}, \tag{12.90}$$

$$\delta\rho' + (\rho_b + P_b)\Delta\sigma + 3\frac{a'}{a}(\delta\rho + \delta P) - 3(\rho_b + P_b)\Psi' = 0, \tag{12.91}$$

$$[\sigma(\rho_b + P_b)]' + 4\frac{a'}{a}\sigma(\rho_b + P_b) + \delta P + (\rho_b + P_b)\Phi = 0. \tag{12.92}$$

因此共有 4 个方程与 5 个未知数(即 Ψ, Φ, $\delta\rho$, δP 与 σ). 若增加一个状态方程,此方程组便可以得到求解. 状态方程通常取为 $\delta P = c_s^2\delta\rho$,其中 c_s 是所考察物质中的声速. 在此方法中,我们假定扰动是绝热的,即熵扰动为 0.

正如前文所述,利用 G_{ij} 的方程(12.80)会更加方便. 在共形时间中,该式变为

$$\Phi'' + \frac{3a'}{a}\Phi' + \left[\frac{2a''}{a} - \left(\frac{a'}{a}\right)^2\right]\Phi = \frac{1}{2}a^2\delta\tilde{P}. \tag{12.93}$$

注意到式(12.57)、式(12.90)与式(12.93)包含总能动张量,即所有物质成分之和. 在宇宙等离子体包含几种相互独立的成分以及每种成分独立守恒的情况下,连续性方程与欧拉方程对每种成分都是满足的. 如果不同成分间通过交换能量和/或动量而相互作用,那么人们不得不在它们的总能动张量中包括进相互作用项.

由式(12.93)与式(12.90)可以得出下述只包含一个未知函数的方程:

$$\Phi''+\frac{3a'}{a}(1+c_s^2)\Phi'-c_s^2\Delta\Phi+\left[\frac{2a''}{a}-(1-3c_s^2)\left(\frac{a'}{a}\right)^2\right]\Phi=0. \tag{12.94}$$

由于线性微分方程(12.89)至(12.93)和(12.94)构成的方程组的系数不依赖空间坐标,从而可以没有困难地进行傅立叶变换并且得出一个常微分方程组,其中拉普拉斯算符 Δ 被 $-k^2$ 替代,其中 k 是共动动量. 宇宙背景中度规扰动的傅立叶振幅遵守一个关于时间的常微分方程,并且分析起来非常容易.

首先考虑非相对论物质的情况. 此种物质的特点为压强可忽略, $P_b=0$,从而 $c_s=0$. 一个空间平直物质宇宙的膨胀规律为 $a\sim\eta^2$,并且式(12.94)变为非常简单的形式:

$$\Phi''+\frac{6\Phi'}{\eta}=0. \tag{12.95}$$

此方程解为

$$\Phi(x,\eta)=\Phi_1(x)+\frac{\Phi_2(x)}{\eta^5}. \tag{12.96}$$

密度扰动可以从式(12.90)中得出,

$$\frac{\delta\rho}{\rho_b}=\frac{1}{6}\left(\eta^2\Delta\Phi_1+\frac{\Delta\Phi_2}{\eta^3}\right)-2\Phi_2+\frac{3\Phi_2}{\eta^5}. \tag{12.97}$$

注意到我们已经计算了关于 $a^2\delta\rho$ 的初始表达式,所以必须将其归一化为 $a^2\rho_b$. 在一个空间平直宇宙中, $a^2\tilde{\rho}_b=3a^2H^2=3(a'/a)^2$. 对于较长或较短波长的扰动,其演化会明显不同. 如果 $k\eta\ll1$,即物理波长 $\lambda\sim a/k$ 比哈勃长度 $H^{-1}\sim a\eta$ 要大得多,我们可以忽略式(12.97)中与拉普拉斯算子成正比的第一项,并且发现密度涨落基本上保持为常数, $\delta\rho/\rho_b\approx-2\Phi_1$. 在波长比哈勃视界短的相反极限下,即 $k\eta\gg1$,密度扰动会按照下式演化:

$$\frac{\delta\rho}{\rho_b}\approx-k^2\left(\Phi_1\eta^2+\frac{\Phi_2}{\eta^3}\right)\sim t^{2/3}+\frac{C}{t}. \tag{12.98}$$

可以忽略第二项,并且得出在物质占主导地位的阶段,短波密度扰动随着宇宙尺度因子的增加而增加.

在辐射占主导地位的宇宙中, $P_b=\rho_b/3$,且声速 $c_s^2=1/3$. 宇宙膨胀按照 $a(\eta)\sim\eta$ 的规律进行. 现在式(12.94)对于傅立叶模 Φ_k 为

$$\Phi_k''+\frac{4}{\eta}\Phi_k'+\frac{1}{3}k^2\Phi_k=0. \tag{12.99}$$

这是一个贝塞尔方程,它的解为 $J_{\pm3/2}(k\eta/\sqrt{3})$ 的线性叠加,可以化简为初等函数

$$\Phi_k=\frac{C_{k1}}{z}\left(\frac{\sin z}{z}-\cos z\right)+\frac{C_{k2}}{z}\left(\frac{\cos z}{z}+\sin z\right), \tag{12.100}$$

其中 $z=k\eta/\sqrt{3}$. 在这种情况下,以分数表达的密度对比为

$$\frac{\delta\rho_k}{\rho_b}=2C_{k1}\left[\cos z\left(1-\frac{z}{z^2}\right)-\frac{2\sin z}{z}\left(1-\frac{1}{z^2}\right)\right]+2C_{k2}\left[\sin z\left(\frac{2}{z^2}-1\right)-\frac{2\cos z}{z}\left(1-\frac{1}{z^2}\right)\right]. \tag{12.101}$$

在一个辐射占主导地位的阶段,相对论物质的密度扰动虽不会增加,却会形成声波. 由于快速运动的粒子难以结团,这一点看起来非常直观明显.

在膨胀规律为 $a\sim\eta$ 的辐射主导阶段中,考虑居第二主导地位的非相对论物质中密度扰动的演化. 相对论背景非相对论物质的涨落由式(12.91)和式(12.92)描述,这里分别变为

$$k^2\sigma\rho_{mb}=\delta\rho''_m+\frac{3a'}{a}\delta\rho_m-3\Phi'\rho_{mb}, \tag{12.102}$$

$$(k^2\rho_{mb}\sigma)'+\frac{4a'}{a}k^2\rho_{mb}\sigma+k^2\rho_{mb}\Phi=0, \tag{12.103}$$

其中 ρ_{mb} 是背景非相对论物质的能量密度,人们假定此能量密度比背景相对论物质的能量密度要小得多, $\rho_{mb}\ll\rho_{rb}$. 在这些方程中,上述所有 δ 量都是傅立叶模的振幅. 除去 σ,得到

$$\delta\rho''_m+\frac{7a'}{a}\delta\rho'_m+\left[\frac{3a''}{a}+\left(\frac{3a'}{a}\right)^2\right]\delta\rho_m=3\rho_{mb}\left(\Phi''+\frac{4a'}{a}\Phi'\right)+3\Phi'\rho'_{mb}-\rho_{mb}k^2\Phi. \tag{12.104}$$

此处的势 Φ 由式(12.100)给出,并且是一个关于时间的减函数. 除此以外,Φ 出现在式中时总是带有一个非常小的因子 ρ_{mb}. 所以对于 $\delta\rho_m$ 的一个可能的增长模,带有 Φ 的项并不至关重要. $\delta\rho_m$ 由此方程的自由部分所决定,该部分只有一个对数增长解

$$\frac{\delta\rho_m}{\rho_{mb}}\sim\ln\eta. \tag{12.105}$$

所以对于一个辐射占主导地位的膨胀阶段中,物质涨落基本上是个常数.

12.2.6 广义相对论下密度扰动的几个结论

首先,要强调选择一个恰当的坐标系的重要性. 即使在理想的均匀与各向同性的 FRW 背景中,依然有无穷多的坐标系,在这些坐标系中等时面具有依赖于空间坐标的能量密度. 在这种情况下,可以将密度扰动看成具有空间分布的等时曲面的人为选择. 相反的陈述也为真,即真实的密度扰动可以从形式上通过坐标自由度消掉. 为了避免这个问题,我们不得不考虑一切与之相关的量,即密度、度规与速度扰动,正如在 § 12.1 节. 一种明晰的方法是基于规范(坐标)独立(物理)量的运用而进行的,参见文献[19, 20].

在 § 12.2 中,我们研究了由单种或多种非相互作用成分组成的物质的密度扰动,正如 § 12.1 所讨论的,辐射占主导地位的宇宙中不占主导的非相对论物质的情况. 在一个切实可行的宇宙学设想中,这一点并不真实. 非相对论电子可以与背景光子发生强烈的相互作用. 质子与电子会发生强烈的耦合,从而使得重子占主导的宇宙中无法形成结构,其原因在于光子压强的巨大抵制力量. 第一批结构实际上可以在暗物质区域中形成,因为暗物质粒子不与光发生相互作用. 暗物质中的结构形成开始于红移 $z\approx10^4$,与宇宙的辐射主导向物质主导的过渡阶

段相一致. 仅仅过了一小会儿时间，在红移 $z_{\rm rec} \approx 1\,100$ 的氢复合阶段过后，重子-电子流体基本停止与 CMB 之间的反应，并且暗物质之前产生的势垒将氢原子与氦原子捕获. 由于可以从关于 CMB 温度角涨落的数据中知道 $\delta\rho/\rho \approx 10^{-4}$，以及密度扰动之后随尺度因子的增长规律(参见式(12.98))，必须得出结论：暗物质的存在对于宇宙中结构的形成确实是必要的.

到目前为止，我们只考虑了绝热扰动，然而熵扰动也有可能存在. 当前的 CMB 观测数据对熵扰动提供强烈的限制，尽管人们还没有排除熵扰动在小尺度上不可忽略的可能性.

关于密度扰动谱也可以说一说. 扰动的初始谱由一个简单的幂律形式参数化. 对于 FRW 度规的无量纲扰动(即对于扰动的引力势)，它具有以下形式：

$$\langle \phi(k)\phi(k') \rangle = \frac{P(k)}{(2\pi)^3}\delta^{(3)}(\boldsymbol{k}+\boldsymbol{k}') \sim k^{n-4}\delta^{(3)}(\boldsymbol{k}+\boldsymbol{k}'), \tag{12.106}$$

上式左边的含义是傅立叶变换后度规扰动的统计平均(校正函数). 注意到对于 $n=1$，功率谱 $P(k)$没有量纲，所以它不能包括任何有量纲的参数. 实际上可以将傅立叶变换定义为

$$\phi(\boldsymbol{x}) = \int \mathrm{d}^3 k \exp(\mathrm{i}k\boldsymbol{x})\phi(\boldsymbol{k}), \tag{12.107}$$

因此无量纲势的傅立叶振幅具有 k^{-3} 的量纲. 此扰动谱被称作平直扰动谱或 Harrison-Zeldovich 扰动谱[13, 24]，这是因为 Harrison 和 Zeldovich 第一个提出，为了避免在小尺度或大尺度中存在过大的涨落，原初密度扰动应当满足这种形式.

根据类泊松方程(12.90)，能量密度涨落可以通过引力势表达. 忽略宇宙膨胀，可以得出 $a^{-2}\Delta\delta\phi \sim 4\pi\delta\rho/M_{\rm Pl}^2$，并且得到

$$\langle \delta\rho(x,\ t)\delta\rho(x',\ t) \rangle \sim \int \mathrm{d}^3 k k^n \mathrm{e}^{ik(x-x')}. \tag{12.108}$$

可以发现，对于 $n=1$ 的平直扰动谱，波长为 λ 的扰动在视界穿越点 $\lambda \sim t$ 处，将具有同样大小的 $\delta\rho/\rho =$ 常数.

12.3 修改引力论中的密度扰动

12.3.1 一般方程

考虑由作用量(11.6)所描述的引力理论. 由于拉格朗日量是一个关于 R 的非线性方程，运动方程具有高阶(四阶)，并且扰动演化有可能与广义相对论中的不同. 在宇宙学中，对于 $F(R)$的不同形式，该问题已有研究，参见文献[26, 21, 22, 10, 1, 2, 18, 17]. Capozziello 和 Eingorn 等人进行了修改引力论中类星体 Jeans 不稳定性的分析.[9, 8, 11]在这些文献中，$F(R)$ 在 $R=0$ 附近或者在 $R=R_c$ 附近扰动展开，其中 R_c 是当前宇宙的标量曲率. 下面我们会在背景度规的曲率 R_b(通常比 R_c 大得多)附近将 $F(R)$ 展开. 这会导致一些定量的不同. 除此以外我们像往常一样研究了准稳态背景中相关的不稳定性，而且在快速振荡的背景中也进行了相关研究. 正如在 11.1.3 节提到的，如此高频率的振荡是在能量密度不断增加的收缩系统中诱导产生的.

假定背景时空度规与 *Mink owski* 度规的偏离非常小，但由引力修正所导致的校正可能会不同于广义相对论中的校正. 特别地，R 可能会不同于$R_{GR} = -\widetilde{T}$. 考虑 $|R| \gg |R_c|$ 但$R \ll m^2$

的天体系统. 据估计在此极限下，$F(R) \ll R$ 且 $F'(R) \ll 1$. 对于式(11.9)给出的 $F(R)$ 当然得到满足，对于 $R \gg R_c$ 时的 $F(R)$ 有

$$F(R) \approx -\lambda R_c\left[1-\left(\frac{R_c}{R}\right)^{2n}\right]-\frac{R^2}{6m^2}. \tag{12.109}$$

在此修改引力模型中，新的引力场方程具有式(11.7)的形式. 在前文已经明确阐明的条件下，对于 $F(R)$的特殊选择式(11.9)，引力场方程具有以下形式：

$$G_{\mu\nu}+\frac{1}{3\omega^2}(\nabla_\mu\nabla_\nu-g_{\mu\nu}\nabla^2)R=\widetilde{T}_{\mu\nu}, \tag{12.110}$$

其中 $G_{\mu\nu}=R_{\mu\nu}-g_{\mu\nu}R/2$ 仍然是通常的爱因斯坦张量，并且 $\omega^{-2}=-3F''_{RR}$.

在通常情况下，度规张量与曲率张量在背景值附近展开至无穷小扰动的一阶项，

$$A=A_b+\delta A,\ B=B_b+\delta B,\ R=R_b+\delta R. \tag{12.111}$$

对于物质成球对称分布的背景时空的内部度规(与修改引力论中施瓦西型解类似)，已经有几位科研人员进行过研究. 这里我们用 Arbuzova 等人获得的内部解形式[6](也可以找到其他的相关文献)：

$$B_b(r,t)=1+\frac{2M(r,t)}{M_{\rm Pl}^2 r}\equiv 1+B_1, \tag{12.112}$$

$$A_b(r,t)=1+\frac{R_b(t)r^2}{6}+A_1(r,t), \tag{12.113}$$

其中，

$$M(r,t)=\int_0^r \mathrm{d}^3 r T_{00}(r,t)=4\pi\int_0^r \mathrm{d}r r^2 T_{00}(r,t), \tag{12.114}$$

$$A_1(r,t)=\frac{r_g r^2}{2r_m^3}-\frac{3r_g}{2r_m}+\frac{\pi\ddot{\rho}_m}{3M_{\rm Pl}^2}(r_m^2-r^2)^2, \tag{12.115}$$

在此近似下，与广义相对论的唯一偏离来自式(12.113)的第二项.

在 ω 恒定不变的近似下研究扰动的演化. 若 $R_b \approx R_{GR}=-\widetilde{T}$，$\omega$ 将是一个随时间改变十分缓慢的函数，故 ω 为常数将是一个很好的近似. 利用式(12.109)，

$$\omega^2=\left[\frac{1}{m^2}+\frac{6\lambda n(2n+1)}{|R_c|}\left(\frac{R_c}{R}\right)^{2n+2}\right]^{-1}. \tag{12.116}$$

宇宙扰动的增长开始于物质主导时期的起始阶段，相应的红移 $z_{\rm eq}=10^4$，此时 $R_c/R_{\rm eq}\sim 10^{12}$. 对于来自大爆炸核合成更低的限制[3]，$m=10^5$ GeV，若 $n \geqslant 3\omega$，便可视为一个常数. 如果 ω 随时间增加，扰动的增长甚至比下面获得的结果还要快. 如果式(12.116)由第二项所主导，那么

$$\omega^2=\frac{|R_c|}{6\lambda n(2n+1)}\left(\frac{R}{R_c}\right)^{2n+2}. \tag{12.117}$$

在 Arbuzova 等人的工作中，人们发现了一个 R 强烈地偏离 R_{GR} 的高频振荡解. 在这种情况下，频率(12.117)可能会敏感地依赖于时间，从而使得频率为常数的近似不再有效，虽然 $R \gg R_{GR}$ 会将式(12.116)中第二项的影响变小. 然而在下文的讨论中依然假定 $\omega=$ 常数，并且研究此

模型中控制扰动演化的四阶微分方程所描述的不稳定性发展规律. 在这种情况中，不稳定性的演化不同于广义相对论二阶方程所描述的标准情景. 我们不会停留在 $F(R)$ 函数的特定选择上，而是假定曲率的高频振荡是这些模型中的一般现象. 实际上所有已知的 $F(R)$ 设想，都会在 $R\to+\infty$ 时导致奇点产生，除非有意增添 R^2/m^2 项来避免这一点. 这一项对于 R 的演化，相当于产生排斥的有效势，从而导致一种振荡行为.

式(12.110)的 tt 分量可以写为

$$-\frac{\Delta B}{B^2}+\frac{1}{3\omega^2}\left(\frac{\Delta R}{B}-\frac{3}{2}\frac{\dot{B}\dot{R}}{AB}\right)=\widetilde{\rho}, \tag{12.118}$$

原因在于由式(12.33)和式(12.41)，$G_{tt}=-A\Delta B/B^2$，$\widetilde{T}_{tt}=\widetilde{\rho}A$.

由于背景量 R_b 与 A_b(根据式(12.113)可得)是随时间振荡的函数，并且其振幅可能会相当大(如 Arbuzova 等人的分析结果[4, 5])，从而使得它们的时间导数较大，故保留含有∂_t 的二阶项(如$\partial_t^2 A$，$\partial_t A\partial_t R$，等等). 涨落方程具有以下的形式：

$$-\Delta\delta B-2\widetilde{\rho}_b\delta B+\frac{1}{3\omega^2}\left(\Delta\delta R-\frac{3}{2}\delta\dot{B}\dot{R}_b\right)=\delta\widetilde{\rho}, \tag{12.119}$$

其中曲率涨落 δR(参见式(12.32))为

$$\delta R=\Delta\delta A-3\delta\ddot{B}+2\Delta\delta B+\frac{3}{2}\dot{A}_b\delta\dot{B}. \tag{12.120}$$

假定$\dot{B}_b$ 与$\dot{A}_b$ 和 $\dot{R}_b$ 相比较小(参见式(12.112)和式(12.113))，并且在式(12.119)中令 $A_b=B_b=1$.

类似地可以发现 G_{ij} 方程的$\partial_i\partial_j$ 分量为

$$\partial_i\partial_j(\delta A+\delta B-2\omega^{-2}\delta R)=0. \tag{12.121}$$

由 $\nabla_\mu T_t^\mu=0$ 导出的连续性方程具有以下形式：

$$\delta\dot{\rho}+\rho_b\partial_j U^j+\frac{3}{2}\rho_b\delta\dot{B}=0, \tag{12.122}$$

而欧拉方程 $\nabla_\mu T_j^\mu=0$ 为

$$\rho_b\delta\dot{U}_j+\partial_j P+\frac{1}{2}\rho_b\partial_j\delta A+\frac{1}{2}\dot{A}_b\rho_b U_j=0. \tag{12.123}$$

引入 $U^j=-U_j=-\partial_j\sigma$，$P=c_s^2\delta\rho$，并且寻找一个形式为$\sim\exp[-\mathrm{i}\boldsymbol{k}\cdot\boldsymbol{x}]$的解，可以获得由 5 个关于时间的未知函数 δA，δB，δR，$\delta\widetilde{\rho}$和 σ 组成的下述方程组，它们为空间坐标系中原来方程的傅立叶振幅：

$$3\omega^2(k^2-2\widetilde{\rho}_b)\delta B-\frac{3}{2}\delta\dot{B}\dot{R}_b-k^2\delta R-3\omega^2\delta\widetilde{\rho}=0, \tag{12.124}$$

$$\delta R=\frac{3}{2}\omega^2(\delta A+\delta B), \tag{12.125}$$

$$\delta R=-k^2\delta A-3\delta\ddot{B}-2k^2\delta B+\frac{3}{2}\dot{A}_b\delta\dot{B}, \tag{12.126}$$

$$\delta\dot{\tilde{\rho}}+\tilde{\rho}_b k^2\sigma+\frac{3}{2}\tilde{\rho}_b\delta\dot{B}=0, \qquad (12.127)$$

$$\tilde{\rho}_b\dot{\sigma}-c_s^2\delta\tilde{\rho}+\frac{1}{2}\tilde{\rho}_b(\dot{A}_b\sigma-\delta A)=0. \qquad (12.128)$$

至此为止,可以对式(12.124)至(12.128)导出过程中傅立叶变换的运用进行讨论.在通常情况下,如果将要求解方程的系数是空间独立的,便可以运用傅立叶变换.在我们所考虑的情况中,度规函数 A_b 明显地依赖于空间坐标 $A=1+r^2R(t)/6$,从而使得傅立叶变换的方法只在$(kr)^2$ 非常小的极限下有效,参见§12.1式(12.21)后的讨论.这一点是事实,但不是事实的全部.根据傅立叶变换描述扰动在 kr 较大的极限下也是可行的.通过乘以 $\exp(ikr)$来进行方程的傅立叶变换,并将之对 d^3k 积分.如果对于无穷小 δA 与 δB,线性方程的系数不依赖于坐标,那么对于涨落的傅里叶模,将会得到一个线性代数方程组.假定最初的微分方程中有些系数依赖 r.在这种情况下,依然可以通过积分 $d^3r\exp(ikr)$变换方程,积分上下限不需要取无穷大,而是取在围绕一个固定点 $r=r_0$ 附近的某个 Δr 的有限区间范围内.如果 $\Delta rk\gg 1$,那么此积分与具有无穷积分上下限的真正傅立叶变换接近.如果所考虑的云团可以分割成许多 $k\Delta r\gg 1$ 的部分,以致使 $\Delta r/r_0\ll 1$,那么可以近似地将 r_0 提到积分号外.这种绝热极限是有实际意义的.除此以外,还有可能存在时间上振荡、但空间上均匀的时空背景.

我们可以从5个低阶方程(12.124)至(12.128)中导出函数 δB 的四阶方程:

$$\begin{aligned}&\ddddot{\delta B}-\dddot{\delta B}\left(1+\frac{2k^2}{3\omega^2}\right)\frac{\dot{R}_b}{2k^2}\\&+\delta\ddot{B}\left[\omega^2-\frac{\tilde{\rho}_b\omega^2}{2k^2}\left(1+\frac{8k^2}{3\omega^2}\right)+k^2(1+c_s^2)-\ddot{A}_b-\frac{1}{k^2}\left(1+\frac{2k^2}{3\omega^2}\right)\left(\ddot{R}_b+\frac{\dot{A}_b\dot{B}_b}{4}\right)-\frac{\dot{A}_b^2}{4}\right]\\&+\delta\dot{B}\left[-\frac{\dddot{A}_b}{2}-\frac{1}{4k^2}\left(1+\frac{2k^2}{3\omega^2}\right)(2\dddot{R}_b+\dot{A}_b\ddot{R}_b+2\dot{R}_bc_s^2k^2)-\frac{\ddot{A}_b\dot{A}_b}{4}\right.\\&\left.+\frac{\dot{A}_b}{2}\left(\omega^2+k^2(1-c_s^2)+\frac{2\tilde{\rho}_b}{3}-\frac{\tilde{\rho}_b\omega^2}{2k^2}\right)\right]\\&+\delta B\left[c_s^2k^2(k^2+\omega^2)-2c_s^2\tilde{\rho}_b\omega^2\left(1+\frac{2k^2}{3\omega^2}\right)-\frac{\tilde{\rho}_b\omega^2}{2}\left(1+\frac{4k^2}{3\omega^2}\right)\right]=0.\end{aligned}$$

(12.129)

人们发现在这个例子中,$\dot{A}_b^2\ll\ddot{A}_b$,$\dot{A}_b\dot{B}_b\ll\ddot{R}_b$,$\dot{A}_b\ddot{A}_b\ll\dddot{A}_b$ 且$\dot{A}_b\ddot{R}_b\ll\dddot{R}_b$,所以式(12.129)中的相应项可以忽略.为了与式(12.113)相一致,取 $A_b=1+R_br^2/6$.

现在可以在 k 的Jeans值 $k=k_J=\sqrt{\tilde{\rho}/(2c_s^2)}$ 附近,估计因子$(kr)^2$ 的值.所考虑的物体质量为 $M_{\text{tot}}=4\pi\rho r_m^3/3$,其中 r_m 是最大半径.所以

$$(rk_J)^2=\frac{3}{2c_s^2}\frac{r_gr^2}{r_m^3}\ll 1, \qquad (12.130)$$

其中 $r_g=2M/M_{\text{Pl}}^2=\tilde{\rho}r_m^2/3$.

现在引入无量纲时间 $\tau=\omega t$,无量纲参数

$$a\equiv\frac{\tilde{\rho}_b}{k^2},\ b\equiv\frac{k^2}{\omega^2},\ c=c_s^2, \qquad (12.131)$$

与

$$\alpha = \frac{a}{2}\left(1+\frac{2b}{3}\right), \tag{12.132}$$

$$\Omega^2 = 1-\frac{a}{2}\left(1+\frac{8b}{3}\right)+b(1+c), \tag{12.133}$$

$$\mu = b\left[c(1+b)-\frac{a}{2}\left(1+\frac{4b}{3}\right)-2ac\left(1+\frac{2b}{3}\right)\right]. \tag{12.134}$$

令 $\delta B \equiv z$, $R_b = -\widetilde{\rho}_b y$,并且采用$(kr^2) \ll 1$ 的极限,将式(12.129)重写为下述非常简单的形式:

$$z'''' + \alpha y' z''' + (\Omega^2 + 2\alpha y'')z'' + \alpha(y''' + bcy')z' + \mu z = 0. \tag{12.135}$$

由于在物理上有意义的只是密度扰动的量级,我们用 $z \equiv \delta B$ 将 $\delta\rho/\rho_b$ 表达为

$$\frac{\delta\rho}{\rho_b} = z\left[\frac{1+b}{a(1+2b/3)}-2\right]+\frac{1}{2}z'y'+\frac{z''}{a(1+2b/3)}. \tag{12.136}$$

根据式(12.12)与式(12.131),当 k 与它的 Jeans 值接近时,$a \sim \widetilde{\rho}_b/k_J^2 \sim c_s^2$,因此若 $c_s^2 < 1/2$,方括号中的第一项将占据主导地位,在几乎所有可实现的物理情景中这一点都为真.

12.3.2 修改后的 Jeans 不稳定性

对于曲率振荡幅度非常小的情况,可以忽略式(12.135)中的 $y(\tau)$,该式从而简化为一个系数为常数的简单的方程. 可以通过引入代换 $z = \exp(i\lambda\tau)$ 求解该方程. 本征值 λ 由下述代数方程决定:

$$\lambda^4 - \Omega^2\lambda^2 + \mu = 0, \tag{12.137}$$

此方程给出

$$\lambda_\pm^2 = \frac{\Omega^2}{2} \pm \sqrt{\frac{\Omega^4}{4}-\mu}. \tag{12.138}$$

若 $\mu < 0$,则 $\lambda_+^2 > 0$,因此有一个本征值为负的虚数. 这与通常的指数 Jeans 不稳定性相对应,尽管 Jeans 波矢的值在修改引力论与广义相对论中并不相同. 从等式 $\mu = 0$ 中可以得出 Jeans 波数的数量级,在声速非常小的情况下为

$$a = \frac{2c(1+b)}{1+4b/3}, \tag{12.139}$$

其中 a 和 b 根据定义(12.131)依赖于 k. 这是一个关于 Jeans 波数的二次方程,在修改引力论中波数记为 k_J^{MG}. 对于较大的 ω,写出一个显式解为

$$(k_J^{MG})^2 = (k_J^{GR})^2\left[1+\frac{(k_J^{GR})^2}{3\omega^2}\right], \tag{12.140}$$

在 $\omega \to +\infty$ 的极限下该结果转变为广义相对论中的结果. 式(12.140)显示出修改引力论中 Jeans 波数要比广义相对论中的大,这意味着对应的结构形成过程所需要的最小尺度要被降低. 在通常情况下这一修正是相当小的,但是对于 k_J^{GR}/ω 不可忽略的模型,此修正可以导致与

广义相对论十分巨大的偏离.

如果 μ 为正,但 $\mu<\Omega^4/4$,式(12.138)本征值 λ^2 将为正的实数,故所有 λ_s 均为实数,这与振幅不变的声学振荡相对应.所以正 μ 与负 μ 这两种情况与通常的 Jeans 分析是一一对应的,对于值非常大的 μ(即 $\mu>\Omega^4/4$),存在一种新的不稳定解,其振幅呈指数增长.实际上在这种情况中解 λ^2 变为共轭复数,且 4 个本征值中的两个具有负的虚部,因子 $\exp(i\lambda t)$随时间增加.这是一种只在修改引力论中出现的新现象.在式(11.9)给出的基于 $F(R)$的模型中,参数 μ 不能超过 $\Omega^4/4$.目前还不清楚这一点是否为所有修改引力模型的一般特征,因此这种新的引力不稳定性存在不会出现或者可以在某个模型中找到的两种可能.在修改引力论中还可能存在另一种非同寻常的不稳定性,这会在 $\Omega^2<0$ 的条件下出现.在所选模型(11.9)的框架中,可接受的参数值不能实现这种可能的非同寻常的情况,但是如果对于将来的修改引力论,存在实现这一情况的可能,那么上述问题仍将存在.

12.3.3　时间依赖背景的效应

如果 $y(\tau)$是不可忽略的,那么便可以产生一些相当新奇的效应.进入式(12.135)的函数 $y(\tau)$是一个随时间 τ 的振荡函数,它会产生出一种与参数共振不稳定性相类似的不稳定性,从而导致一组特定频率中扰动迅速增长的现象.另一种新效应可以称为“反摩擦”.它在 y 振荡幅度足够大时发生,以致式(12.135)奇异导数项前的系数周期性为负.这种现象在一个广阔的频率范围内产生出 z 的爆发性增长.这两种效应均不会在广义相对论中出现,如果它们被发现,将会是修改引力论的一个证明.反之,若没有观测到这两种效应,便可以对 $F(R)$理论的参数提出更加严格的限制.

反摩擦行为可以在 $y(\tau)$导数较大的极限下阐明,此时方程(12.135)可以被解析求解.在这种情况中,方程变为

$$z'''' + \alpha y' z''' + 2\alpha z'' y'' + \alpha z' y''' = 0. \tag{12.141}$$

方程中的最后三项可以写为 $\alpha(z'y')''$,所以可以容易地积分为

$$z'' + \alpha z' y' = C_1 + C_2 \tau, \tag{12.142}$$

从而解为

$$z' = C_0 e^{-\alpha y(\tau)} + C_1 e^{-\alpha y(\tau)} \int_0^\tau d\tau' e^{\alpha y(\tau')} + C_2 e^{-\alpha y(\tau)} \int_0^\tau d\tau' \tau' e^{\alpha y(\tau')}. \tag{12.143}$$

为了能说明问题,我们取 $y(\tau)=y_0\cos(\Omega_1\tau)$.根据式(12.143),可以很明显地发现 $\alpha y<0$ 时导数 z'非常小,而对于 $\alpha y>0$,z'为正且较大.所以在第一周期中函数 z 保持为常数,在第二周期中则不断增加.

参数共振效应在 $y(\tau)$较小且频率必须接近整数份数 Ω/n 时才能观测到.此效应的理论描述与 Matheau 方程对一般参数共振的描述十分相似,参见 6.4.3 节.

习　题

12.1　数值计算依赖于时间的背景(12.17)以及(12.18)下扰动的演化.

12.2　检查一下 $P_b=w\rho_b$,且 $w=0$, $1/3$ 和 -1, ρ_b 确实满足第一个 Friedmann 方

程(4.9).

12.3 检查一下 Bianchi 等式(4.12)在共形时间下变成

$$\rho' = -3\frac{a'}{a}(\rho + P). \tag{12.144}$$

12.4 证明:在一个类似于 de Sitter 的时期(即处于被类似于真空能统治的时期),物质的扰动以标度因子的三次方衰减.

12.5 对于 $y = y_0\cos(\Omega_1\tau)$,给定不同的 y_0 和 Ω_1,数值解方程(12.135),并观察参数共振以及反阻力效应(在 12.3.3 节中提及).

参 考 文 献

[1] K. N. Ananda, S. Carloni, P. K. S. Dunsby, *Class. Quant. Grav.* **26**, 235018 (2009). arXiv: 0809.3673 [astro-ph]

[2] K. N. Ananda, S. Carloni, P. K. S. Dunsby, *Springer Proc. Phys.* **137**, 165 (2011). arXiv: 0812.2028 [astro-ph]

[3] E. V. Arbuzova, A. D. Dolgov, L. Reverberi, *JCAP* **1202**, 049 (2012). arXiv: 1112.4995 [gr-qc]

[4] E. V. Arbuzova, A. D. Dolgov, L. Reverberi, *Eur. Phys. J.* C **72**, 2247 (2012). arXiv: 1211.5011 [gr-qc]

[5] E. V. Arbuzova, A. D. Dolgov, L. Reverberi, *Phys. Rev.* D **88**(2), 024035 (2013). arXiv: 1305.5668 [gr-qc]

[6] E. V. Arbuzova, A. D. Dolgov, L. Reverberi, *Astropart.* Phys. **54**, 44 (2014). arXiv: 1306.5694 [gr—qc]

[7] E. V. Arbuzova, A. D. Dolgov, L. Reverberi, *Phys. Lett.* B **739**, 279 (2014). arXiv: 1406.7104 [gr-qc]

[8] S. Capozziello, M. De Laurentis, I. De Martino, M. Formisano, S. D. Odintsov, *Phys. Rev.* D **85**, 044022 (2012). arXiv: 1112.0761 [gr-qc]

[9] S. Capozziello, M. De Laurentis, S. D. Odintsov, A. Stabile, *Phys. Rev.* D **83**, 064004 (2011). arXiv: 1101.0219 [gr-qc]

[10] A. de la Cruz-Dombriz, A. Dobado, A. L. Maroto, *Phys. Rev.* D **77**, 123515 (2008). arXiv: 0802.2999 [astro-ph]

[11] M. Eingorn, J. Novk, A. Zhuk, *Eur. Phys. J.* C **74**, 3005 (2014). arXiv: 1401.5410 [astro-ph.CO]

[12] D. S. Gorbunov, V. A. Rubakov, *Introduction to the Theory of the Early Universe: Cosmological Perturbations and Inflationary Theory* (World Scientific, Hackensack, 2011)

[13] E. R. Harrison, *Phys. Rev.* D **1**, 2726 (1970)

[14] J. H. Jeans, Phil. Trans. *Roy. Soc.* A **199**, 1 (1902)

[15] E. M. Lifshitz, *Zh Eksp*, *Teor. Fiz.* **16**, 587 (1946)

[16] A. P. Lightman, W. H. Press, R. H. Price, S. A. Teukolsky, *Problem Book in Relativity and Gravitation* (Princeton University Press, Princeton, 1975)

[17] J. Matsumoto. arXiv: 1401.3077 [astro-ph.CO]

[18] H. Motohashi, A. A. Starobinsky, J. Yokoyama, *Int. J. Mod. Phys.* D **18**, 1731 (2009). arXiv: 0905.0730 [astro-ph.CO]

[19] V. Mukhanov, *Physical Foundations of Cosmology* (Cambridge University Press, Cambridge, 2005)

[20] V. F. Mukhanov, H. A. Feldman, R. H. Brandenberger, *Phys. Rept.* **215**, 203 (1992)

[21] Y. S. Song, W. Hu, I. Sawicki, *Phys. Rev.* D **75**, 044004 (2007) [astro-ph/0610532]

[22] S. Tsujikawa, *Phys. Rev.* D **76**, 023514 (2007). arXiv: 0705.1032 [astro-ph]
[23] S. Weinberg, *Cosmology*, 1st edn. (Oxford University Press, Oxford, 2008)
[24] Y. B. Zeldovich, *Mon. Not. Roy. Astron. Soc.* **160**, 1P (1972)
[25] Y. B. Zeldovich, I. D. Novikov, *Relativistic Astrophysics: The Structure And Evolution Of The Universe* (University of Chicago Press, Chicago, 1983)
[26] P. Zhang, *Phys. Rev.* D **73**, 123504 (2006) [astro-ph/0511218]

附录A

自然单位制

在粒子物理中,使用所谓的自然单位制是十分普遍与方便的事情. 3个基本的量纲量是能量、作用量和速度. 能量以 eV 或 keV(10^3 eV),MeV(10^6 eV),GeV(10^9 eV),TeV(10^{12} eV)等作为单位,作用量以$\hbar$作为单位,速度以 c 作为单位,其中 $\hbar = h/(2\pi)$ 是约化普朗克常量,c 是光速. 如果令 $\hbar = 1$ 与 $c = 1$, 可以简化许多方程.

实际上 $c = 1$ 的单位制已经在天文学中使用很长时间. 距离可以通过光传播所用的时间来衡量. 使用厘米还是秒来测量距离,只是一个是否习惯与是否方便的事情.

粒子能量与量子力学中波(或更经典的电磁波)的频率的关系为 $E = \hbar\omega$. 这里又出现了一个与习惯有关的问题,人们可以令 $\hbar = 1$, 并且以时间倒数作为测量能量的单位,或者反过来以能量倒数作为测量时间的单位. 在这种单位制下,一个平面电磁波可以写为

$$\exp(-\mathrm{i}Et + \mathrm{i}\boldsymbol{k}\boldsymbol{t}).$$

处于热浴状态的粒子的平均能量与温度的关系为 $E \sim kT$,其中 T 为温度,k 为玻耳兹曼常量. k 的具体数值由我们所定义的温度单位决定. 若令 $k = 1$, 那么将以能量作为单位来测量温度,故温度的单位将为 eV, GeV 或任何其他的能量单位.

最终所有的量纲量都具有能量的某次幂的量纲. 例如,质量有能量的量纲,长度与时间具有 $1/E$ 的量纲:

$$M = \frac{E}{c^2},\ L = \frac{\hbar c}{E},\ T = \frac{\hbar}{E}. \tag{A.1}$$

在常见单位制中$\hbar$与$\hbar c$ 的数值为

$$\begin{aligned} \hbar &= 6.582 \times 10^{-25}\ \mathrm{GeV \cdot s}, \\ \hbar c &= 1.973 \times 10^{-14}\ \mathrm{GeV \cdot cm}, \end{aligned} \tag{A.2}$$

因此对换因子 GeV↔s 与 GeV↔cm 为

$$\begin{aligned} \frac{1}{\mathrm{GeV}} &= 6.582 \times 10^{-25}\ \mathrm{s}, \\ \frac{1}{\mathrm{GeV}} &= 1.973 \times 10^{-14}\ \mathrm{cm}. \end{aligned} \tag{A.3}$$

根据牛顿引力常量G_{N},可以获得普朗克质量M_{Pl}、普朗克长度L_{Pl}和普朗克时间T_{Pl},

$$
\begin{aligned}
M_{\mathrm{Pl}} &= \sqrt{\frac{\hbar c}{G_{\mathrm{N}}}} = 1.222 \times 10^{19}\ \mathrm{GeV}, \\
L_{\mathrm{Pl}} &= \sqrt{\frac{\hbar G_{\mathrm{N}}}{c^3}} = 1.615 \times 10^{-33}\ \mathrm{cm}, \\
T_{\mathrm{Pl}} &= \sqrt{\frac{\hbar G_{\mathrm{N}}}{c^5}} = 0.539 \times 10^{-45}\ \mathrm{s}.
\end{aligned}
\tag{A.4}
$$

在宇宙学中，人们普遍使用 $1/M_{\mathrm{Pl}}^2$ 来代替 G_{N}①. 例如，爱因斯坦方程变为 $G^{\mu\nu} = \frac{8\pi}{M_{\mathrm{Pl}}^2} T^{\mu\nu}$ 而不是

$$
G^{\mu\nu} = \frac{8\pi G_{\mathrm{N}}}{c^4} T^{\mu\nu}. \tag{A.5}
$$

① 有些文献用 $1/M_{\mathrm{P}}^2$ 来代替 $8\pi G_{\mathrm{N}}$. ——译者注

附录 B

规范理论

一个群是一个集合 G,并配以满足以下条件的映射 m: $G\times G\rightarrow G$:

(1) $\forall x, y, z\in G$, $m(x, m(y, z))=m(m(x, y), z)$(满足结合律);

(2) $\exists u\in G$ 使 $\forall x\in G$, $m(u, x)=m(x, u)=x$(存在恒等元);

(3) $\forall x\in G$, $\exists\, x^{-1}$ 使 $m(x, x^{-1})=m(x^{-1}, x)=u$(存在逆元).

除此以外,$\forall x, y\in G$,如果 $m(x, y)=m(y, x)$(对易性),那么我们把 G 称作阿贝尔群. n 阶幺正群通常用 $U(n)$ 来表示,并且它是 $n\times n$ 幺正矩阵的群,该群具有矩阵乘法的群算符. 对于 $n=1$ 的情况,群为 $U(1)$,并且它的群元皆为归一后的复数,故它们具有 $\mathrm{e}^{\mathrm{i}\alpha}$ 的形式,其中 α 为实数.

现在考虑一个复标量场 ϕ. 它的拉格朗日量为

$$\mathscr{L}=\frac{1}{2}\eta^{\mu\nu}\partial_\mu\phi^*\partial_\nu\phi+m^2\phi^*\phi. \tag{B.1}$$

很显然该形式的拉格朗日量在"全局"$U(1)$变换下是不变的,

$$\phi\rightarrow\phi'=\mathrm{e}^{\mathrm{i}\alpha}\phi, \tag{B.2}$$

其中 α 是一个实常数. 之所以称作"全局",是因为 α 不依赖于时空坐标. 然而在一个"局域"$U(1)$变换(即具有 $\alpha=\alpha(x)$ 的变换)下,(B.1)形式的拉格朗日量非不变量. 不管怎样都可以将拉格朗日量(B.1)的全局 $U(1)$ 对称性"提升"为一个局域对称性,只要通过一个辅助场 A_μ,

$$\mathscr{L}=\frac{1}{2}\eta^{\mu\nu}D_\mu\phi^*D_\nu\phi+m^2\phi^*\phi, \tag{B.3}$$

其中

$$D_\mu=\partial_\mu+\mathrm{i}gA_\mu. \tag{B.4}$$

辅助场 A_μ 必须进行如下变换:

$$A_\mu\rightarrow A'_\mu=A_\mu-\frac{1}{g}\partial_\mu\alpha. \tag{B.5}$$

通过这种方式,拉格朗日量(B.1)便可以做到在一个局域 $U(1)$ 变换下不变,并且还存在一个守恒的流密度,

$$J_\mu=\mathrm{i}(\partial_\mu\phi^*)\phi,\ \partial_\mu J^\mu=0. \tag{B.6}$$

为了保护这种对称性，场 A_μ 的动力学项必须具有 $F_{\mu\nu}F^{\mu\nu}$ 的形式，其中 $F_{\mu\nu}=\partial_\mu A_\nu-\partial_\nu A_\mu$，并且非质量项 m^2A^2 也可以出现(辅助场必须与无质量粒子相关联).

我们把引入新场A_μ的步骤称作规范原理，并且把 A_μ称为规范场. 在 $U(1)$对称的情况下，可以在粒子物理标准模型中引入电磁力，$U_{em}(1)$. 该方法可以扩展到更复杂的群，并且描述粒子物理标准模型的群为 $U_Y(1)\times SU_L(2)\times SU(3)$. 注意到不是所有的全局对称都可以提升为局域对称，并且只有实验可以告诉我们一种对称究竟是局域的还是全局的. 粒子物理的标准模型有两种与重子数与轻子数相关的全局对称，因此存在一个守恒的流密度，并且重子数与轻子数的限制不能够(经典上)被违反. 由于没有与这些对称性相关的力，因此没有规范理论.

附录 C

场量子化

从经典场论到量子场论的过渡，很像经典力学到量子力学的过渡. 在量子力学的情况下，假定经典的坐标和动量不再只是数(所谓的 C 数)，而是满足如$[x, p_x]=\mathrm{i}\hbar$这样特定对易关系的算符. 在场论中代替三维坐标 $\boldsymbol{x}$ 的是一个多维的量$\chi(\boldsymbol{x}, t)$，它扮演的是坐标的角色，其中 $\boldsymbol{x}$ 是χ场的一个连续的"下标". 换句话说，对于固定的 $\boldsymbol{x}$，$\chi(\boldsymbol{x}, t)$扮演的是经典或者量子力学中坐标 $\boldsymbol{x}(t)$的角色，而场论中 $\boldsymbol{x}$ 只是一个标记，类似于力学中三维空间坐标 x_j 的下标 $j=1, 2, 3$.

为了对场进行量子化，需要引入类似于粒子动量的量，并假定相应的对易关系. 在标量场论里，类似于动量的量是$\dot{\chi}$，正则对易关系取如下的形式：

$$[\dot{\chi}(\boldsymbol{x}, t), \chi(\boldsymbol{x}', t)] = (2\pi)^3\delta(\boldsymbol{x}-\boldsymbol{x}'). \tag{C.1}$$

通常满足对易关系(C.1)恰当的场算符是以产生湮灭算符展开的形式引入的：

$$\chi(\boldsymbol{x}, t) = \int \widetilde{\mathrm{d}k}[a_k f_k(t)\exp(\mathrm{i}\boldsymbol{k}\cdot\boldsymbol{x}) + b_k^\dagger f_k^*(t)\exp(-\mathrm{i}\boldsymbol{k}\cdot\boldsymbol{x})], \tag{C.2}$$

其中

$$\widetilde{\mathrm{d}k} = \frac{\mathrm{d}^3 k}{2\omega_k(2\pi)^3}, \tag{C.3}$$

这里 $\omega_k=\sqrt{\boldsymbol{k}^2+m^2}$，对于无质量的粒子，其约化为 $\omega_k=|\boldsymbol{k}|$. 产生湮灭算符的对易关系为

$$[a_{\boldsymbol{k}_1}, a_{\boldsymbol{k}_2}^\dagger] = 2\omega_{k_1}(2\pi)^3\delta^{(3)}(\boldsymbol{k}_1-\boldsymbol{k}_2), \tag{C.4}$$

反粒子的产生湮灭算符 b_k 也有类似的关系. 所有其他的算符对易子为 0.

注意到根据定义，产生算符 $a_k^\dagger$ 作用在真空态$|0\rangle$上产生一个动量为 k 的单粒子态$|\boldsymbol{k}\rangle$. 湮灭算符 a_k 作用在动量为 k 的单粒子态后产生一个真空态$|0\rangle$. 假如湮灭算符作用在真空态上，则结果为 0.

这个量子化的程序通常用于一个自由的、没有相互作用的场，而且相互作用可以扰动地考虑. 相应地在平坦时空算符χ满足 Klein-Gordon 方程，

$$\ddot{\chi} - \Delta\chi + m_\chi^2\chi = 0. \tag{C.5}$$

它的傅立叶振幅是一个 C 数，满足简单的谐振子方程

$$\ddot{f}_k + (\boldsymbol{k}^2+m_\chi^2)f_k = 0. \tag{C.6}$$

方程(C. 6)拥有如下两个线性独立的解：

$$f_k = \exp(-\mathrm{i}\omega_k t), \quad f_k^* = \exp(\mathrm{i}\omega_k t). \tag{C. 7}$$

注意到在展开式(C. 2)中 a_k 和 $b_k^\dagger$ 前面的系数分别为 f_k 和 f_k^*，这确保了根据定义能量为正.

真空态定义为一个没有粒子的态，因此正如已经提到过的湮灭算符作用于这个态时会“杀死”这个态，

$$a_{\boldsymbol{k}} \mid 0\rangle = b_{\boldsymbol{k}} \mid 0\rangle = 0. \tag{C. 8}$$

真空态归一化为 $\langle 0|0\rangle = 1$. 带有动量 $\boldsymbol{k}$ 的单粒子(反粒子)态的定义为

$$\mid \boldsymbol{k}\rangle = a_{\boldsymbol{k}}^\dagger \mid 0\rangle \qquad (\mid \overline{\boldsymbol{k}}\rangle = b_{\boldsymbol{k}}^\dagger \mid 0\rangle). \tag{C. 9}$$

在更一般的情况下，当场 χ 在依赖于时间的背景上演化时，例如，弯曲的时空下积分的测度(C. 3)式应该改写为

$$\widetilde{\mathrm{d}k} = \frac{\mathrm{d}^3 k}{\mid W_k \mid (2\pi)^2}, \tag{C. 10}$$

其中 W_k 是 $f_k(t)$ 的运动方程的朗斯基行列式，特别地对于方程(6. 48)，

$$W_k = \dot{f}_k^* f_k - f_k^* \dot{f}_k. \tag{C. 11}$$

使用运动方程，我们发现 $W_k =$ 常数. 作为一个归一化因子，朗斯基行列式的选择可以保证 χ 以及 $\dot{\chi}$ 的等时对易关系，拥有如下的正则形式：

$$[\dot{\chi}(t, \boldsymbol{x}'), \chi(t, \boldsymbol{x})] = (2\pi)^3 \delta(\boldsymbol{x} - \boldsymbol{x}'). \tag{C. 12}$$

有时也取不同于 $(2\pi)^3 W_k$ 的测度 $(2\pi)^{3/2}\sqrt{W_k}$. 在这种情况下，产生湮灭算符被重新归一化. 第一个选择通常更可取，是由于因子 $\mathrm{d}^3 k/\omega_k$ 是洛伦兹不变的. 无论如何，这两种定义都导致相同的正则关系(C. 12).

图书在版编目(CIP)数据

粒子宇宙学导论:宇宙学标准模型及其未解之谜/[意]卡西莫·班比(Cosimo Bambi),
[俄]艾·迪·多戈夫(Alexander D. Dolgov)著;蔡一夫,林春山,皮石译.
—上海:复旦大学出版社,2017.5(2020.11 重印)
ISBN 978-7-309-12794-2

Ⅰ.粒… Ⅱ.①卡…②艾…③蔡…④林…⑤皮… Ⅲ.①粒子②宇宙学
Ⅳ.①O572.3②P159

中国版本图书馆 CIP 数据核字(2017)第 018633 号

粒子宇宙学导论:宇宙学标准模型及其未解之谜
[意]卡西莫·班比(Cosimo Bambi)
[俄]艾·迪·多戈夫(Alexander D. Dolgov) 著
蔡一夫 林春山 皮 石 译
责任编辑/梁 玲

复旦大学出版社有限公司出版发行
上海市国权路 579 号 邮编:200433
网址:fupnet@fudanpress.com http://www.fudanpress.com
门市零售:86-21-65102580 团体订购:86-21-65104505
外埠邮购:86-21-65642846 出版部电话:86-21-65642845
常熟市华顺印刷有限公司

开本 787×1092 1/16 印张 12 彩插印张 0.25 字数 292 千
2020 年 11 月第 1 版第 2 次印刷

ISBN 978-7-309-12794-2/O·617
定价:49.00 元

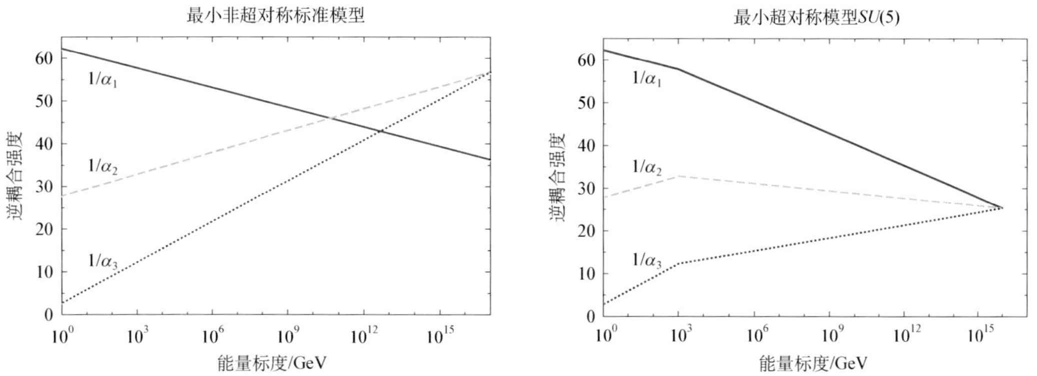

(a) (b)

彩图 1 基于 CERN 的 LEP 的测量结果把标准模型的规范耦合常数的倒数外推到高能标. α_1，α_2 和 α_3 分别是 $U_Y(1)$，$SU_L(2)$和 $SU(3)$的规范耦合常数. 在物质部分只由最小标准模型粒子组成的情况下，我们在高能时看不到任何规范耦合的统一(见图(a)). 如果假设每个最小标准模型粒子都有个新粒子，其相互作用性质相同，质量在 TeV 的量级，则规范耦合在 $M_{GUT}\sim 10^{16}$ GeV 处汇合(见图(b)). 这个能标就被解释为$SU(5)$对称性破缺的大统一能标，其精确值依赖于新的超对称伴随粒子的质量.(见正文 34 页图 3.6)

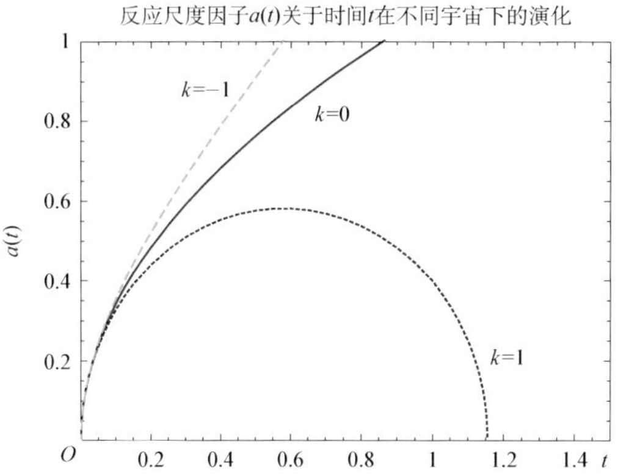

彩图 2 对 3 种不同的物质主导的宇宙：封闭宇宙($k=1$)、平坦宇宙($k=0$) 和开放宇宙($k=-1$)，标度因子 a 随着宇宙学时间 t 的变化函数. 这里 t 和 a 是以 $8\pi A/M_{Pl}^2=1$ 为单位的.(见正文 43 页图 4.1)

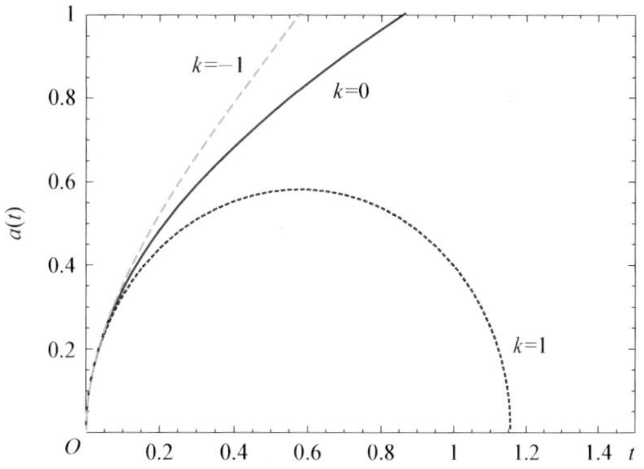

彩图 3 对 3 种不同的辐射主导的宇宙：封闭宇宙($k=1$)、平坦宇宙($k=0$) 和开放宇宙($k=-1$)，标度因子 a 随着宇宙学时间 t 的变化函数. 这里 t 和 a 是以 $8\pi A/M_{Pl}^2=1$ 为单位的.(见正文 44 页图 4.2)

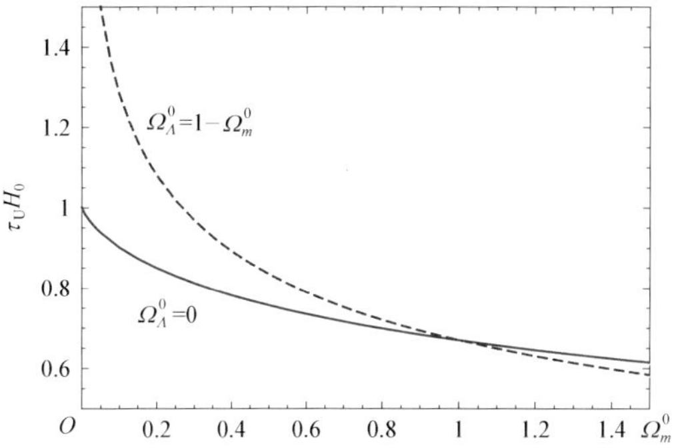

彩图 4 宇宙年龄 τ_U 作为 Ω_m^0 的函数. 分别对应于两种情况：(1)宇宙只由尘埃组成 ($\Omega_\Lambda^0=0$)；(2) 宇宙是平坦的，由尘埃和真空能组成($\Omega_\Lambda^0=1-\Omega_m^0$).(见正文 47 页图 4.3)

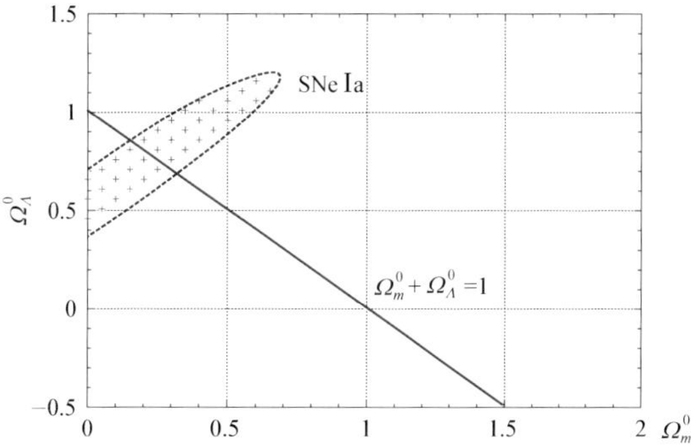

彩图 5 Ⅰa型超新星在(Ω_m^0，Ω_Λ^0) 平面上的限制. 当和 CMB 数据(要求 $\Omega_m^0+\Omega_\Lambda^0\approx 1$) 组合起来是观测支持所谓的 ΛCDM 模型，其中 $\Omega_m^0\approx 0.3$，$\Omega_\Lambda^0\approx 0.7$.(见正文 49 页图 4.4)

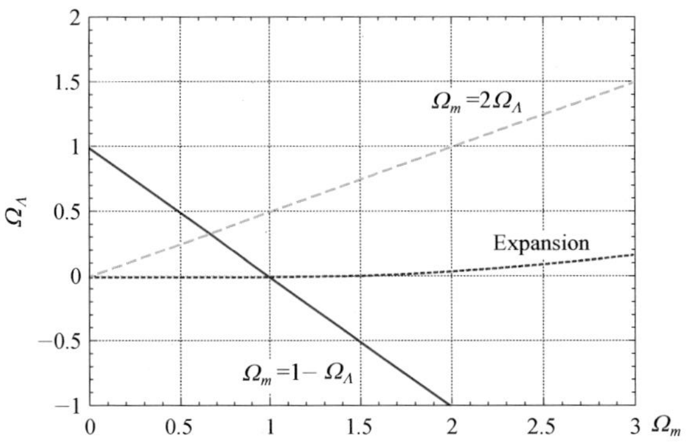

彩图 6　含有尘埃和真空能的宇宙的性质. 平坦宇宙由 $\Omega_m = 1 - \Omega_\Lambda$ 这条线表示. 这条线也分开了封闭宇宙($\Omega_m + \Omega_\Lambda > 1$) 和开放宇宙($\Omega_m + \Omega_\Lambda < 1$). 不同的宇宙的膨胀加速度变成零的点($\ddot{a} = 0$) 组成了 $\Omega_m = 2\Omega_\Lambda$ 这条线. 它分开了宇宙演化的加速宇宙($\ddot{a} > 0$) 相和减速宇宙($\ddot{a} < 0$) 相,它们分别位于这条线以上和以下. 标记为"Expansion" 的那条线分开了永远膨胀的宇宙(线以上) 和先膨胀后重坍缩的宇宙(线以下).(见正文 50 页图 4.5)

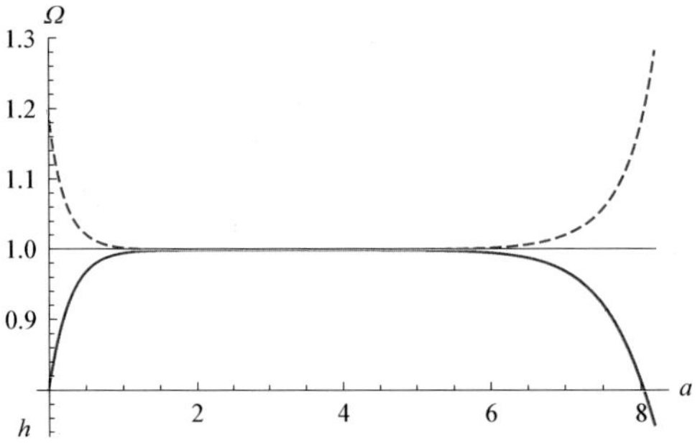

彩图 7　Ω 按照不断增长的尺度因子 a 的演化. 上方曲线与下方曲线分别对应于 $\Omega > 1$ 与 $\Omega < 1$ 的两种情况. 特殊值 $\Omega = 1$ 不随 a 改变,与中间的直线相对应. 尺度因子 a 按照任意单位的对数刻画.(见正文 70 页图 6.1)

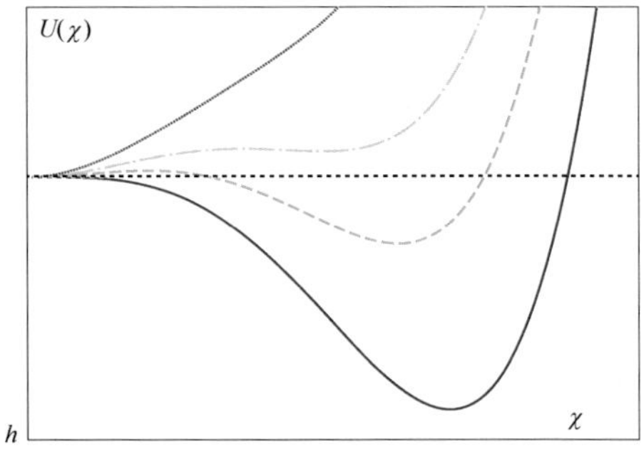

彩图 8　对于不同的 $m_{\text{eff}}^2(t)$ 值 $U_\chi(\chi)$ 的行为(见正文 111 页图 7.1)

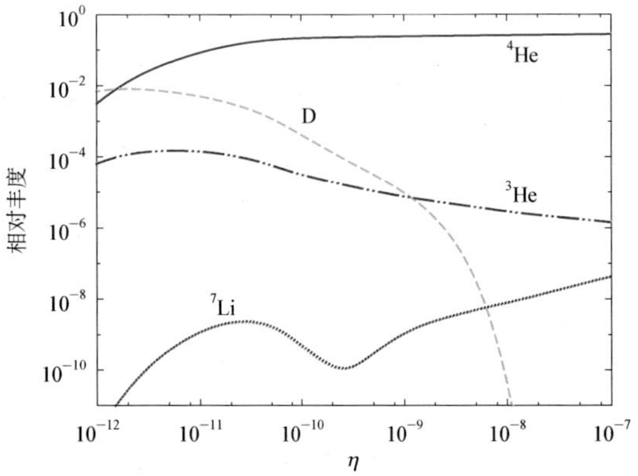

彩图 9　氦-4、氘、氦-3 和锂-7 的相对丰度作为重子光子数密度 η 的函数. 理论预言与实验观测所得到的原初元素的丰度比较,要求 $\eta \sim (5 \sim 7) \times 10^{-10}$. 这个值与 CMB 更精确的测量结果 $\eta = 6.1 \times 10^{-10}$ 相一致.(见正文 122 页图 8.2)

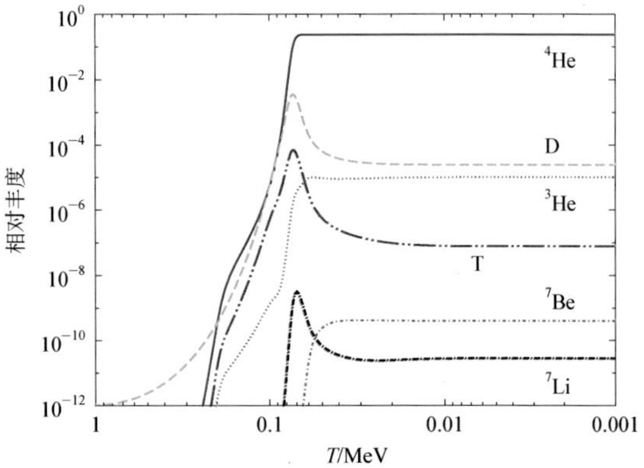

彩图 10　在 $\eta = 6.1 \times 10^{-10}$ 的情况下,氦-4、氘、氦-3、氚、铍-7 和锂-7 的相对丰度作为原初等离子体的温度的函数. 氚和铍-7 不稳定,并最终分别衰变为氦-3 和锂-7.(见正文 123 页图 8.3)

彩图 11 关于直接搜寻暗物质粒子当前实验上限的总结示意图：ZEPLIN（点状线），CDMS（双点虚线），XENON（灰色点状线）和 LUX（点状线），以及可能来自实验 DAMA（闭合虚线）的暗物质信号，CRESST（点状闭合虚线），CDMS（点状闭合曲线）和 CoGeNT（黑色闭合实线）. 来自粒子物理最小超对称标准模型的暗物质候选者预计范围在 $M_{\text{WIMP}}\sim(100\ \text{GeV}\sim1\ \text{TeV})$和 $\sigma_{\text{WIMP-N}}\sim(10^{-49}\sim10^{-45})\text{cm}^2$，暂时还没有被探测过. 可能的暗物质信号发现于所谓的低质量 WIMP 区域，但是这和其他实验的结论不一致.（见正文 133 页图 9.3）

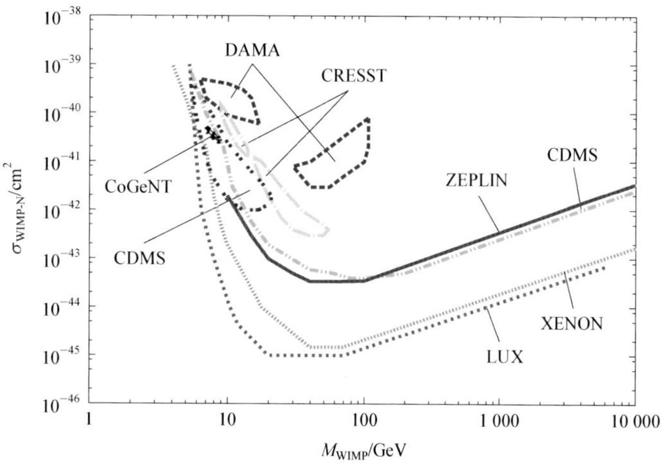

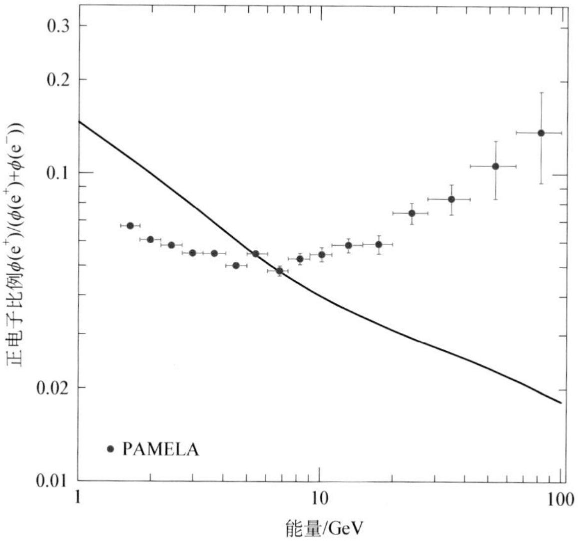

彩图 12 PAMELA 正电子比例和理论模型（黑色实线）的比较（来自 Macmillan Publishers Ltd：O. Adriani et al.，*Nature* **458**，607－609，copyright 2009. http://www.nature.com/）.（见正文 135 页图 9.5）

彩图 13 来自 Planck，WMAP，ACT（Atacama 宇宙学望远镜）和 SPT（南极望远镜）实验的 TT 功率谱（该图来自文献[8]）.（见正文 140 页图 10.2）

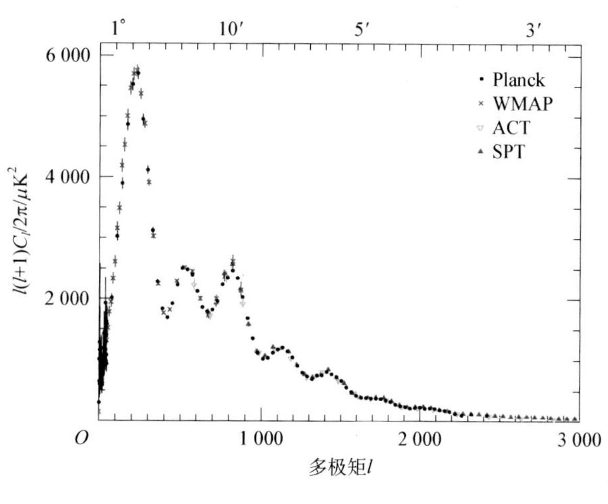

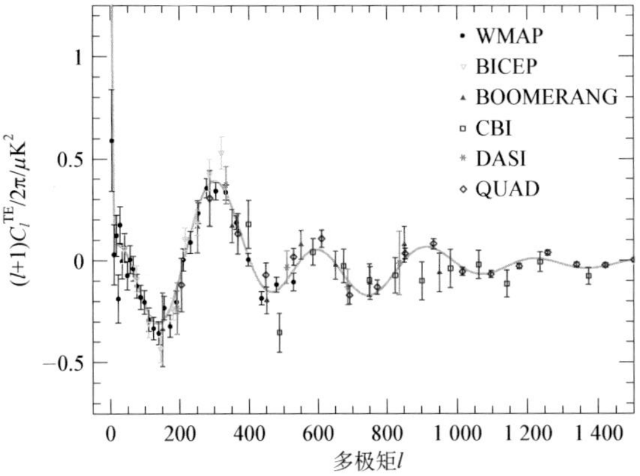

彩图 14 来自 WMAP，BICEP，BOOMERANG，CBI，DASI 和 QUAD 实验的 TE 功率谱数据（该图来自文献[8]）.（见正文 144 页图 10.3）

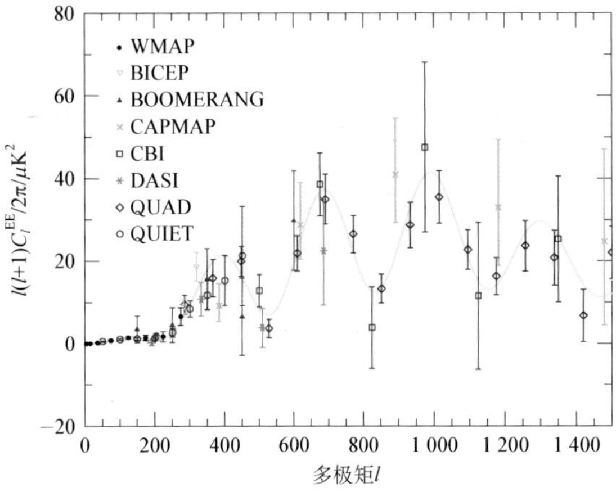

彩图 15 来自 WMAP，BICEP，BOOMERANG，CAPMAP，CBI，DASI，QUAD 和 QUIET 实验的 EE 功率谱数据（该图来自文献[8]）.（见正文 144 页图 10.4）

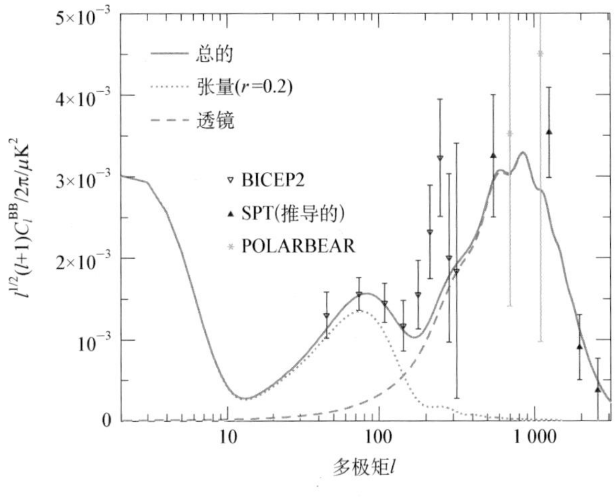

彩图 16 来自 BICEP，SPT 和 POLARBEAR 实验的 BB 功率谱数据（该图来自文献[8]）. 在 SPT 的情况下，测量是由透镜关联分析得到的. 之前的测量仅仅只能够报道上限.（见正文 145 页图 10.5）